Handbibliothek für Bauingenieure

Ein Hand- und Nachschlagebuch
für Studium und Praxis

Begründet von Robert Otzen

Otto Blum

Personen- und Güterbahnhöfe

Zweite neubearbeitete Auflage

von

Kurt Leibbrand

Springer-Verlag
Berlin Heidelberg GmbH 1961

Otto Blum

Personen- und Güterbahnhöfe

Zweite neubearbeitete Auflage

von

Dr.-Ing. habil. Kurt Leibbrand

o. Professor an der Eidg. Technischen Hochschule Zürich

Mit 291 Abbildungen

Springer-Verlag
Berlin Heidelberg GmbH 1961

ISBN 978-3-662-12677-6 ISBN 978-3-662-12676-9 (eBook)
DOI 10.1007/978-3-662-12676-9

Ursprünglich erschienen bei Springer-Verlag OHG., Berlin/Göttingen/Heidelberg 1961

Vorwort

Professor Dr.-Ing. OTTO BLUM war bis zu seinem viel zu frühen Tode der führende Kopf der deutschen Verkehrswissenschaft, die in der ganzen Welt in hohem Ansehen stand. Noch heute erinnern sich Generationen von Bauingenieuren dankbar der Grundlagen, die er ihnen auf den beruflichen Weg mitgegeben hat.

Sein seit langer Zeit vergriffenes Buch „Personen- und Güterbahnhöfe" erschien im Jahre 1930. In den vergangenen 30 Jahren hat sich manches geändert. Deshalb erschien es zweckmäßig, eine zweite Auflage vorzubereiten, die dem neusten Stand der Eisenbahntechnik entspricht. Aufbau und Gliederung des Buches wurden jedoch möglichst wenig verändert, damit die Konzeption von Professor BLUM sichtbar bleibt.

An dieser Stelle sei meinen Mitarbeitern, insbesondere Herrn Dipl.-Ing. BRUNO WICK, für ihre fleißige Mitarbeit und dem Springer-Verlag für die sorgfältige Betreuung und die ausgezeichnete Ausstattung des Buches herzlich gedankt.

Zürich, im November 1960

Kurt Leibbrand

Inhaltsverzeichnis

Anhang

I. Einleitung

A. Verkehrsarten

Die Eisenbahnen dienen dem Verkehr von Menschen und Gütern.

Güter können nur innerhalb bestimmter Abmessungen befördert werden. Die obere Grenze ist durch technische Bedingungen gegeben. Im Regelfall dürfen die Sendungen das festgelegte Lademaß und das Ladegewicht nicht überschreiten. Ausnahmsweise können einzelne größere oder schwerere Sendungen unter Beachtung bestimmter zusätzlicher Sicherheitsvorschriften befördert werden. Die äußerste Grenze für die Abmessungen ist das Lichtraumprofil. Für besonders lange Sendungen, z. B. Brückenträger, kann auch eine Herabsetzung der Ladebreite erforderlich sein, damit das Lademaß in engen Bogen seitlich nicht überschritten wird.

Die für den Fahrzeugbau maßgebende Wagenumgrenzungslinie und das für den Streckenbau maßgebende Lichtraumprofil sind bei den einzelnen Eisenbahnverwaltungen verschieden festgesetzt. Wegen der unvermeidlichen Unregelmäßigkeiten in der Gleislage und wegen der beim Fahren auftretenden Schwingungen der Fahrzeuge muß zwischen Wagenumgrenzungslinie und Lichtraumprofil ein Spielraum bleiben. Die Abb. 1—3 zeigen die Lichtraumprofile für den Neubau von Strecken in wichtigen Ländern z. T. mit elektrischer Oberleitung, die Abb. 4—8 zeigen Wagenumgrenzungslinien. — Für Schmalspurbahnen gelten erheblich kleinere Abmessungen.

Die untere Grenze für Größe und Gewicht der Güter ergibt sich aus Gründen der Zweckmäßigkeit. Briefe und Drucksachen, Geldsendungen, Päckchen und Pakete bis zu 20 kg Gewicht werden von der Post übernommen, die für die Abferti gung der kleinen Sendungen eingerichtet ist. Sie werden nur mittelbar — in Bahnpostwagen — von der Eisenbahn befördert. Die Eisenbahnen nehmen auch Sendungen unter 20 kg als Reisegepäck oder Expreßgut an, berechnen aber im allgemeinen mindestens die Fracht für 10 kg Gewicht. Die Grenze zwischen Post und Eisenbahn ist also nicht ganz starr und wird durch die Tarife beeinflußt. — Die Güter werden nach ihrem Umfang eingeteilt in Wagenladungsgut und Stückgut. Nach der Schnelligkeit der Beförderung sind zu unterscheiden: Frachtgut, Eilgut und Expreßgut. Die Abgrenzung zwischen den verschiedenen Beförderungsarten ist von Land zu Land etwas verschieden.

Den beiden Aufgaben der Eisenbahn entspricht die Einteilung in Reise- (Personen-) und Güterverkehr. Die Abgrenzung ist nicht ganz streng, denn wegen der Bedürfnisse des Verkehrs oder des Betriebs werden manche Gruppen von Gütern dem Reiseverkehr und einzelne Gruppen von Reisenden dem Güterverkehr zugeteilt. In Reisezügen werden auch befördert:

Handgepäck,
aufgegebenes Reisegepäck,
Postsachen,
Expressgut,
Lebensmittel und leicht verderbliche Güter.

Massenpersonenverkehr für große Veranstaltungen, sowie Truppenzüge werden oft auf Güterbahnhöfe verwiesen.

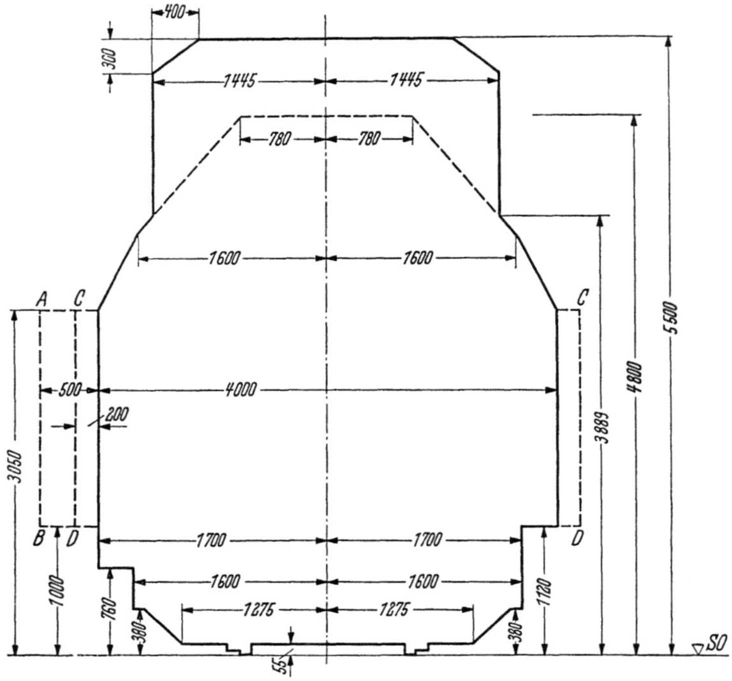

Abb. 1. Lichtraumprofil der Deutschen Reichsbahn in der Graden und in Krümmungen von mehr als 250 m Halbmesser, für elektrischen und Dampfbetrieb. Links bei durchgehenden Hauptgleisen und sonstigen Ein- und Ausfahrgleisen von Zügen mit Beförderung von Reisenden, rechts bei den übrigen Gleisen. CD an Bahnhofgleisen bei sämtlichen Gegenständen, an Hauptgleisen der freien Strecke bei Kunstbauten, sowie bei Signalen, die zwischen Hauptgleisen der freien Strecke stehen. AB an Hauptgleisen der freien Strecke bei sämtlichen übrigen Gegenständen

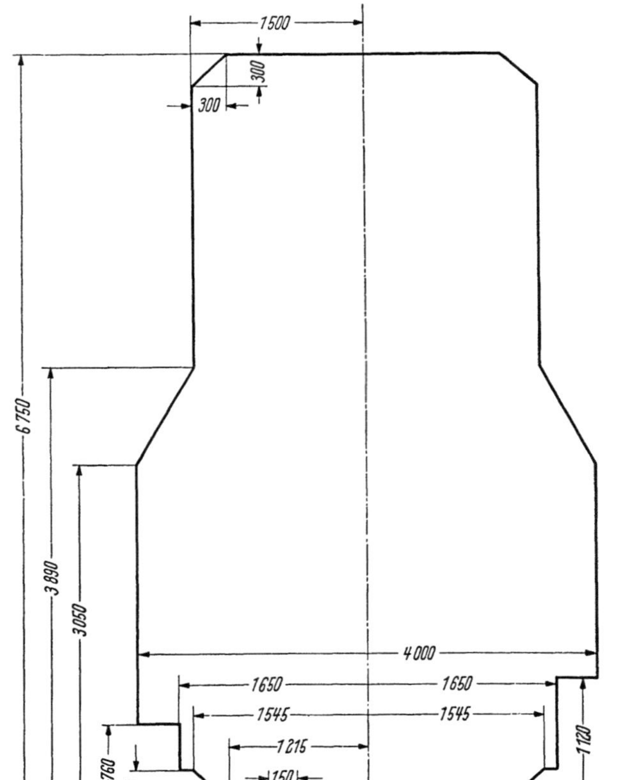

Abb. 2. Lichtraumprofil der Schweizerischen Bundesbahnen auf Strecken mit elektrischem Betrieb

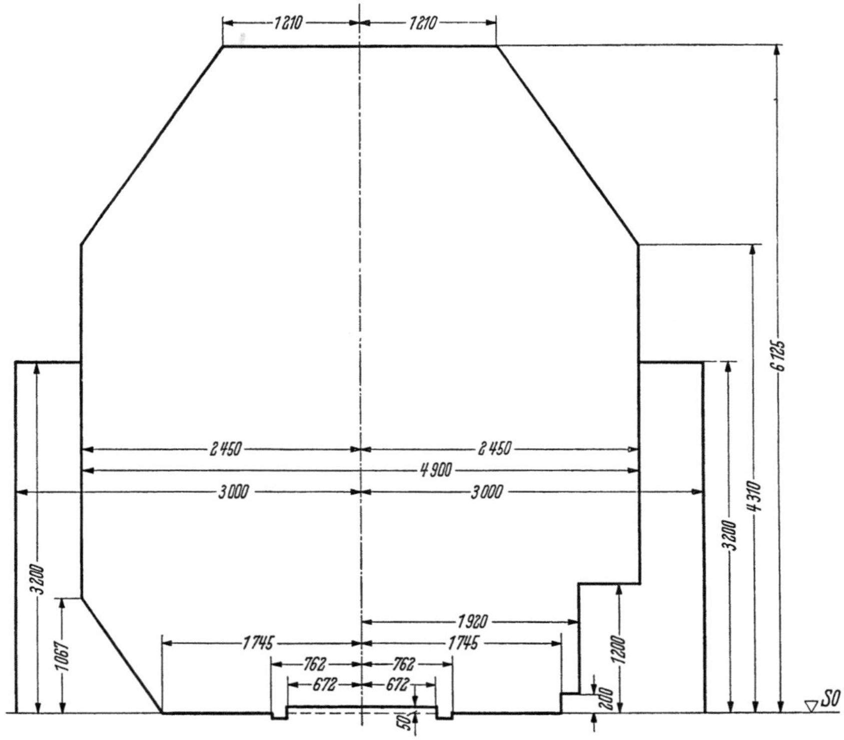

Abb. 3. Lichtraumprofil der russischen Bahnen für Bauten aus feuerbeständigen, nicht brennbaren, gegen Brand gesicherten Baustoffen auf elektrifizierten Streckenabschnitten, links auf freier Strecke, rechts auf Bahnhöfen (nach Hechler)

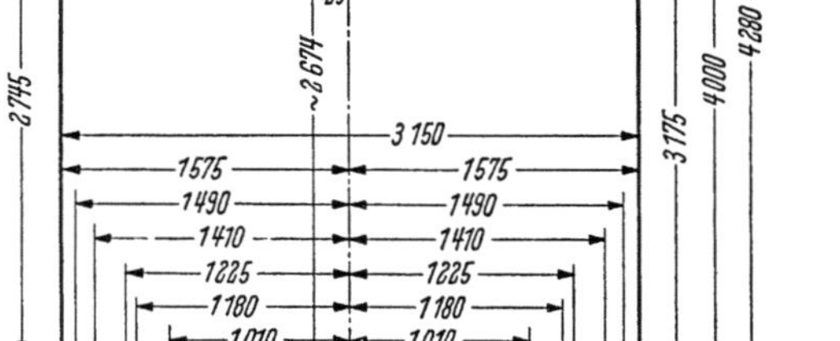

Abb. 4. Wagenumgrenzungslinie der europäischen Bahnen - RIV-TE (nach Hechler)

Die Ausdrücke *Verkehr* und *Betrieb* werden hier in einem engeren, im Eisenbahnwesen gebräuchlichen Sinn verwendet. Allgemein wird unter Verkehr die Ortsveränderung von Personen, Gütern und Nachrichten verstanden. Im engeren Sinn umfaßt der Verkehrsdienst bei der Eisenbahn die Vorkehrungen und Ein-

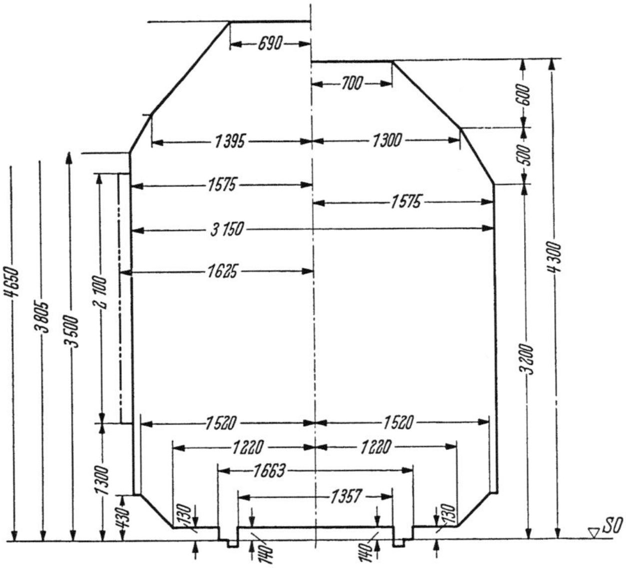

Abb. 5. Umgrenzungslinie II der Deutschen Eisenbahnen, links Lademaß I, rechts Lademaß II (nur noch selten gebraucht). Strichpunktiert: Begrenzung für Signalscheiben und Signallaternen (nach Hechler)

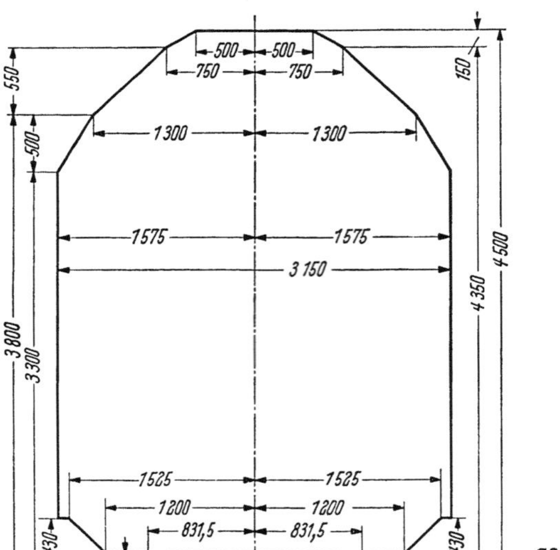

Abb. 6. Wagenumgrenzungslinie der Schweizerischen Bundesbahnen

richtungen zur Regelung der Beziehungen zwischen Verkehrskunden und Verkehrsunternehmen, wie Abfertigung der Reisenden und Güter, Ein- und Aussteigen oder Ein- und Ausladen, Werbung und Kundendienst, also den *kommerziellen Dienst.* Zum Betrieb gehören im allgemeinen Wirtschaftsleben die Leitung (Management) eines Unternehmens und die Herstellung der Erzeugnisse. Bei der

Eisenbahn wird der Begriff Betrieb nur für die der Herstellung entsprechenden Arbeiten (Operating) verwendet, nämlich die Erzeugung der Personen- und Tonnenkilometer. Der Eisenbahnbetrieb umfaßt die beiden Gebiete der Zugbildung und der Zugförderung.

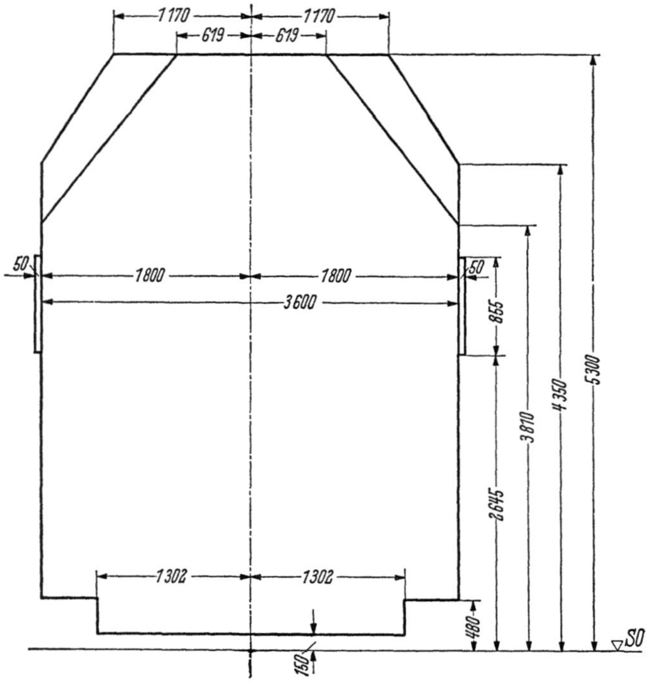

Abb. 7. Wagenumgrenzungslinie 2 W der russischen Eisenbahnen (nach Hechler)

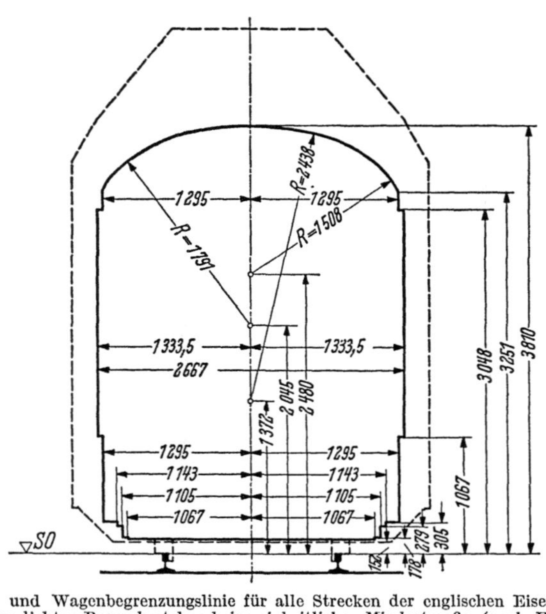

Abb. 8. Lademaß Nr. 1 und Wagenbegrenzungslinie für alle Strecken der englischen Eisenbahnen in der Graden. Für den lichten Raum bestehen keine einheitlichen Mindestmaße (nach Hechler)

B. Einteilung der Bahnhöfe

Die Bahnhöfe dienen einem doppelten Zweck: als *Verkehrs*anlagen vermitteln sie den Verkehr zwischen der Bevölkerung und der Eisenbahn. Als *Betriebs*anlagen ermöglichen sie die Durchführung der Betriebshandlungen.

Als Verkehrsanlagen sind die Bahnhöfe mit den nötigen Einrichtungen für Reisende und Güter auszustatten, nämlich für das Lösen und Prüfen der Fahrkarten, die Aufgabe und Auslieferung des Gepäcks, das Anmelden, Anrollen und Abfahren der Güter, Einrichtungen für die Bequemlichkeit der Fahrgäste wie Wartesäle, Gaststätten, Auskunft, Aufbewahrung von Handgepäck, Lagern der Güter, Verbindungen für den Fußgänger- und Fahrverkehr der Ortschaft, Abstellflächen für Personen- und Lastwagen, ferner Verkaufsläden für Reisebedarf, Abortanlagen, Räume für Arzt und Polizei, Fundbüro und anderes.

Als Betriebsanlagen müssen die Bahnhöfe so eingerichtet sein, daß Züge gebildet, umgeordnet und aufgelöst, von den Zügen Wagen entnommen und beigestellt, Wagen nach den Ladestellen gebracht und von dort abgeholt werden können, die Züge mit Lokomotiven und Mannschaften versorgt, der Zugverkehr geregelt und gesichert, die Fahrzeuge in Stand gehalten und ausgerüstet werden können.

Bei kleinen und mittleren Bahnhöfen sind die Anlagen für Verkehr und Betrieb vereinigt. Die Aufgaben mancher Teile sind deshalb nicht immer sofort klar zu erkennen. Bei großen Bahnhöfen sind die Anlagen mehr oder weniger deutlich getrennt. Große Bahnhofsanlagen bestehend aus Bahnhöfen für den Verkehr, nämlich Personen- und Ortsgüterbahnhöfen, und Bahnhöfen für den Betrieb, nämlich Abstellbahnhöfen, Verschiebebahnhöfen und Lokomotivbahnhöfen. Ferner sind für die Unterhaltung der Fahrzeuge noch Bahnbetriebswerke und Ausbesserungswerke zu erwähnen.

a) Einteilung nach dem Zweck

Für die wissenschaftliche Behandlung können die Bahnhöfe nach ihrem Zweck, der Lage im Bahnnetz, der Form und ihrer Größe eingeteilt werden. Am wichtigsten ist die Einteilung nach dem Zweck. Hier sind zu unterscheiden:

Personenbahnhöfe

Die Personenbahnhöfe dienen dem Verkehr von Reisenden, Gepäck, Expreßgut, gelegentlich auch von Eilgut und anderen Sendungen.

Ortsgüterbahnhöfe

Die Bezeichnung soll die Unterscheidung von den Verschiebebahnhöfen erleichtern, die auch „Güterbahnhöfe" sind. Die Ortsgüterbahnhöfe sind für den Verkehr aller Arten von Frachtgut, Eilgut und Vieh, sowie von Truppen bestimmt. Manche von ihnen dienen nur einer bestimmten Art des Güterverkehrs. Hier sind zu nennen: Stückgutbahnhöfe, Freiladebahnhöfe, Viehbahnhöfe, Hafenbahnhöfe, Industriebahnhöfe, Werkbahnhöfe, Anschlußbahnhöfe.

Abstellbahnhöfe

Die Abstellbahnhöfe sind die Betriebsbahnhöfe für die Personenzüge.

Verschiebebahnhöfe

Die Verschiebe- oder Rangierbahnhöfe sind die Betriebsbahnhöfe für die Güterzüge.

Lokomotivbahnhöfe

Die Lokomotivbahnhöfe dienen der betrieblichen Behandlung der Lokomotiven.

Ausbesserungswerke sind auf den Werkstattbetrieb zugeschnitten. Sie gehören nicht zu den Bahnhöfen und werden deshalb hier nicht behandelt.

Auch die Personen- und Ortsgüterbahnhöfe haben gewisse Betriebsaufgaben zu erfüllen; sie sind mit Gleisen und Weichen zum Rangieren auszustatten. Sie sind nie ausschließlich Verkehrsanlagen.

b) Einteilung nach der Lage

Die Bahnhöfe können auch nach ihrer Lage im Eisenbahnnetz eingeteilt werden.

Endbahnhöfe (Abb. 9)

Anfangs- und Endpunkte von Eisenbahnstrecken oder des regelmäßigen Zugbetriebs. Beispiele: Endbahnhöfe in Gebirgstälern, an der Küste oder an Landesgrenzen.

Abb. 9. Endbahnhof

Abb. 10. Zwischenbahnhof

Einfache Zwischenbahnhöfe (Abb. 10)

Bahnhöfe an einer durchgehenden Strecke. Die meisten kleinen und mittleren Bahnhöfe gehören hierher, so daß Beispiele nicht genannt werden müssen.

Anschlußbahnhöfe (Abb. 11)

Vereinigung eines Zwischenbahnhofes an einer durchgehenden Strecke mit dem Endbahnhof einer Nebenstrecke, ohne Übergang von Zügen im regelmäßigen Betrieb, aber bei gleicher Spurweite mit Übergangsmöglichkeit für einzelne Wagen. Mehrfache Anschlußbahnhöfe sind solche, an denen mehrere Anschlußstrecken beginnen.

Beispiele: Sigmaringen und Eyach, Hohenzollerische Landesbahn,
Jenbach, Achenseebahn,
Langenthal/Schweiz,
Zossen und Jüterbog, ehem. Militäreisenbahn.

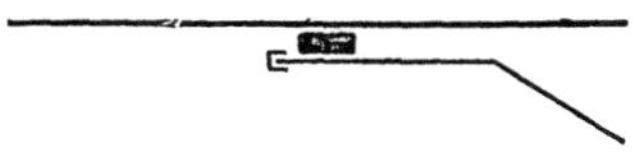

Abb. 11. Anschlußbahnhof

Abb. 12. Trennungsbahnhof

Trennungsbahnhöfe (Abb. 12)

Gabelung einer Strecke in zwei oder mehrere, ungefähr gleichwertige Strecken mit Übergang mancher Züge. Sie stellen eine Weiterbildung der Anschlußbahnhöfe dar.

Beispiele:		
	Neumünster,	Hamburg-Kiel, bzw. Flensburg
	Löhne,	Hannover-Bielefeld, bzw. Osnabrück
	Großheringen,	Naumburg-Weimar, bzw. Jena
	Plochingen,	Stuttgart-Ulm, bzw. Tübingen
	Amstetten,	Wien-Linz, bzw. Selzthal
	Wels,	Linz-Salzburg, bzw. Passau
	Wörgl,	Innsbruck-Salzburg, bzw. München
	Brugg,	Zürich-Basel, bzw. Olten

Berührungsbahnhöfe (Abb. 13)

Gemeinsame Zwischenstationen zweier oder mehrerer Linien, eine ziemlich seltene Bahnhofsform.

Beispiel: Schaffhausen mit der Schweizer Strecke Zürich-Kreuzlingen und der deutschen Strecke Waldshut-Singen.

Kreuzungsbahnhöfe (Abb. 14)

Gemeinsame Zwischenbahnhöfe zweier oder mehrerer kreuzender Strecken. Im Bahnhof selbst sollen die Strecken parallel verlaufen.

Beispiele: Kreuz (Berlin-Schneidemühl und Stettin-Posen),
Insterburg, Bitterfeld, Münster-Westf., Utrecht, Mainz, Hanau,
Marktredwitz, Eger, Augsburg, Tuttlingen, Villach, Olten
Rotkreuz (Zürich-Luzern und Güterstrecke Basel-Gotthard)

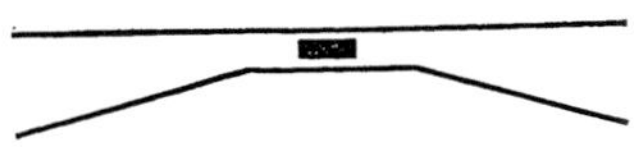

Abb. 13. Berührungsbahnhof

Abb. 14. Kreuzungsbahnhof

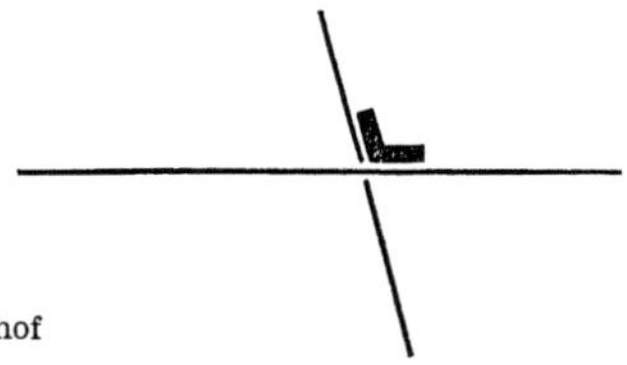

Abb. 15. Turmbahnhof

Turmbahnhöfe (Abb. 15)

Kreuzungsbahnhöfe, bei denen sich die Strecken in zwei verschiedenen Ebenen überschneiden. Bei Schnell- und Untergrundbahnen ist diese Bahnhofsform recht häufig, bei Fernbahnen dagegen selten.

Beispiele: Osnabrück (Münster-Bremen und Rheine-Hannover),
Westkreuz und Schöneberg (Berliner S-Bahn),
Köln-Deutz,
Wien Süd-Ostbahnhof.

Knotenpunkte

Die großen Eisenbahnknotenpunkte stellen meist Verbindungen mehrerer Formen dar, z. B. von Trennungs-, Kreuzungs- und Endbahnhöfen.

Beispiele: Bremen, Hannover, Köln, Brüssel, Frankfurt, Magdeburg, Halle/Saale, Cottbus, Dresden, Breslau, Chemnitz, Pilsen, Prag, Nürnberg, München, Ulm, Stuttgart, Luxemburg, Straßburg, Basel, Zürich.

Vorbahnhöfe

Bei Knotenpunkten laufen die verschiedenen Strecken oft nicht erst im Hauptbahnhof selbst zusammen, sondern einzelne Linien vereinigen sich bereits auf benachbarten Bahnhöfen, die als Vorbahnhöfe eng mit dem Hauptbahnhof zusammenarbeiten.

Beispiele: Hamburg-Harburg
Köln-Deutz
München-Pasing
Wien-Floridsdorf
Zürich-Oerlikon

Am klarsten wird die Aufgabe eines Bahnhofs, wenn alle selbständigen Gruppen von Zügen durch farbige Linien oder Bänder dargestellt werden. Wird die Breite der Bänder nach der Zahl der Züge bemessen, so ergibt sich das Verkehrsbild des Bahnhofs, aus dem seine Belastung abgelesen werden kann.

c) Einteilung nach der Grundrißform

Die Bahnhöfe können auch nach ihrer Gestalt im Grundriß eingeteilt werden. Hier sind zwei wichtige Formen zu unterscheiden, nämlich:

Kopfbahnhöfe und Durchgangsbahnhöfe

Die Kopfform mit stumpfem Abschluß der Hauptgleise findet sich bei großen Hauptpersonenbahnhöfen, z. B. bei den großen Fernbahnhöfen von Oslo, Hamburg-Altona, Kiel, Berlin, Leipzig, Wien, München, Zürich, Stuttgart, Frankfurt, Paris, London, Mailand, Rom, Budapest, ferner bei großen Ortsgüterbahnhöfen und bei vielen Hafenbahnhöfen.

Die meisten Unterwegsbahnhöfe, aber auch viele große Knotenpunkte, haben die Durchgangsform, z. B. die Hauptbahnhöfe Stockholm, Kopenhagen, Hamburg, Königsberg, Breslau, Hannover, Düsseldorf, Köln, Nürnberg, Mainz, Karlsruhe, Straßburg, Bern, Innsbruck, Linz/Donau.

Als besondere Grundrißform sind bei den Personenbahnhöfen auch die Keil- und Inselbahnhöfe zu nennen, bei denen das Empfangsgebäude (Aufnahmegebäude) zwischen den Gleisen liegt. Als Beispiele für Keilbahnhöfe sind zu nennen: Hameln, Waiblingen, Bietigheim, Zug, Sargans, als Beispiele für Inselbahnhöfe Wittenberg, Halle/Saale, Erfurt, Kreiensen, Neuß, Saarbrücken, Hanau/Main, Crailsheim, Bülach bei Zürich. Solche Anordnungen gelten heute wegen der schlechten Zufahrt und der mangelnden Erweiterungsmöglichkeit als verfehlt und werden nicht mehr neu gebaut.

Die verwaltungsmäßige Einteilung der Bahnhöfe nach ihrer Verkehrsbedeutung und der Personalbesetzung kann hier außer Betracht bleiben.

C. Allgemeines über Bahnhofsentwürfe

a) Betriebs- und Verkehrsanlagen

Bau und Betrieb der Bahnhöfe sind teuer. Sie müssen deshalb so wirtschaftlich wie möglich angelegt werden. Alle Abmessungen sind auf den in absehbarer Zeit zu erwartenden Verkehr abzustimmen.

Die Leistungsfähigkeit von Bahnhöfen ist im allgemeinen für die Leistungen der Strecke und des ganzen Netzes entscheidend. Das zeigt sich schon bei dem einfachen Fall einer Straßenbahn. Auf einer zweigleisigen Straßenbahnstrecke können die Züge in jeder Richtung etwa mit 10 m/sek. = 36 km/h verkehren. Bei einem kürzesten Abstand der Züge einschließlich Bremsweg von 80 m ergibt sich eine dichteste Zugfolge von 8 sek. In 1 Stunde könnten auf jedem Gleis 3600 : 8 = 450 Züge verkehren. Bei 300 Plätzen im Zug und einer 80%igen Ausnützung der Plätze ergibt sich eine theoretische Stundenleistung der freien Strecke von 450 × 300 × 80% = 108000 Personen. An einer einfachen Zwischenhaltestelle muß ein Straßenbahnzug für das Ein- und Aussteigen der Fahrgäste mindestens 10 sek. anhalten, an wichtigeren Haltestellen 25 sek. und mehr. Dabei spielen auch Größe und Höhe der Haltestelleninseln, Anordnung und Breite der Türen, Zahl und Höhe der Stufen und — bei Fahrgastfluß — die Größe des Auffangraumes vor dem Schaffnersitz eine Rolle. Zu der Haltezeit kommen Zuschläge für die Bremszeit und die Anfahrzeit, sowie für Behinderungen durch den übrigen Straßenverkehr. Bei einem Zugabstand von 40 sek. an der Haltestelle ergibt sich eine größte Stundenleistung von 90 Zügen und 90 × 300 × 80% = 21600 Fahrgästen. Der *Bahnhof* leistet in diesem Fall nur 20% der freien Strecke.

Für jeden Bahnhof ist zuerst ein Gleisplan zu entwickeln, der die nötige betriebliche Leistungsfähigkeit aufweist. Dazu kommen die Anforderungen des Verkehrs, der Bautechnik, der Maschinentechnik und nicht zuletzt für die Gesamtanlage die Notwendigkeiten des Städtebaus. Zur Abwicklung der Betriebsvorgänge wie Ein- und Ausfahren, Aufstellen von Zügen und Lokomotiven, Abstellen von Fahrzeugen, Zustellen, Abholen und Ordnen von Wagen, genügen im allgemeinen die Gleise allein. Eine zusätzliche Ausstattung ist nur für den Lokomotiven- und Triebwagendienst mit Schuppen und Untersuchungseinrichtungen, sowie für die Versorgung der Schlaf- und Speisewagen sowie der übrigen Personenwagen mit Strom, Wasser, Wäsche und Verpflegung, sowie die Reinigung erforderlich. Zur Abwicklung der Verkehrsvorgänge ist dagegen immer eine Ausstattung der Gleise mit besonderen Ladeeinrichtungen erforderlich. Für den Personenverkehr sind Bahnsteige mit Zugängen, Sperren und Dächern nötig, für den Güterverkehr sind Ladestraßen, Güterschuppen, Rampen oder andere Verladeanlagen vorzusehen. Die Verkehrsanlagen erfordern also mehr Raum und sind wesentlich teurer als die Betriebsanlagen. Deshalb sind die Verkehrsanlagen klein zu halten, ihre Leistungsfähigkeit ist aber durch gute Betriebsanlagen möglichst zu steigern. Auch ist im allgemeinen eine Erweiterung der Betriebsanlagen wesentlich billiger und einfacher als der Umbau einer zu klein gewordenen Verkehrsanlage. Dieses Vorgehen empfiehlt sich besonders bei den Personen- und Güterbahnhöfen in Städten, die von Straßen und Häusern dicht umgeben sind und kaum erweitert oder verlegt werden können. Die Gesamtanlage kann dann dadurch verbessert werden, daß das vorhandene Bahngelände für die Verkehrsanlagen verwendet wird und neue Betriebsanlagen in den Außengebieten auf billigerem Land erstellt werden. Der Grundsatz für größere Bahnhöfe lautet: Betriebsanlagen hinaus, Verkehrsanlagen aber mitten hinein in die Stadt.

Das System der Gleise und Weichen eines Bahnhofes muß betrieblich sorgfältig durchdacht werden. Das Gleissystem eines Bahnhofes, dessen Bau 100 Millionen kostet, kann auf einem kleinen Stück Papier skizziert werden. Wenige Striche entscheiden darüber, ob die Anlage wirtschaftlich und leistungsfähig ist oder nicht.

b) Gleisentwicklung

Die Gleise des Bahnhofs entwickeln sich aus den Streckengleisen. Die Strecken sind ein- oder mehrgleisig, so daß sich sehr verschiedene Entwicklungen ergeben. Der häufigste Fall ist die zweigleisige Strecke, die im Vordergrund der Betrachtungen stehen soll. Gewöhnlich wird jedes Gleis nur in einer Richtung befahren.

Auf den zweigleisigen Strecken der Eisenbahnen wird in Deutschland, Holland, Dänemark, Norwegen, Russland, Nordamerika und einigen anderen Ländern rechts gefahren. Von England ausgehend wurde das Linksfahren auch auf den Eisenbahnstrecken in Frankreich, Belgien, der Schweiz, Österreich-Ungarn, Italien und Spanien eingeführt. Der Übergang vom Rechtsbetrieb auf den Linksbetrieb würde den Umbau sämtlicher Bahnhöfe bedingen. Er ist viel teurer als der Übergang vom Links- auf den Rechtsverkehr auf der Straße, der z. B. in Schweden 150 Mill. Kronen kosten soll. Deshalb behielten die Franzosen nach 1918 im Elsaß den deutschen Rechtsverkehr bei und bauten zwischen Belfort und Altkirch auf freier Strecke eine Überwerfung (höhenfreie Kreuzung) der beiden Streckengleise. Deutschland behielt nach 1938 auf den österreichischen und sudetendeutschen Linien den Linksbetrieb bei, nur die neu zweigleisig ausgebauten Strecken wie Passau—Wels wurden für Rechtsbetrieb eingerichtet. — Straßenbahnen und Schnellbahnen haben überall die gleiche Fahrweise wie der Straßenverkehr.

Die Bahnhofsgleise werden in bestimmte Gruppen eingeteilt und mit verschiedenen Namen und Kennzeichen versehen, die das Entwerfen und Lesen von Bahnhofsplänen und eine zweckmäßige Benutzung wesentlich erleichtern. Am wichtigsten ist die Einteilung in die beiden Hauptgruppen der Haupt- und Nebengleise.

Hauptgleise sind alle Gleise, die im regelmäßigen Betrieb von Zügen befahren werden, wobei die Fahrt gewöhnlich durch Signale gedeckt wird.

Nebengleise sind alle übrigen Gleise, insbesondere die Lade-, Verschiebe- und Abstellgleise. Die Bezeichnung *Nebengleis* darf nicht so ausgelegt werden, als seien diese Gleise nebensächlich. Nebengleise können nach ihrer Belastung und Bedeutung für die Leistungsfähigkeit eines Bahnhofes wichtiger sein als manches Hauptgleis. So sind die Gleise, die über die Hauptablaufberge der großen Verschiebebahnhöfe führen, zwar nur Nebengleise, sie sind aber für die Leistungsfähigkeit ganzer Bahnnetze maßgebend.

Die Hauptgleise werden weiter unterteilt in:

Hauptpersonengleise,

die der Fahrt der Personenzüge dienen, aber auch im regelmäßigen Verkehr von Güterzügen mitbenutzt werden können. Sie werden in den Gleisplänen mit einem dicken Strich und einem einfachen Pfeil gekennzeichnet (Abb. 16). Die Hauptpersonengleise verschiedener Strecken können durch zusätzliche Unterscheidungsmerkmale oder durch farbige Linien, bzw. bei zweigleisigen Strecken durch farbige Bänder zwischen den zusammengehörigen Gleisen bezeichnet werden (Abb. 17).

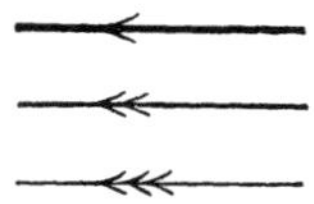

Abb. 16. Kennzeichen für Hauptpersonengleis (oben), Hauptgütergleis (Mitte), Verkehrsgleis (unten)

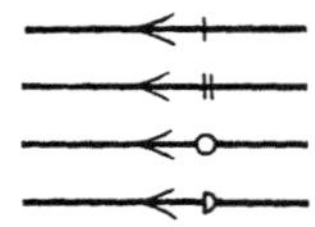

Abb. 17. Besondere Kennzeichen für die Gleise verschiedener Strecken

Hauptgütergleise,

die der Fahrt der Güterzüge dienen und im regelmäßigen Verkehr nicht von Personenzügen befahren werden. Oft werden sie als Güterzugüberholungsgleise oder kurz Überholungsgleise bezeichnet. Sie werden mit einem mittelstarken Strich und einem doppelten Pfeil dargestellt.

Bei beiden Arten von Hauptgleisen kann man außerdem von Einfahr- und Ausfahrgleisen sprechen, je nachdem ob die Züge von der Strecke mehr ein- oder ausfahren. Bei Durchgangsbahnhöfen wird fast jedes Einfahrgleis an seinem anderen Ende zum Ausfahrgleis.

Die nachfolgend beschriebenen Nebengleise werden mit dünnen Linien dargestellt. Zur weiteren Unterscheidung erhalten die sogenannten Verkehrsgleise drei Pfeile. Bei verschiedenen Nebengleisen werden besondere Buchstaben zur Kennzeichnung ihrer Aufgabe verwendet. — Die Darstellung der Gleise durch Doppellinien, also durch die beiden Schienen, ist unzweckmäßig, zeitraubend und unsauber. Farbige Kennzeichen, die das Lesen der Gleispläne sehr erleichtern, haben leider den Nachteil, daß sie auf jeder Lichtpause besonders eingetragen werden müssen.

Von den Nebengleisen seien nun die wichtigeren genannt:

Durchlaufgleis, D, ein zur Durchfahrt von Lokomotiven und Verschiebeabteilungen bestimmtes Gleis, das nicht besetzt werden darf und immer frei gehalten werden muß. Die Bezeichnung *Verkehrsgleis*, die manchmal dafür verwendet wird, ist unklar. Eher ist die Bezeichnung *Dienstgleis* zu empfehlen.

Lokomotivgleis, L, ein Gleis, das nur dem Lokomotivverkehr dient. Die Bedeutung der Durchlauf- und Lokomotivgleise für einen flüssigen Betrieb wird meist unterschätzt.

Ausziehgleis, Z, ein zum Vorziehen von Zügen und Wagengruppen dienendes Gleis, von dem diese dann abrangiert werden. Die Ausziehgleise enden meist stumpf. Sie liegen oft in einer Neigung, wodurch das Verschieben erleichtert wird.

Abstellgleise (ohne eine übliche abgekürzte Bezeichnung), Gleise, in denen Wagen zwischen zwei Betriebsvorgängen abgestellt werden. Gelegentlich werden diese Gleise auch als Aufstellgleise bezeichnet, wenn sie der Bereitstellung für die nächste Verwendung dienen.

Wartegleise, Gleise zum Bereitstellen von Lokomotiven, die einen Zug übernehmen sollen, oder von ganzen Zügen oder einzelnen Wagen, die kurzfristig abgestellt werden, um den Bahnsteig rechtzeitig zu erreichen.

Weitere Bezeichnungen wie Freilade-, Schuppen-, Rampen-, Hafen- und Privatanschlußgleis bedürfen keiner weiteren Erklärung.

c) Gleisverbindungen

Als Gleisverbindungen dienen Weichen, Drehscheiben und Schiebebühnen. Hier ist nur auf die wichtigste Art, nämlich die Weichen, einzugehen. Die Weichen sind den Drehscheiben und Schiebebühnen überlegen, weil sie den Übergang ganzer Züge und die Bewegung der Fahrzeuge durch Lokomotiven gestatten und keine Unterbrechung der Gleise erfordern. Die Weichen haben allerdings den Nachteil, viel Raum in Anspruch zu nehmen. Die sogenannte tote Weichenlänge, d. h. die Länge, auf der Wagen nicht aufgestellt werden dürfen, beträgt

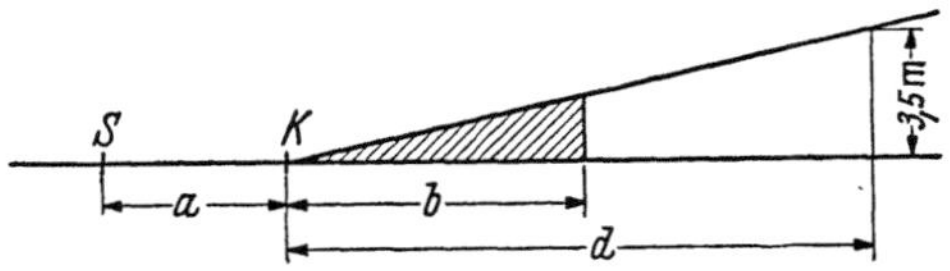

Ab. 18. Einfache Weiche

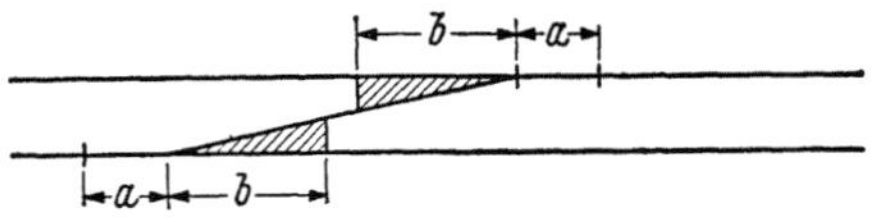

Abb. 19. Einfache Gleisverbindung

bei einer Weiche mit der Herzstückneigung 1:9 rund 40 m. Die tote Länge kann durch eine steilere Weichenneigung verkürzt werden, jedoch darf der Weichenbogen keinen zu kleinen Halbmesser erhalten. Die tote Länge reicht vom Schienenstoß vor der Weiche bis zum Grenzzeichen, an dem der Abstand der Gleisachsen 3,50 m beträgt. An dieser Stelle beginnt die *nutzbare* Gleislänge. In Abb. 18 ist die tote Länge $a + d$.

Eine Verbindung zweier Gleise kann mit zwei Weichen hergestellt werden (Abb. 19). Zwei einfache Gleisverbindungen, die sich kreuzen, werden als Weichenkreuz bezeichnet (Abb. 20). Das Weichenkreuz ist nicht mit der Kreuzungsweiche

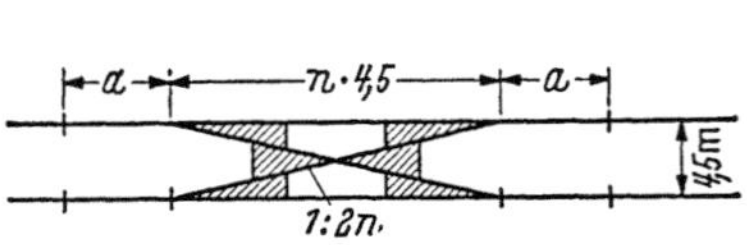

Abb. 20. Weichenkreuz

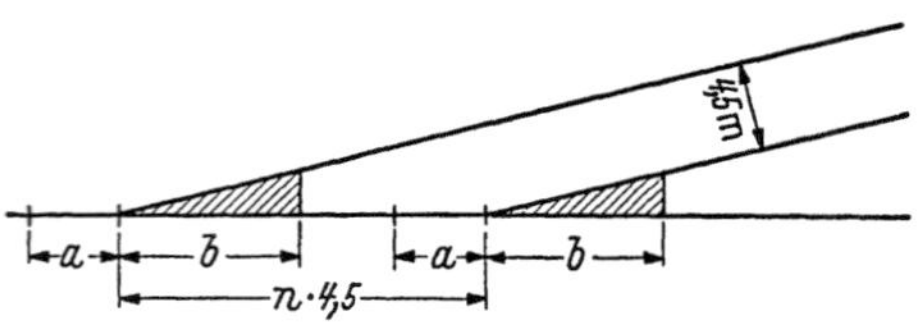

Abb. 21. Abzweigung zweier Gleise mit einfachen Weichen nach der gleichen Seite

(Abb. 26 und 27) zu verwechseln. Das Herzstück der Kreuzung in der Mitte des Weichenkreuzes hat den doppelten Neigungswinkel der Weiche. Bei flachen Weichen mit kleinem Neigungswinkel und großem Halbmesser muß der Gleisabstand vergrößert werden, weil sonst die Kreuzung bis in den Bereich der Weichenzungen hineinragen würde. Näheres darüber findet sich in den Oberbauvorschriften und Weichennormen.

Sollen aus einem Stammgleis zwei Gleise nach der gleichen Seite abzweigen, so können zwei einfache Weichen hintereinandergelegt werden (Abb. 21). Bei einem Gleisabstand von 4,50 m und einer Weichenneigung von 1:9 wird dann der Abstand von Weichenmitte zu Weichenmitte am besten mit $4{,}50 \times 9 = 40{,}50$ m erhalten. Zweigen die beiden Gleise nach verschiedenen Seiten ab, so können die Weichen näher beieinander liegen. Die zweite Weiche kann unmittelbar am Herzstückstoß der ersten Weiche beginnen (Abb. 22).

Bei sehr knappem Raum können die beiden Weichen auch ineinandergeschoben werden, wodurch die zweiseitige Doppelweiche (Abb. 23) entsteht. Wegen der ungleichen Abnützung der beiden Zungenvorrichtungen und der schwierigen Anordnung der Spitzenverschlüsse werden Doppelweichen kaum mehr verwendet.

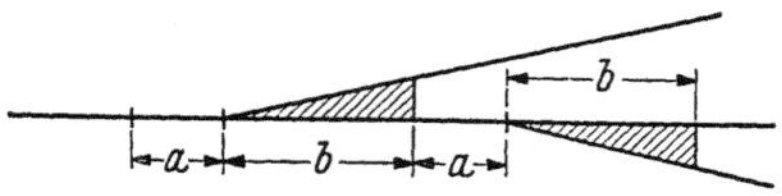

Abb 22. Abzweigungen zweier Gleise nach verschiedenen Seiten

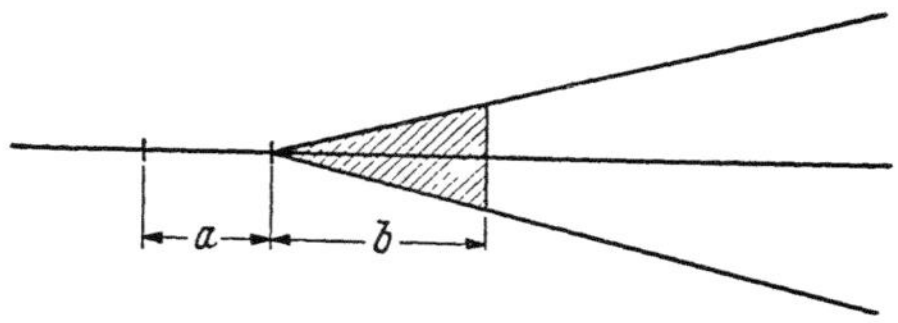

Abb. 23. Zweiseitige, symmetrische Doppelweiche

Gelegentlich finden sich aber noch unsymmetrische Doppelweichen (Abb. 24), bei denen alle Teile außer dem mittleren Herzstück den Regelbauarten der einfachen Weichen entsprechen. Bei einseitigen Doppelweichen zweigen zwei Gleise am gleichen Punkt mit verschiedenem Halbmesser nach der gleichen Seite des Stammgleises ab. Solche Weichen sind nur noch äußerst selten zu finden.

Wenn zwei Gleise sich schneiden, entstehen Kreuzungen (Abb. 25). Die Kreuzungen erfolgen vielfach mit der Neigung benachbarten Weichen. Werden in die

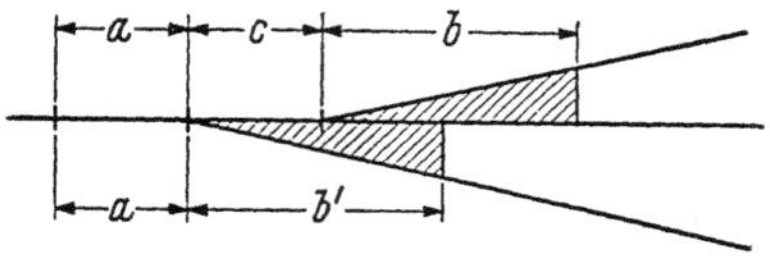

Abb. 24. Zweiseitige, unsymmetrische Doppelweiche

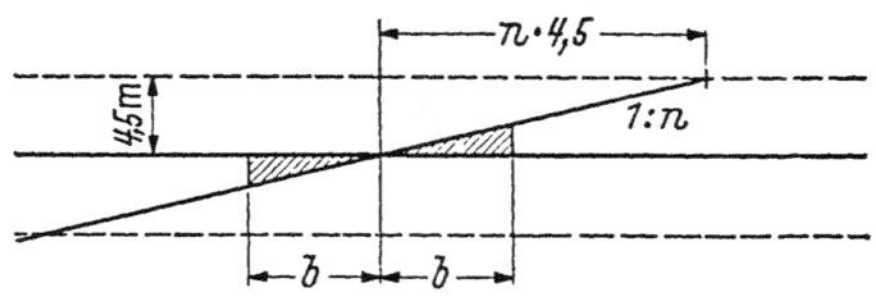

Abb. 25. Kreuzung

Kreuzung Weichenstränge eingelegt, so daß ein Übergang zwischen den grade durchlaufenden und den kreuzenden Gleisen ein- oder beidseitig möglich wird, so entsteht die einfache (Abb. 26) oder die doppelte Kreuzungsweiche (Abb. 27). Die Zungenvorrichtungen können innerhalb des Parallelogramms liegen, das von den 4 Schienen des Stammgleises und des kreuzenden Gleises gebildet wird, oder außerhalb desselben. Daher sind Kreuzungsweichen mit innenliegenden und außenliegenden Zungen zu unterscheiden (Abb. 28 und 29).

Abb. 26. Einfache Kreuzungsweiche

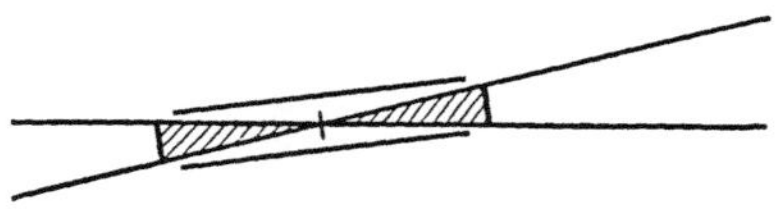

Abb. 27. Doppelte Kreuzungsweiche

Von den Regelformen abweichende Weichen sollten möglichst nicht angewandt werden, weil sie besonders hergestellt werden müssen und weil keine Ersatzteile vorrätig sind. Jedoch ist die Verwendung anderer Formen nicht zu scheuen, wenn sich dadurch besondere Vorteile, wie eine günstigere Ausnützung des Geländes, die bessere Führung einer Tunnelstrecke, oder eine zweckmäßigere Gestaltung des Gleisplanes erreichen lassen. Kreuzungen unter einem von den Normen abweichenden Winkel werden recht häufig verwendet, ohne daß sich dadurch besondere Nachteile ergeben.

Weichen neuerer Bauart können in Gleisbogen eingelegt werden (Abb. 28). Dabei sind Außenbogen- und Innenbogenweichen zu unterscheiden. Für die Bezeichnung ist die Lage des Hauptstranges maßgebend. Der Halbmesser des

Abb. 28. Links doppelte Kreuzungsweiche mit innen liegenden Zungen. Rechts Weichenkreuz in einem Gleisbogen (nach Hartmann)

Abb. 29. Doppelte Kreuzungsweiche mit außenliegenden Zungen (nach Hartmann)

gewählt, weil dann die abzweigenden Gleise den üblichen Gleisabstand von 4,50 m Weichenstranges ergibt sich aus folgender Formel:

$$R_z = \frac{R_g \cdot R_s \mp t^2}{R_g \pm R_s}$$

Obere Vorzeichen: für Innenbogenweichen
Untere Vorzeichen: für Außenbogenweichen

R_s = geforderter Stammgleishalbmesser
R_g = Halbmesser der Weichengrundform
R_z = Zweiggleishalbmesser
t = Tangentenlänge der Weiche
$t^2 \lll R_g \cdot R_s$, kann vernachlässigt werden.

Wenn eine Weiche von 800 m Halbmesser in Bogen von 600, 1200 oder 1600 m Halbmesser eingelegt wird, ergeben sich folgende Halbmesser des abzweigenden Stranges in m:

	R_g	R_s	R_z
Innenbogenweiche	800	600	343
	800	1200	480
	800	1600	533
Außenbogenweiche	800	600	2400
	800	1200	—2400
	800	1600	—1600

Die zuletzt genannte Außenbogenweiche ist symmetrisch. Sie weist im Stammgleis und im Zweiggleis die gleichen Halbmesser auf. Weitere Einzelheiten über Weichen finden sich in dem ausgezeichneten Buch von HARTMANN, Reichsbahnweichen und Reichsbahnbogenweichen.

Auf größeren Bahnhöfen sollen die Weichen nicht verstreut liegen, sondern in Gruppen zusammengelegt werden, weil dadurch die Bedienung billiger, die Kennzeichnung der Fahrwege einfacher und die Signalisierung der Gefahrenpunkte besser wird.

Wenn aus einem Gleis mehrere Gleise zu entwickeln sind, so entstehen Weichenstraßen. Die Aufeinanderfolge mehrerer einfacher Weichen (Abb. 30) in einem graden Gleis wird als grade Weichenstraße bezeichnet. Solche Weichenstraßen sind zwar übersichtlich, aber sehr lang (Abb. 31), so daß viel nutzbare Gleislänge verloren geht und das Umsetzen von Wagen viel Zeit und Geld kostet. Besonders ungünstig ist ein Gleisplan, dessen Gleise an beiden Enden durch einfache Weichenstraßen zusammengefaßt werden (Abb. 32). Die nutzbare Länge der einzelnen Gleise ist sehr verschieden. Bei einer Weichenneigung von 1:9 und einem Gleisabstand von 4,50 m ist jedes weitere angeschlossene Gleis um $2 \times 4{,}50 \times 9 = 81$m kürzer als das vorhergehende. Bei einer steileren Weiche mit einer Neigung von 1:6,6 sind es noch $2 \times 4{,}50 \times 6{,}6 = 59{,}4$m. Immerhin kann die Weichenstraße um mehr als ein Viertel verkürzt werden. Das ist ein Hinweis darauf, daß Flachweichen und auch größere Gleisabstände nur sparsam verwendet werden sollten. Leider finden sich die teuren Weichen mit flacher Neigung oft sogar in Nebengleisen, die nie schnell befahren werden.

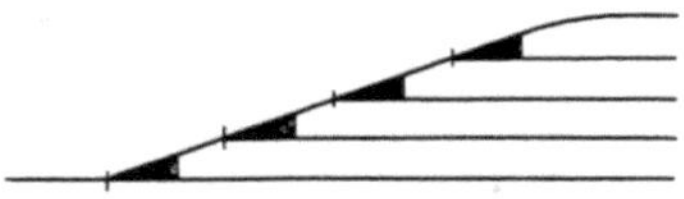

Abb. 30. Grade Weichenstraße

Gleich lange Gleise ergeben sich bei einer Anordnung nach Abb. 33. Die Gleise sind aber dann, außer den beiden ersten, nicht mehr grade. Lange Weichenstraßen erschweren die Bedienung, verlängern die Rangierwege und erhöhen infolgedessen die Betriebskosten und den Aufwand für die Kabel- oder Drahtleitungen zur Bedienung der Weichen. Da bei jedem Entwurf von Anfang an auf niedrigste Betriebskosten zu achten ist, müssen längere Weichenstraßen verkürzt werden. Das läßt sich mit Hilfe von Doppelweichen (Abb. 34) erreichen. Baulich verdienen doppelte Weichenstraßen aus einfachen Weichen (Abb. 35) oder Weichenstraßen mit doppelter Neigung Abb. 36) den Vorzug.

Abb. 31. Lange Weichenstraße mit steilen Weichen (nach Hartmann)

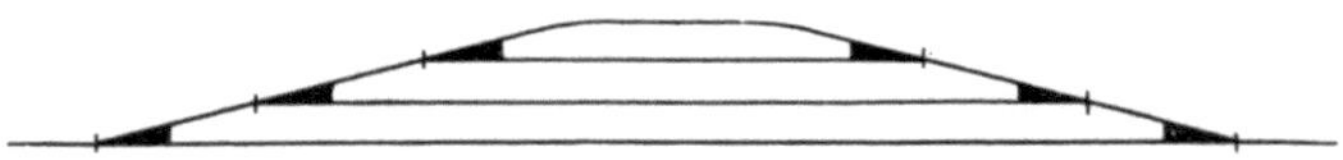

Abb. 32. Gleisgruppe mit graden Weichenstraßen

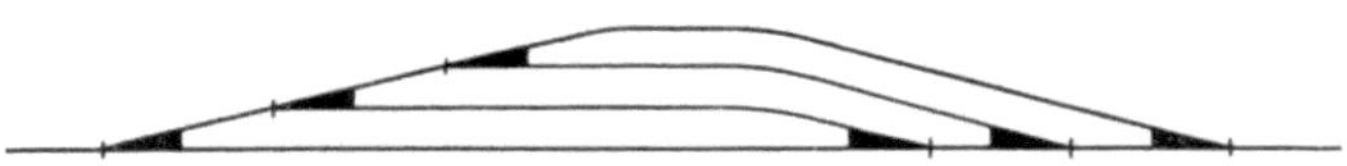

Abb. 33. Gleisgruppe mit Gleisen gleicher Nutzlänge

Für die Verwendung der Weichen im Gleisplan seien noch einige Hinweise gegeben. Jede Weiche ist ein Übel, denn sie bedeutet Raumverlust, Geldaufwand und Gefahr. Die Notwendigkeit jeder einzelnen Weiche ist genau nachzuweisen. Unerwünscht sind Weichen in den Hauptgleisen, besonders in den Hauptpersonengleisen, und zwar vor allem spitzbefahrene. Sorgfältig ist auch zu prüfen, ob doppelte Kreuzungsweichen mit ihren vier Zungenpaaren nötig sind oder ob nicht einfache Kreuzungsweichen mit nur zwei Zungenpaaren, die bau- und sicherungstechnisch erheblich billiger sind, ausreichen.

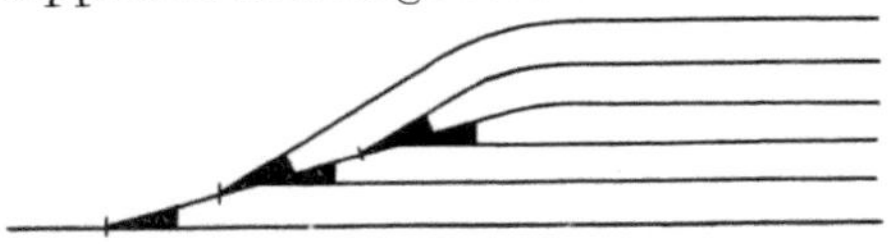

Abb. 34. Verkürzte Weichenstraße mit Doppelweiche

Im Gleiskopf eines großen Bahnhofes können doppelte Weichenstraßen die Leistungsfähigkeit und die Freizügigkeit in der Benutzung der Gleise wesentlich erhöhen, bei drei- oder gar vierfachen Weichenstraßen wird der betriebliche Gewinn den bau- und sicherungstechnischen Aufwand kaum je rechtfertigen. Die Wahrscheinlichkeit, daß mehrfache Weichenstraßen gleichzeitig befahren werden, ist sehr gering. Andererseits sind einfache Kreuzungen oft das Zeichen für einen schlecht entwickelten Gleisplan, denn eine Kreuzung bedeutet auch ohne Weichen eine gegenseitige Behinderung und Gefährdung der Fahrten, ohne daß die Berührung der beiden Fahrstraßen notwendig wäre.

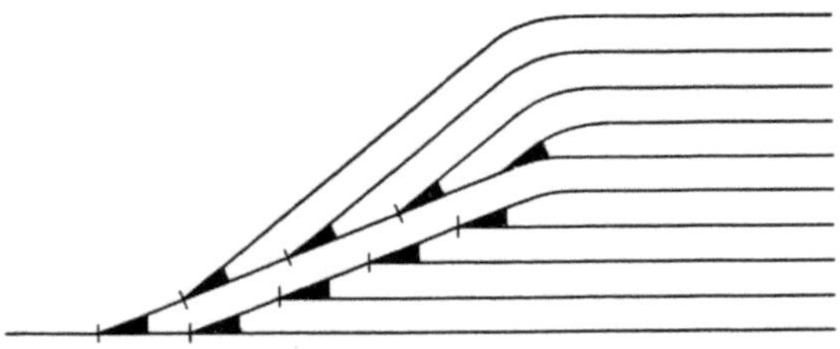

Abb. 35. Doppelte Weichenstraße aus einfachen Weichen

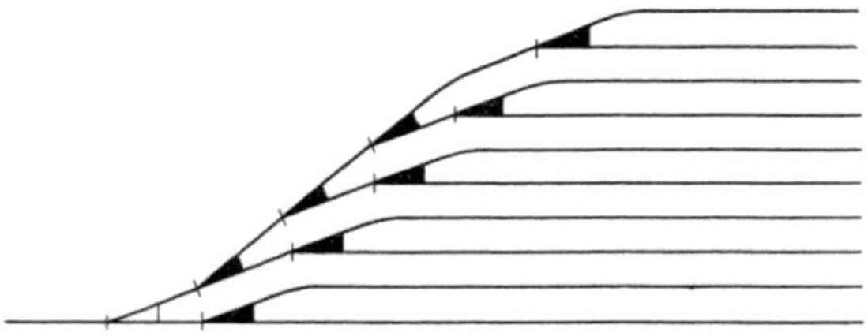

Abb. 36. Weichenstraße mit doppelter Neigung

Das Auflösen von Kreuzungsweichen und ihr Ersatz durch einfache Weichen (Abb. 37) kann die Gleisbaukosten senken, denn die einzelnen Zungenpaare einer Kreuzungsweiche werden nur selten alle gleich stark beansprucht. Die ganze Weiche muß aber schon dann ausgewechselt werden, wenn nur ein einziges Zungenpaar abgenutzt ist. Das Auflösen der Kreuzungsweichen erschwert aber die Übersicht, verlängert die Weichenbereiche und die Rangierwege, verkürzt die Nutzlänge und verteuert bei elektrischem Betrieb den Bau der Fahrleitungen. Diese Maßnahme, die anfangs der 30iger Jahre sehr empfohlen wurden, ist nur in recht wenigen Fällen wirklich vorteilhaft.

Nicht nur vor einer zu großen Zahl von Weichen ist zu warnen, sondern auch vor einer zu geringen. Ein flüssiger Betrieb ist ohne eine ausreichende Zahl von Weichen nicht möglich. Zur Erhöhung der Sicherheit sind an kritischen Punkten auch Schutzweichen anzuordnen.

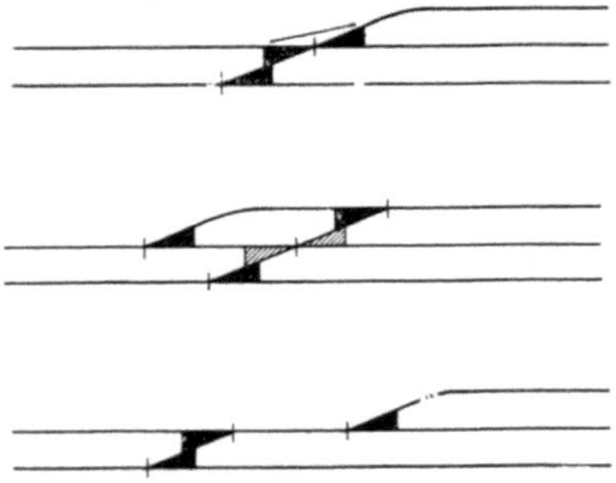

Abb. 37. Ersatz der einfachen Kreuzungsweiche (oben) durch einfache Weichen und eine einfache Kreuzung (Mitte) oder nur durch einfache Weichen (unten)

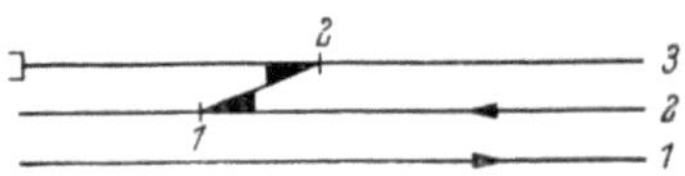

Abb. 38. Nebengleis mit Schutzweiche

In Abb. 38 mündet das Nebengleis 3 in der Weiche 1 in das Hauptgleis 2 ein. Für den Zugverkehr genügt die Weiche 1. Trotzdem empfiehlt sich die Anordnung der Weiche 2 mit einem kurzen Stumpfgleis, weil dadurch das unbeabsichtigte Abrollen von Wagen oder ein vorzeitiges Abfahren von Zügen von Gleis 3 nach Gleis 2 verhindert wird. Schutzweichen sind besonders bei großen

Anlagen wertvoll. Ihre Zahl ist aber wegen der Bau-, Sicherungs- und Unterhaltungskosten zu beschränken. Schließt nur ein kurzes Stumpfgleis an, so entsteht eine neue Gefahr durch Auffahren auf den Prellbock. Oft können die viel billigeren Entgleisungsschuhe den gleichen Dienst leisten. Unter einfachen Verhältnissen wird auf bauliche Schutzmaßnahmen ganz zu verzichten sein. Hier spielen auch die gesetzlichen Vorschriften eine Rolle, die bei früher wohlhabenden Eisenbahnen oft auch heute noch sehr streng sind, bei anderen Bahnen den wirtschaftlichen Rahmen stärker berücksichtigen. Die Stellung der Weichen wird durch die Zeichen + und — angegeben. Im Lageplan wird ein + auf diejenige Seite der Weiche gesetzt, nach der sie in der Grundstellung (Ruhestellung) hinzeigt. Verschiedene Möglichkeiten zeigen die Abb. 39—42.

Die Stellung der Kreuzungsweichen wird mit Rücksicht auf den Stellwerkanschluß gewählt und ist betrieblich oft schwer zu verstehen.

Die Wege, welche die Züge im Bahnhof benutzen, heißen Fahrwege. Für die Ein-, Aus- oder Durchfahrt eines Zuges sind nicht nur die von dem Zug berührten Weichen einzustellen, sondern auch die Schutzweichen. Der Fahrweg mit den

Abb. 39. Weiche in Grundstellung auf gradem Strang

Abb. 40. Weiche in Grundstellung auf krummem Strang, links abzweigend

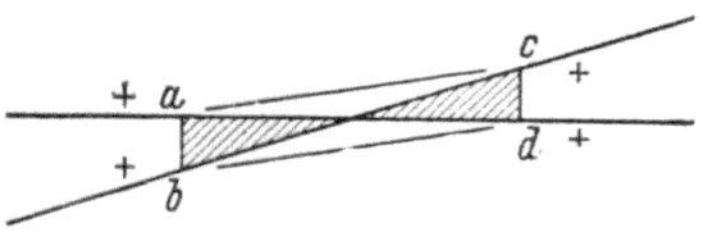

Abb. 41. Doppelte Kreuzungsweiche, Grundstellung auf gradem Strang b—c

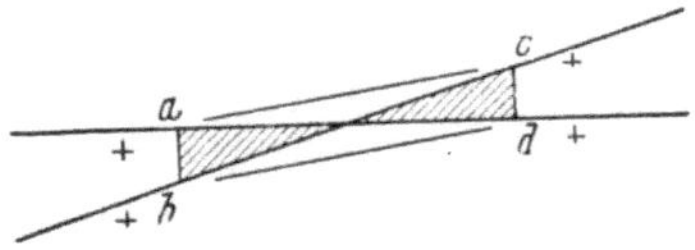

Abb. 42. Doppelte Kreuzungsweiche, Grundstellung auf krummem Strang b—d

zugehörigen Schutzweichen wird als Fahrstraße bezeichnet. Die Fahrstraßen werden im Gleisplan durch Buchstaben und Pfeile bezeichnet, die der Bezeichnung des zugehörigen Signals entsprechen.

Die Anlage der Bahnhöfe bringt es mit sich, daß gewisse Fahrstraßen nicht gleichzeitig befahren werden dürfen: sie schließen sich aus und gefährden sich gegenseitig, sind sich also *feindlich*. Schon bei kleineren Bahnhöfen sind derartige, sich gegenseitig ausschließende Fahrstraßen nicht zu vermeiden: Es ist aber dafür zu sorgen, daß sie nicht durch ungeschickte Weichenanordnungen noch unnötig vermehrt werden. Der Natur der Anlage nach schließen sich folgende Fahrstraßen unbedingt aus:

1. Es ist nicht möglich, von einem Gleis gleichzeitig in mehrere Gleise einzufahren.
2. Es ist nicht zulässig, von mehreren Gleisen gleichzeitig nach ein und demselben Gleis auszufahren.
3. Es ist nicht zulässig, zwei sich kreuzende oder berührende Gleise gleichzeitig zu befahren.
4. Es ist nicht zulässig, gleichzeitig in ein Gleis ein- und aus demselben Gleis an derselben Seite auszufahren.

In Abb. 43 schließen sich nach der Gesamtanlage folgende Fahrstraßen gegenseitig aus:

A_1 und A_2 (Grund 1),
B und C (Grund 2),
A_2 und B (Grund 3).

In dem dargestellten Gleisplan sind alle anderen Fahrstraßen gleichzeitig möglich, er ist daher richtig. Wird dagegen die Weichenverbindung nach Abb. 44 hergestellt, so schließen sich außerdem noch A_2 und C aus, und zwar wegen falscher Weichenanordnung. Daß hier ein Fehler vorliegt, wird besonders klar, wenn man

Gleis 1 und 2 fortläßt (Abb. 45). Dann zeigt sich, daß diese Anordnung die Einschaltung eines kurzen eingleisigen Stückes in eine im übrigen zweigleisige Linie bedeutet. Es sei noch darauf hingewiesen, daß Abb. 44 gegenüber der Abb. 43 nicht eine Ersparnis an Weichen bringt, sondern eine Vermehrung.

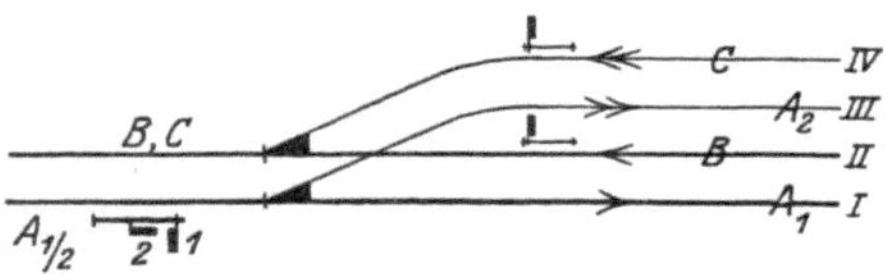

Abb. 43. Fahrstraßen bei der Abspaltung zweier Gütergleise aus zwei Hauptgleisen

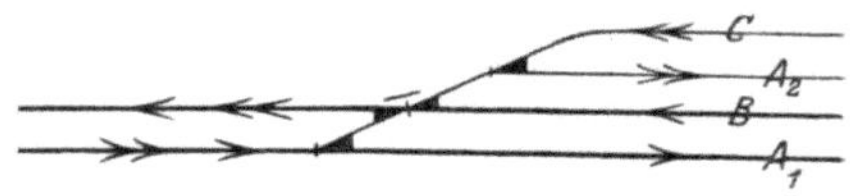

Abb. 44. Unzweckmäßige Anordnung für die Abspaltung von Gütergleisen

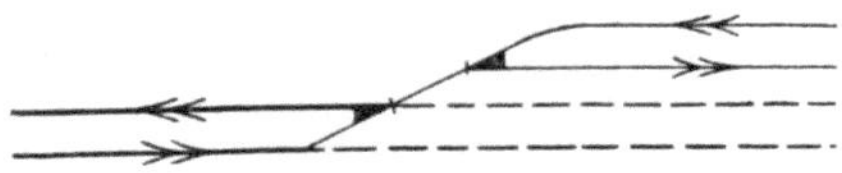

Abb. 45. Der eingleisige Engpass für die Güterzüge

In Abb. 46 (Kopfbahnhof mit Ein- und Ausfahrt in alle drei Gleise) schließen sich der Natur der Anlage nach aus:

A_1 A_2, A_3 gegenseitig,
B, C, D gegenseitig,
A_1 und B,
A_2 und B, C,
A_3 und B, C, D.

Die dargestellte Weichenverbindung genügt nicht, da sich die Fahrstraßen C und A_1 in der Kreuzung berühren und gefährden. Dagegen ist eine Anordnung nach Abb. 47 richtig. Bei ihr tritt keine Vermehrung der Weichen ein, es wird nur je ein Zungenpaar der Weiche 4b nach 5 und 6 verschoben. Die Anlage wird im Bau etwas teurer, der Betrieb wird aber flüssiger und sicherer.

Die größere Sicherheit ist ein allgemeiner Vorzug vollkommen ausgebauter Anlagen, weil mehr Fahrstraßen gegenseitig durch Schutzweichen gesichert sind oder in keiner unnötigen Berührung oder Verbindung miteinander stehen. So

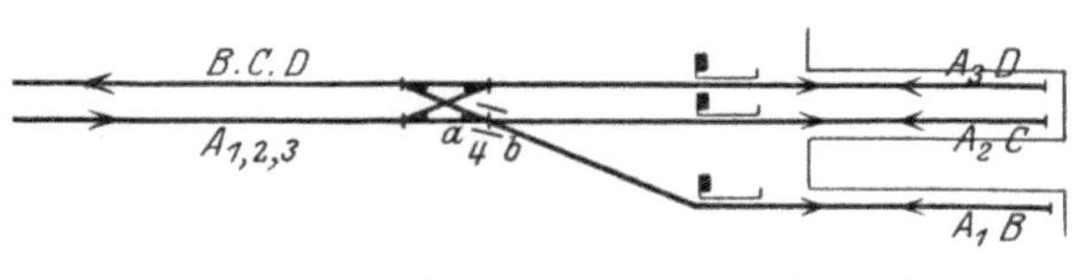

Abb. 46. Einfahrt in einen Kopfbahnhof mit Engpaß

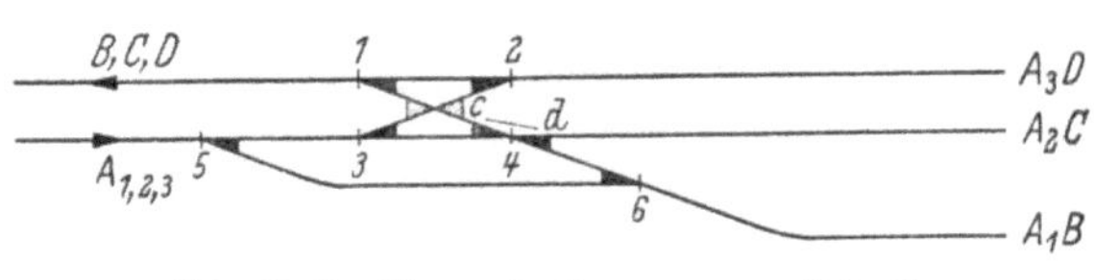

Abb. 47. Beseitigung des Engpasses von Abb. 46

ist z. B. in Abb. 47 Weiche 5 Schutzweiche für die Fahrt A_1 gegen C und Weiche 4d Schutzweiche für C gegen A_1, während nach Abb. 46 die Fahrt A_1 gegen C überhaupt nicht gesichert ist. Der Zug, der auf A_1 einfahren soll, muß vor dem Bahnhof liegen bleiben.

Oben wurde der Grundsatz aufgestellt, daß alle Fahrstraßen, die sich nicht durch die Natur der Anlage ausschließen, sich auch nicht durch eine ungenügende Weichenanordnung ausschließen dürfen. Bei großen Anlagen wird dieser Grundsatz nicht überall durchzusetzen sein, weil dann eine bedeutende Vermehrung der

Weichen und auch eine Verlängerung der Weichenstraßen eintreten würde. Wenn ein Teil der Fahrstraßen nur ausnahmsweise benutzt wird, sind Einschränkungen durchaus zulässig. Man kann sich damit abfinden, daß ausfahrende Züge aufeinander oder vielleicht auch auf einfahrende Züge warten müssen. Dagegen dürfen Einfahrten nicht voneinander abhängig gemacht werden, weil die Züge bei ungenügender Bremswirkung durchrutschen und sich gegenseitig gefährden können.

d) Richtungs- und Neigungsverhältnisse

In Bahnhöfen, in denen Züge mit voller Geschwindigkeit durchfahren, dürfen die Krümmungshalbmesser der durchgehenden Hauptgleise nicht kleiner sein als auf der freien Strecke. Wenn aber alle Züge halten, so können die Krümmungen gegen den Bahnhof hin entsprechend der abnehmenden Geschwindigkeit enger werden. Die Beziehung zwischen Halbmesser in m und Geschwindigkeit in km/h wird für normalspurige Gleise durch folgende Formeln ausgedrückt:

Geschwindigkeit von Leichtschnellzügen und Triebwagen in Bogen mit Überhöhung

$$V = 4{,}5\sqrt{R}\,,$$

Geschwindigkeit aller übrigen Züge in Bogen mit Überhöhung

$$V = 4\sqrt{R}\,,$$

Geschwindigkeit aller Züge in Bogen ohne Überhöhung

$$V = 3{,}5\sqrt{R}\,.$$

Zum Vergleich sei die gleiche Beziehung für Straßen angegeben. Auf trockener Straße können gewöhnliche Wagen fahren

$$V = 6{,}5\sqrt{R}\,,$$

Wagen mit tiefem Schwerpunkt

$$V = 8\sqrt{R}\,.$$

Bei kleiner Geschwindigkeit können in den Bahnhöfen also recht enge Halbmesser verwendet werden. Andererseits sollten bestimmte Gleise überhaupt nicht in Bogen gelegt werden. Bei Bahnsteig- und Ladegleisen stören die Krüml mungen, weil der Bau von Bahnsteighallen, Schuppen und Rampen erschwer. wird. Das Ein- und Aussteigen bzw. das Ein- und Ausladen wird erschwert, weil der Abstand zwischen Bahnsteigkante und Fahrzeugen vergrößert werden muß. Besonders nachteilig ist die schlechte Übersicht. Aufsichtsbeamte, Lokomotivführer, Rangierer und andere Bedienstete müssen die ganze Zuglänge überblicken können, sonst wird die Abfertigung verlangsamt und die Unfallgefahr erhöht. Bahnsteig- und Ladegleise sollten mindestens in ihrem mittleren Teil auf etwa 200 m Länge gradlinig geführt sein. Oft empfiehlt es sich, die Gradlinigkeit in der Mitte durch schärfere Krümmungen an den Enden zu erkaufen. Ein zum Bahnsteig hin gebogenes Gleis ist gut zu übersehen. Bei der in Abb. 48 dargestellten Bahnsteiganordnung ist die Einschaltung einer Graden in den beiden äußeren Gleisen deshalb unnötig. Bei einer Krümmung nach der Gegenseite wird die Abfertigung aber erschwert.

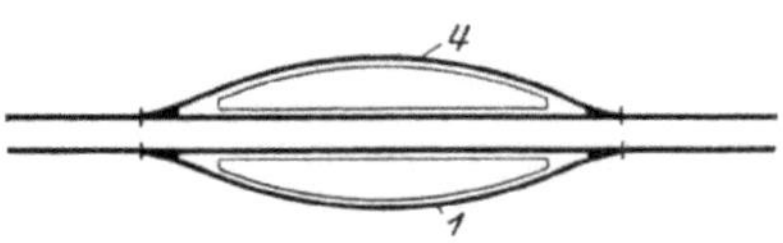

Abb. 48. Bahnhof mit gekrümmten Gleisen und guter Übersicht

Bei Gruppen von Abstellgleisen, Ladegleisen, Richtungsgleisen usw. sollte mit allen Mitteln für eine Gradlinigkeit der Gleise wenigstens auf einer Mittelstrecke gesorgt werden. Das läßt sich erreichen, wenn schärfere Krümmungen an den Enden der Gleise oder zwischen den Gleisgruppen angelegt werden. Beispiele dafür zeigen die Abb. 49 und 50.

Größere Steigungen sind in Bahnhöfen gefährlich und deshalb verboten. Ein Rangierstoß oder ein Windstoß können Wagengruppen in Bewegung setzen, die dann auf die freie Strecke hinaus geraten und nicht mehr angehalten werden können. Deshalb sind alle Gleise, in denen einzelne Wagen oder Wagengruppen auch nur vorübergehend stehen sollen, nahezu waagerecht zu legen. Am besten wird der ganze Bahnhof waagerecht gelegt. Wo dadurch zu viel Höhe verloren geht, können die Einfahrweichen oder Weichen zwischen Gleisgruppen in eine Neigung gelegt werden. Den *waagrechten* Gleisen kann eine Neigung von bis zu 2,5$^0/_{00}$ gegeben werden.

Ausgenommen von der bindenden Vorschrift, daß Bahnhofsgleise nicht stärker als mit 2,5$^0/_{00}$ geneigt sein dürfen, sind die Ablaufgleise auf Verschiebebahnhöfen und die Gleisgruppen von Gefällsbahnhöfen, bei denen das Gefälle zum Abrollen der Wagen ausgenützt wird. Weiter können Haltestellen von Schnell- und Untergrundbahnen, auf denen nie Wagen abgekuppelt oder aufgestellt werden, ohne weiteres eine stärkere Neigung erhalten. Zur Erleichterung des Anfahrens und Bremsens sollte auch auf diesen Bahnen die Bahnhofsneigung

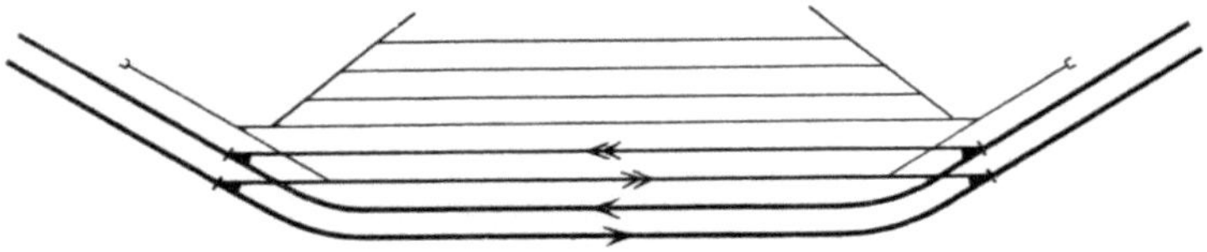

Abb. 49. Im Bogen liegende Bahnhofsköpfe

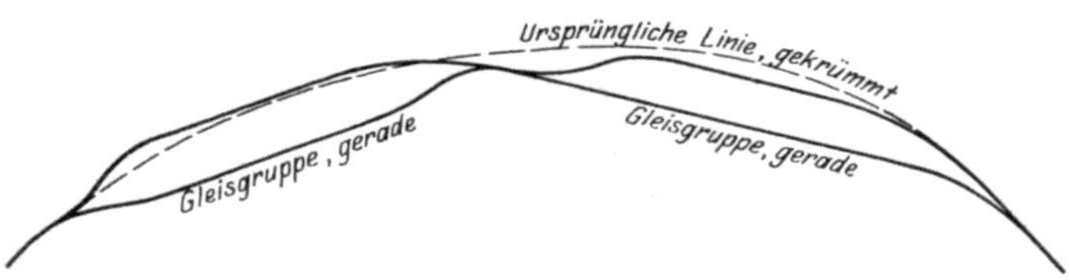

Abb. 50. Vermeidung von Bogen innerhalb von Gleisgruppen durch Anwendung von engeren Halbmessern für die Gleisköpfe

kleiner sein als die Streckenneigung. Wenn Schnellbahnstrecken ein Sägeprofil erhalten, bei dem die Bahnhöfe hoch und die dazwischen gelegenen Strecken tief liegen, so wird bei der Einfahrt in die Bahnhöfe lebendige Kraft gespeichert, die bei der Ausfahrt wieder nutzbar gemacht wird.

Die nutzbare Länge der Gleise zwischen den Grenzzeichen der Weichen muß sich nach der Länge der Züge richten, die auf den anschließenden Strecken verkehren. Im allgemeinen erhalten aus wirtschaftlichen Gründen nur einzelne Gleise die volle Länge, weil selten mehrere Züge mit der größten zulässigen Achsenzahl gleichzeitig in einem Bahnhof zu behandeln sind. Durchgangsgüterzüge sind in Europa bis zu 120 Achsen stark. Bei einer Länge von 4,50—5,00 m je Achse, 2 Lokomotiven zu je 23 m und einem gewissen Spielraum beträgt die erforderliche Nutzlänge für diese Züge 650 m. Auf einigen Strecken sind auch Leergüterzüge mit 150 Achsen zugelassen, die eine nutzbare Gleislänge von 750—800 m benötigen.

Die Gleisabstände sind in den einzelnen Ländern verschieden. Zulässig ist im Normalspurnetz Europas ein kleinster Gleisabstand von 3,50 m. Dieser Abstand läßt sich nicht vergrößern, weil sonst zahlreiche Bahnhöfe und viele Kunstbauten, vor allem die langen zweigleisigen Alpentunnel umgebaut werden müßten. Die Eisenbahnwagen können nicht breiter gebaut werden. Auf den Strecken wird heute ein Abstand von 4,00 m angestrebt, in den Bahnhöfen ein solcher von 4,50 m, für Arbeits- und Reinigungsgleise, sowie zwischen Gleisgruppen 5,50 bis

6,00 m. Vor einer weiteren Vergrößerung der Gleisabstände ist zu warnen, weil dem erhöhten Aufwand für die größere Breite und Länge der Gleisgruppen kein Nutzen gegenübersteht.

e) Darstellung der Bahnhöfe

Der gebräuchlichste Maßstab für Bahnhofsentwürfe ist 1:1000. Für das Auftragen schwieriger Gleisentwicklungen wird gelegentlich der Maßstab 1:500 verwendet. Für Übersichtspläne kommen die Maßstäbe 1:2000 und 1:2500 in Betracht. In dem Maßstab 1:5000 können einzelne Gleise nicht mehr einwandfrei dargestellt werden. Die Gleisgruppen werden nur noch als Flächen eingetragen. Bei größeren Bahnhöfen werden die Lagepläne 1:1000 mehrere Meter lang. Deshalb werden auch verzerrte Bahnhofspläne angefertigt, bei denen die Breiten in 1:1000, die Längen aber in 1:3000 dargestellt sind. Für die Darstellung des Betriebsablaufs empfehlen sich unmaßstäbliche, verzerrte Skizzen.

Auf den Lageplänen ist der Bestand, also Gelände, Bebauung, Straßen, alte Gleise, Wasserläufe usw. sowie Höhenschichtlinien einzutragen. Leider fehlen manchmal Höhenangaben für das Gelände, wodurch die Entwurfsarbeit außerordentlich erschwert, wenn nicht unmöglich gemacht wird. In den Entwurfsplänen sind anzugeben:

alle geplanten Neuanlagen oder Veränderungen,
Neigungs-und Krümmungsverhältnisse der Gleise, Straßen und Wege,
Bahnsteige, Gebäude, Böschungen, Grenzen des Bahngeländes, Bahnachse mit Kilometrierung, Nordpfeil und Maßstab.

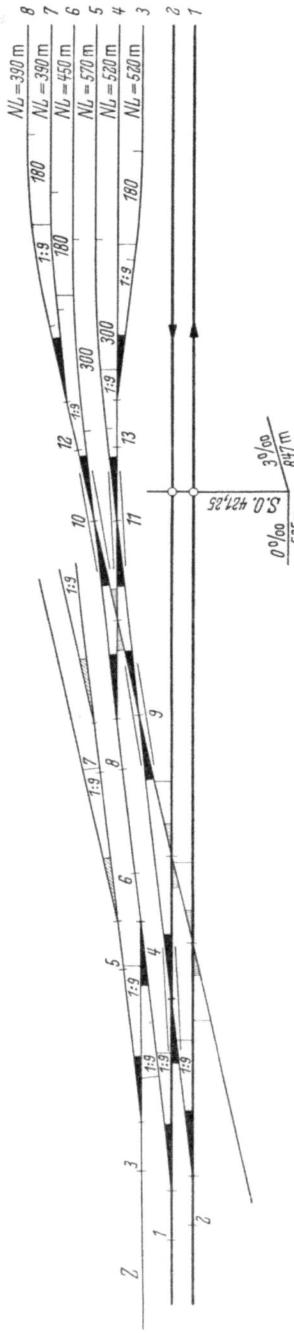

Abb. 51. Darstellung eines Bahnhofkopfes in 1:1000

Bei den Gleisen sind die Graden und die Bogen durch kleine Querstriche abzutrennen. Der Halbmesser ist auf der Innenseite des Bogens anzuschreiben.

Im Maßstab 1:1000 werden die Übergangsbogen nicht dargestellt. Grade und Kreisbögen stoßen stumpf aneinander. Bei Kunstbauten, besonders bei stählernen Brücken mit offener Fahrbahn und bei Tunneln, sind die Übergangsbogen und die Verschiebungen der Gleisachsen genau zu berechnen. — Bei den Bahnhofgleisen ist die Zweckbestimmung, die nutzbare Länge und die Numerierung einzutragen. Weichen und Kreuzungen sind gemäß Abb. 18ff. darzustellen und zu numerieren. Ferner sind Weichenwinkel (Herzstückneigung) und Weichenhalbmesser zu vermerken.

Die Höhen der Gleise, bezogen auf die Schienenoberkante (S. O.) werden durch Neigungszeiger an den Gefällsbrechpunkten dargestellt. Es handelt sich hier um theoretische Höhen, denn die wirklichen Höhen liegen wegen der notwendigen senkrechten Ausrundung der Gefällsbrüche höher oder tiefer. Der Höhenunterschied infolge der Ausrundungen ist bei knapper Konstruktionshöhe an Kreuzungen und Überwerfungen besonders zu beachten. An den Neigungszeigern sind die theoretische Höhe der Schienenoberkante, Neigung und Länge der beiderseitigen Rampen und der Halbmesser der senkrechten Ausrundung zu vermerken (Abb. 51). Die Neigungen sollten in $^0/_{00}$ angegeben werden (nicht 1:x). Die Angabe in $^0/_{00}$ ist übersichtlicher und erleichtert die Berechnung der senkrechten Ausrundungen. Außerdem ist die Neigung in $^0/_{00}$ gleich dem Steigungswiderstand in kg/t.

Weitere Höhenangaben sind nötig für Bahnsteige, Bahnhofsvorplätze, Ladestraßen, Laderampen, Straßenüber- und Unterführungen, Gefällsknicke von Straßen, Gräben und Sohlen von Wasserläufen. Dabei sei daran erinnert, daß die Gefälle der Straßen nicht in $^0/_{00}$, sondern in $^0/_0$ angegeben werden.

D. Zur Geschichte des Bahnhofs

Die Geschichte des Bahnhofsbaues ist ein Ausschnitt aus der Geschichte des Bauingenieurwesens. Ihre Kenntnis erleichtert die Beurteilung älterer Anlagen und ihre Weiterentwicklung.

In der Frühzeit des Eisenbahnwesens wurde der Bahnhof ausschließlich als bautechnische Aufgabe aufgefaßt. Dem Betrieb und Verkehr wurde kaum Beachtung geschenkt. Die Hochbauten wurden mit Sorgfalt ausgeführt. Die Bedeutung guter Gleispläne war noch nicht bekannt. Sie wurden mehr gefühlsmäßig als wissenschaftlich entworfen. Bei dem geringen Verkehr, den bescheidenen Betriebsansprüchen und den einfachen Sicherungsanlagen traten die Nachteile noch wenig in Erscheinung. Als Beispiel aus dieser Zeit zeigt Abb. 52 den Zustand des Bahnhofs Marseille-St. Charles im Jahre 1850. Die Strecke von Lyon endet in einem Kopfbahnhof. Die Lokomotiven auf der westlichen Ankunftsseite (Linksbetrieb) setzen über eine Drehscheibe um. Einzelne Wagen können über Schiebebühnen oder Drehscheiben seitwärts abgestellt werden. Güterbahnhöfe und Lokomotivbahnhöfe sind gleichfalls als Kopfanlagen entwickelt. Der Übergang vom Personenbahnhof zum Güterbahnhof oder zum Lokomotivbahnhof ist nur mit Hilfe einer Sägebewegung über die freie Strecke möglich. Eine Trennung zwischen Verkehrs- und Betriebsanlagen des Personen- und Güterzugsdienstes ist noch kaum zu erkennen.

Zwischen 1870 und 1880 erlebte das wirtschaftliche Leben in ganz Europa einen starken Aufschwung. Die Verkehrsmengen nahmen zu, die Anforderungen an die Schnelligkeit und Güte der Beförderung stiegen. Die Erkenntnis setzte sich durch, daß die Bahnhöfe für die Leistungsfähigkeit der Netze von besonderer Bedeutung sind und daß dabei die Gestaltung der Gleispläne entscheidend ist. Zahlreiche neue Bahnhöfe wurden gebaut. In manchen Städten entstanden mehrere große Bahnhöfe nebeneinander, weil die Staats- und Privatbahnverwaltungen keine Gemeinschaftsanlagen wünschten. In diese Zeit gehören die Abb. 53 und 54. Der Bahnhof Marseille mußte wegen der Fortsetzung der Hauptstrecke nach Nizza und der Einführung einer Nebenlinie wesentlich vergrößert werden. Der Lokomotivbahnhof wurde weit hinaus verlegt. Die Zufahrt erfolgte nicht mehr von der freien Strecke her, sondern von dem Personen- und Güterbahnhof aus.

Der Rückschlag der Gründerjahre lähmte die Bautätigkeit. Die Verstaatlichung von Privatbahnen und die Bildung großer, zusammenhängender Netze führte zur Vereinfachung, Zusammenlegung und Schließung von Bahnhöfen. Das Entstehen der großen Netze führte zugleich zu einer stärkeren Ausnützung von Hauptbahnhöfen und zur besseren Pflege des durchlaufenden Verkehrs. Die Notwendigkeit der Leistungssteigerung führte — insbesondere in Deutschland —

zur wissenschaftlichen Dur hdringung der Bahnhofsfragen, in erster Linie für Personen- und Verschiebebahnhöfe. Wichtige Ergebnisse waren der Bau großer Personenbahnhöfe, die in mancher Hinsicht heute noch vorbildlich sind, und die grundsätzliche Loslösung des Güterzugbetriebes von den Ortsgüterbahnhöfen durch den Bau selbständiger Verschiebebahnhöfe. Die gleiche Entwicklung führte später bei den großen Personenbahnhöfen zur Anlage besonderer Abstellbahnhöfe. Erst angesichts der Betriebsschwierigkeiten des ersten Weltkrieges wurden auch die Lokomotivbahnhöfe gründlicher untersucht.

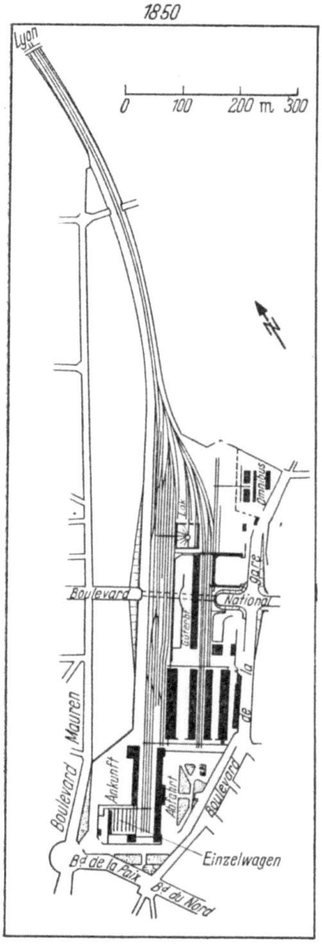

Abb. 52. Bahnhof Marseille-Saint Charles im Jahre 1850

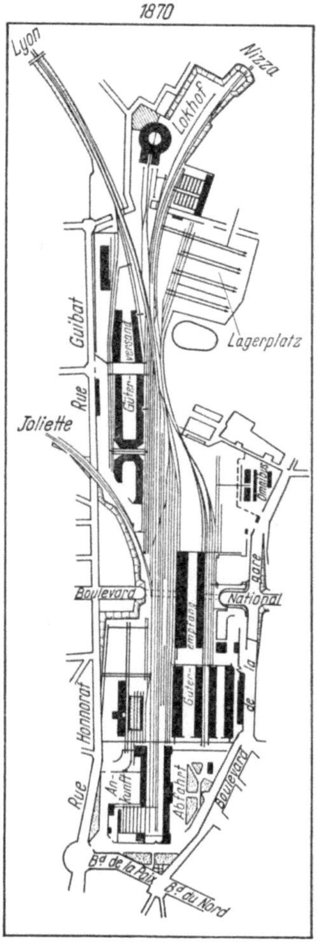

Abb. 53. Der gleiche Bahnhof 1870

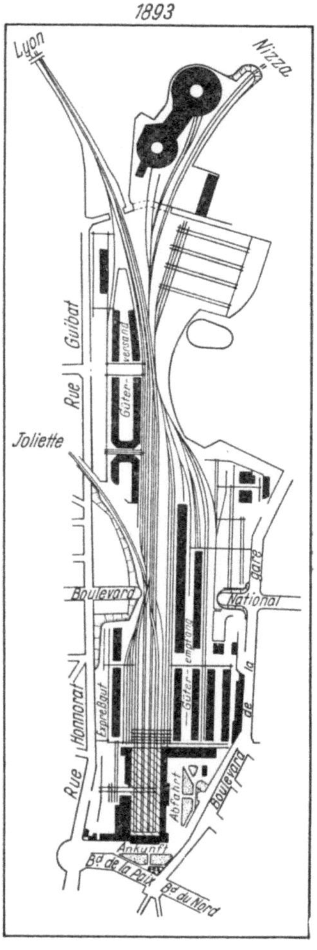

Abb. 54. Der gleiche Bahnhof 1893

Die wirtschaftliche Not nach dem ersten Weltkrieg führte dazu, daß den Betriebskosten erhöhte Aufmerksamkeit geschenkt wurde. Beim Entwurf der Bahnhofsanlagen trat mehr und mehr die Frage der Wirtschaftlichkeit in den Vordergrund. Der zunehmende Wettbewerb des Straßenverkehrs führte dazu, daß in den Bahnhöfen umfangreiche Vorkehrungen für einen besseren Übergang der Reisenden und einen rascheren Umschlag der Güter getroffen werden mußten. Die Bauingenieure mußten sich gründlich mit den Fragen der Wirtschaftlichkeit und des Verkehrs beschäftigen. Während früher die Aussichten des Eisenbahnverkehrs sehr günstig beurteilt und überall großzügige Erweiterungsmöglichkeiten vorgesehen wurden, muß seither die Notwendigkeit auch nur kleiner Umbauten und Ergänzungen genau nachgewiesen und der wirtschaftliche Nutzen berechnet werden. Die hohen Baukosten haben den vollständigen Neubau großer Bahnhöfe zur Seltenheit werden lassen. Selbst nach den Verheerungen des zweiten Weltkrieges wurden nur wenige Bahnhöfe ganz neu aufgebaut. In den meisten Fällen begnügte man sich mit einer teilweisen Ergänzung oder Umgestaltung der alten Anlagen. — Zu den Gebieten des Baues, des Betriebs, des Verkehrs und der Wirt-

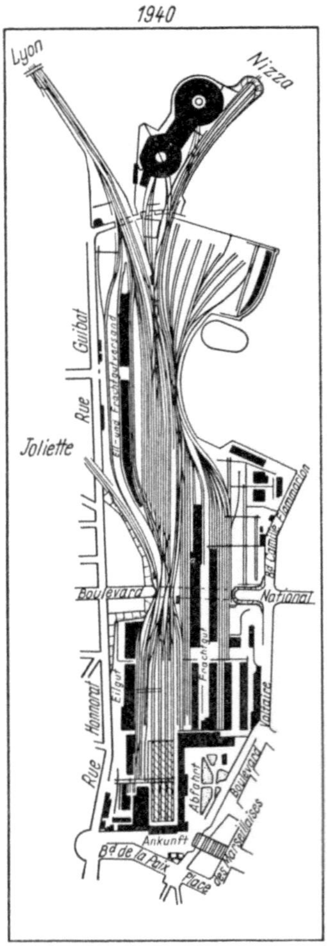

Abb. 55. Bahnhof Marseille-St. Charles im Jahre 1940

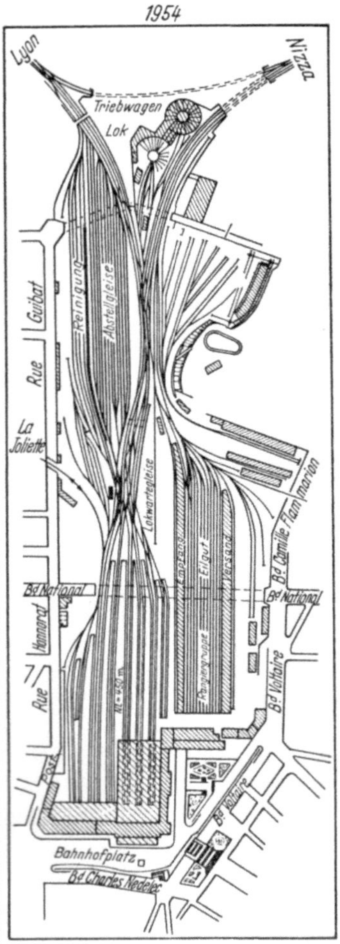

Abb. 56. Der gleiche Bahnhof 1954

schaftlichkeit ist in den letzten Jahrzehnten der Städtebau hinzugetreten. Städtebauliche Gesichtspunkte können heute die Anlage von Bahnhöfen wesentlich beeinflussen. Beim Bau eines Bahnhofes sind auch die Rückwirkungen auf die Stadt- und Bezirksplanung zu prüfen.

Die Abb. 55 und 56 zeigen die Verwandlung, die der Bahnhof Marseille nach dem zweiten Weltkrieg durchgemacht hat. Seit der Jahrhundertwende war er im wesentlichen durch Anfügen von Gleisen nur in die Breite gewachsen. Dann aber gaben die Zerstörungen des Krieges die Gelegenheit, die neuen Erkenntnisse des Betriebes, des Verkehrs und der Wirtschaftlichkeit in die Wirklichkeit umzusetzen. Die fünf Hauptteile des Bahnhofes sind nun deutlich getrennt: Personenbahnhof (Reisezugverkehr), Abstellbahnhof (Reisezugbetrieb), Ortsgüterbahnhof (Güterzugverkehr), Rangiergruppe Güterzugbetrieb), und Lokomotivbahnhof. Der Personenbahnhof erhielt mehr Gleise mit längeren und breiteren Bahnsteigen. Der Kopf des Personen- und Abstellbahnhofs wurde weiter hinaus gerückt. Die Ortsgüteranlagen, die vorher zu beiden Seiten der Hauptgleise lagen, wurden auf der Ostseite des Bahnhofs zusammengefaßt. Die Stückgutschuppen wurden beiderseits der großen Rangiergruppen angeordnet. Die Freiladegleise blieben fast unverändert am alten Ort. Auch der Lokomotivbahnhof erfuhr keine wesentliche Veränderung. Neu hinzugefügt wurde außerdem eine unmittelbare zweigleisige Verbindung der Strecken nach Lyon und Nizza. Der Bahnhof weist jetzt die klare Gliederung einer neuzeitlichen großen Anlage auf. Das Beispiel zeigt auch, welche Aufgaben in den nächsten Jahren von den Ingenieuren gelöst werden müssen, bis alle wichtigen Bahnhöfe nach den neuen Grundsätzen umgestaltet sind.

Im folgenden werden vor allem die Grundsätze für neue Bahnhofanlagen beschrieben. Die Praxis wird aber in den meisten Fällen die Aufgabe stellen. mit Hilfe sorgfältiger betriebswissenschaftlicher Untersuchungen die Engpässe und Zwangspunkte der in vielen Jahrzehnten entstandenen Bahnhofsanlagen herauszufinden und diese dann mit dem geringsten bautechnischen Aufwand zu beseitigen. Der Entwurf für den Umbau eines Bahnhofs erfordert oft gründlichere und vielseitigere Kenntnisse als ein Neubau. Die Aufgaben können nur gemeistert werden, wenn die in langer Entwicklungs- und Forschungsarbeit gewonnenen Erkenntnisse auf dem Gebiet des Baues und Betriebes von Bahnhöfen weiter gepflegt und entwickelt werden. Der vorhandene, reiche Schatz an Kenntnissen und Erfahrungen darf nicht verloren gehen.

II. Kleine Bahnhöfe

Es empfiehlt sich, zunächst nicht gleich auf die großen Anlagen einzugehen, die nur einem einzigen Zweck dienen, sondern zunächst einfache Bahnhöfe zu betrachten. Wenn später den großen Bahnhöfen so viel Platz eingeräumt wird, so geschieht das nicht wegen einer Überschätzung der großen Bauten, die schon zahlenmäßig stark in der Minderheit sind, sondern weil an ihnen die Grundsätze für das Entwerfen am klarsten herausgearbeitet werden können. Ein mittlerer Bahnhof, bei dem die gleichen Gleise verschiedenen Zwecken dienen, ist häufig schwieriger zu bearbeiten. Diese Aufgabe setzt die Kenntnis der Einzelheiten voraus, die bei den großen Bahnhöfen klarer zu erkennen sind.

A. Einfache Zwischenbahnhöfe

Kleine Zwischenbahnhöfe dienen dem Verkehr von Reisenden und in manchen Fällen auch von Gepäck, Post- und Expreßgut. Auf den Hauptgleisen sollen Personen- und Güterzüge ohne Halt durchfahren können.

a) Anordnung der Bahnsteige

Auf Zwischenbahnhöfen zweigleisiger Strecken werden die Bahnsteige am einfachsten außen angeordnet (Abb. 57). Die Hauptgleise brauchen nicht auseinandergezogen zu werden. Sie erhalten keine Gegenkrümmungen und können mit voller Geschwindigkeit befahren werden. Der Flächenbedarf ist am kleinsten. Diese Form ist besonders dann zweckmäßig, wenn die Bahnsteige hoch sind, so daß die Gleise nicht überschritten werden können.

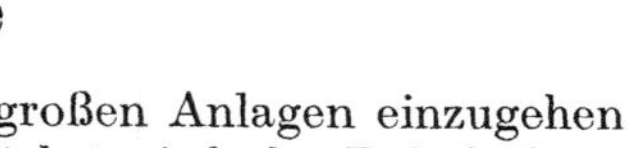

Abb. 57. Haltestelle mit Außenbahnsteigen

Bei kleinen Bahnhöfen müssen zwischen dem Empfangsgebäude und dem gegenüberliegenden Bahnsteig beide Gleise überschritten werden. Werden die beiden

Bahnsteige so versetzt, daß die Züge vor dem Fußgängerstreifen halten (Abb. 58), so wird die Anlage sehr lang und verliert an Übersichtlichkeit. Bei Durchfahrt oder auch Durchrutschen der Züge ist die Gefahr für die Reisenden nicht beseitigt. Die schweren Unfälle, die sich bei der Einfahrt von Zügen während des Ein- und Aussteigens von Reisenden ereigneten, haben dazu geführt, daß solche Einfahrten durch die Fahrdienstvorschriften der verschiedenen Länder verboten wurden. Infolge dieser Vorschrift mußten z. B. innerhalb von 4 Monaten auf 44 Bahnhöfen der Schweizerischen Bundesbahnen 2380 Reisezüge und eine große Zahl von Güterzügen vor den Einfahrsignalen angehalten werden. Dadurch wird die Leistung der Strecken herabgesetzt, die Betriebskosten werden erhöht.

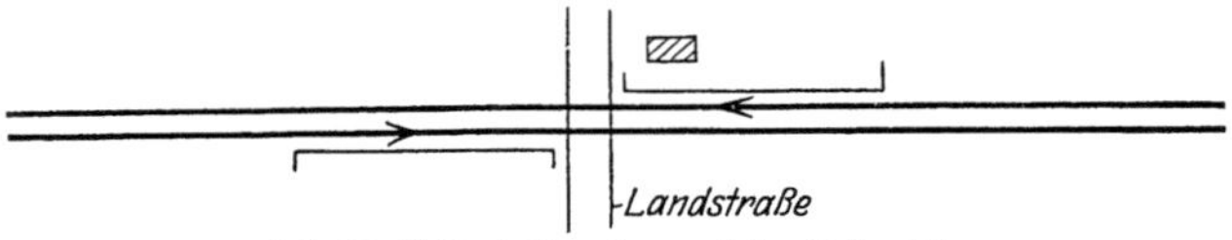

Abb. 58. Haltestelle mit versetzten Bahnsteigen

Je stärker die Belegung einer Strecke ist, desto schwieriger wird es, gleichzeitige Einfahrten aus beiden Richtungen zu vermeiden. Für eine flüssige Verkehrsabwicklung, vor allem aber auch für die Sicherheit der Reisenden ist der Bau von Unterführungen erwünscht. Gelegentlich kommt es auch vor, daß Reisende bei schlechter Sicht oder bei Nacht (beleuchtete Bahnsteige auf beiden Seiten) auf die falsche Seite aussteigen und dadurch gefährdet werden. Für die Abfertigung der Züge durch örtliche Aufsichtsbeamte sind Außenbahnsteige unzweckmäßig. Bei dichter Zugfolge kann ein einziger Beamter nicht beide Richtungen abfertigen; dann muß ein zweiter Mann eingesetzt werden. (Ein Versuch der Hamburger Hochbahn, den zweiten Beamten durch ein Fernsehgerät zu ersetzen, ist bisher befriedigend verlaufen.) Sind die Bahnsteige von beiden Seiten her zugänglich,

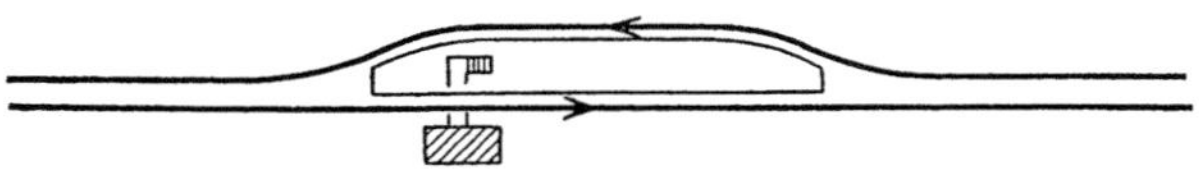

Abb. 59. Haltestelle mit Inselbahnsteig

müssen außerdem mehrere Bahnsteigsperren besetzt werden, soweit die Fahrkarten nicht im Zuge geprüft werden.

Aus allen diesen Gründen wurde mit der Zeit dem Inselbahnsteig (Abb. 59) vor allem bei Schnell- und Vorortbahnen der Vorzug gegeben. Die Gleise müssen auseinandergezogen werden, der Landbedarf wird größer. Bei Tunnelstrecken sind auch die Baukosten höher. Bei Inselbahnsteigen unter Straßenfahrbahnen müssen die Gleise gewöhnlich in die dritte Ebene abgesenkt werden, damit in der zweiten Ebene Raum für Fußgängertunnel bis unter die Gehwege gewonnen wird.

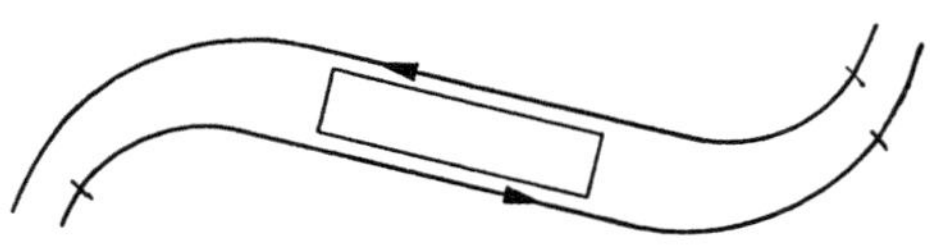

Abb. 60. Haltestelle mit Inselbahnsteig in einer S-Kurve

Die Gegenkrümmungen verhindern eine Durchfahrt mit großer Geschwindigkeit. Der Nachteil der Gegenkrümmungen der Gleise an den Enden des Inselbahnsteigs läßt sich vermeiden, wenn an beiden Enden des Bahnhofs Bögen anschließen, die entsprechend verzogen werden können (Abb. 60).

b) Kreuzungsbahnhöfe eingleisiger Strecken

Auf eingleisigen Strecken sind die Zwischenbahnhöfe so einzurichten, daß sich Züge kreuzen und überholen können. Der Abstand der Kreuzungsbahnhöfe hat einen großen Einfluß auf die Leistungsfähigkeit der Strecke (vgl. Leibbrand,

Die eingleisige Strecke, Eisenbahntechnik 1950, Seite 117). Die Kreuzungsgleise müssen volle Zuglängen haben. Um den einfahrenden Zügen die Einfahrt auf krummem Strang zu ersparen, wurde bei manchen Bahnhöfen die Streckenachse um den Gleisabstand in dem Bahnhof versetzt (Abb. 61). Dieser sogenannte Achsensprung wird heute kaum mehr angewandt, damit Züge, die ohne Halt durchfahren, ihre Geschwindigkeit nicht herabsetzen müssen.

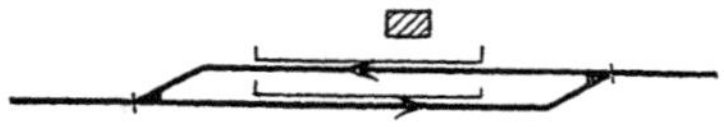

Abb. 61. Kreuzungsbahnhof mit Achsensprung

c) Anlagen für wendende Züge

Auf manchen Unterwegsbahnhöfen müssen einzelne Züge wenden. Auch müssen von den weiterfahrenden Zügen Verstärkungswagen abgesetzt oder beigegeben werden. Die Gleise für die wendenden Züge und Wagengruppen müssen zwischen den beiden Streckengleisen untergebracht werden, damit unnötige Kreuzungen vermieden werden. Deshalb müssen die Streckengleise auseinandergerückt werden. Die Anlage von Inselbahnsteigen ist dann die gegebene Form. Die wendenden Züge müssen am Bahnsteig genau so abgefertigt werden, wie die weiterfahrenden. Wenn die wendenden Züge von Westen her kommen, müssen die Umsetzgleise auf der Ostseite des Bahnhofs liegen. Sonst wären die Gleise nur mit einer Sägebewegung zu erreichen, der Bahnhof würde betrieblich zu einem verkappten Kopfbahnhof. Abb. 62 zeigt die Fehler, die bei einem einfachen Wendebahnhof vorkommen können. Abb. 63 zeigt die richtige Lösung.

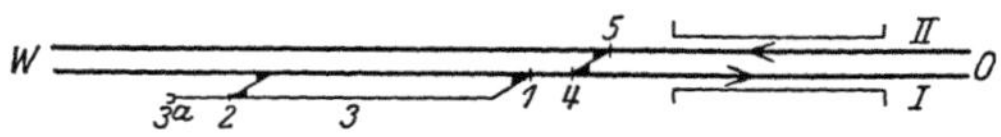

Abb. 62. Einfacher Wendebahnhof, falsch!

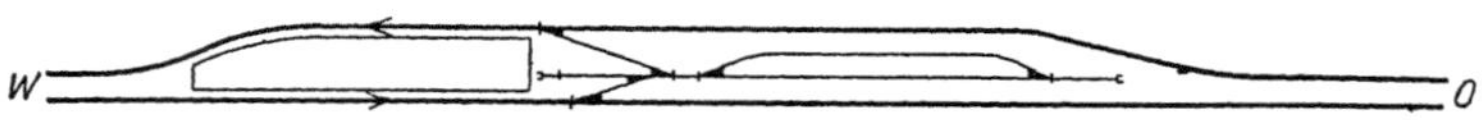

Abb. 63. Einfacher Wendebahnhof, richtig!

Liegt das Wendegleis einseitig zu der Strecke, so müssen die Züge bei der Bereitstellung aus dem Wendegleis zur Fahrt nach Westen unnötigerweise das Streckengleis nach Osten kreuzen. Wird bei Lokomotivbetrieb auf ein besonderes Umfahrgleis verzichtet, so müssen die Lokomotiven über ein Streckengleis umsetzen. Damit wird ein weiterer Gefahrenpunkt geschaffen. Dieser Punkt muß durch Hinausrücken des Einfahrsignals gesichert werden, wodurch die Streckenleistung

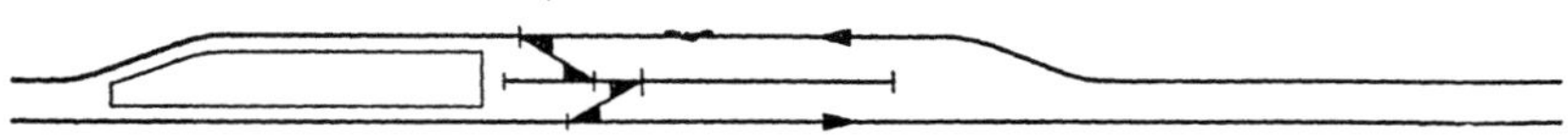

Abb. 64. Einfache Wendeanlage für Triebwagenzüge

sinkt. Bei Abb. 63 liegen die Weichen der Hauptgleise unmittelbar am Bahnhof im Blickfeld der Beamten. Bei Triebwagenzügen fällt das Lokomotivgleis weg. Die Anlage erhält die einfachere Form gemäß Abb. 64. Dabei sollte auf die

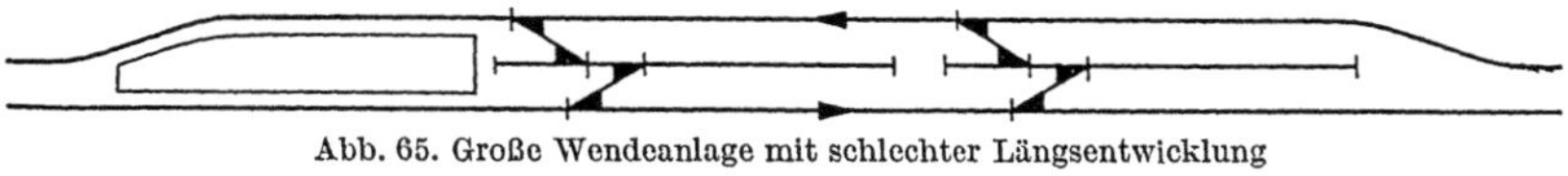

Abb. 65. Große Wendeanlage mit schlechter Längsentwicklung

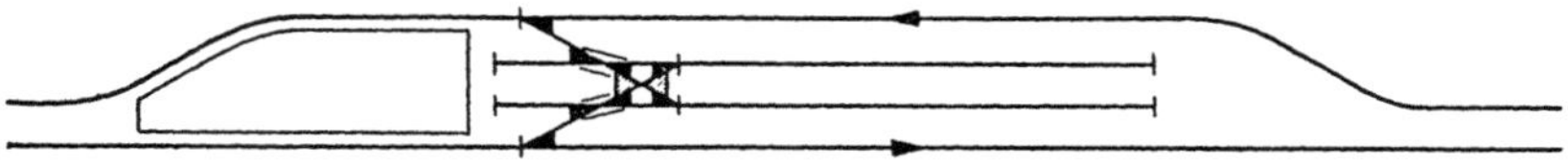

Abb. 66. Zweckmäßiger Wendebahnhof für Triebwagenzüge

Schutzweiche 1 nicht verzichtet werden. Bei stärkerem endenden Verkehr sollten nicht mehrere Wendegleise hintereinander angeordnet werden, wie in Abb. 65, weil dann Gefahrenpunkte auf der freien Strecke entstehen, sondern die Gleise sollten nach der Breite entwickelt werden. Abb. 66 zeigt die Normalform, wie sie beispielsweise auf den Bahnhöfen der Berliner S-Bahn angewendet wurde. Bei größeren Bahnhöfen, z. B. solchen für Ausflugs- und Sportverkehr kann eine Verdoppelung der Bahnsteiganlage gemäß Abb. 67 geboten sein.

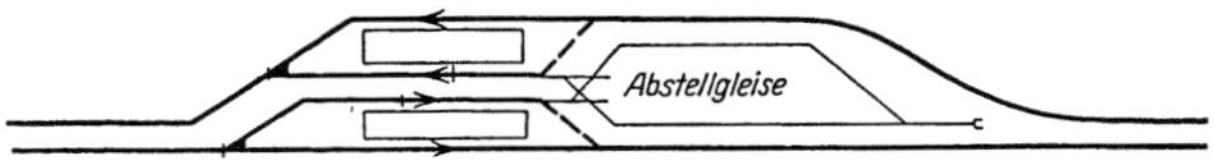

Abb. 67. Großer Wendebahnhof

Wenn von beiden Seiten her Züge endigen, so sind folgerichtig zwei Wendeanlagen vorzusehen, eine westliche für die Züge von Osten und eine östliche für die Züge von Westen.

B. Überholungsbahnhöfe

Auf den Überholungsbahnhöfen fahren Schnellzüge durch, während die Personenzüge zum Ein- und Aussteigen halten. Oft wird auch zwischen den Schnell- und Personenzügen umgestiegen. Die Grundform des Überholungsbahnhofs zeigt Abb. 68. Sie ist für das Umsteigen der Reisenden und das Umladen des Gepäcks die bequemste und einfachste Form. Sie erleichtert auch das etwaige Umsetzen von Wagen zwischen beiden Zügen.

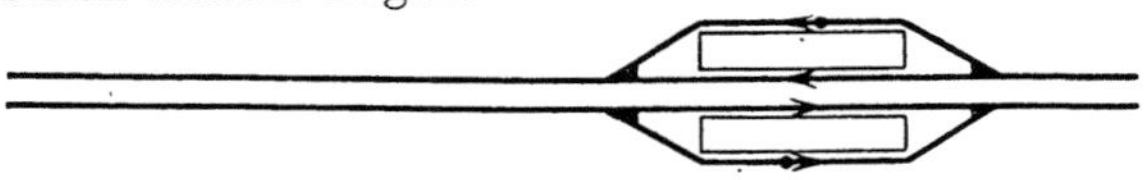

Abb. 68. Überholungsbahnhof für Personenzüge

Die gleiche Bahnhofsform wurde zur Steigerung der Streckenleistung von Stadtschnellbahnen vorgeschlagen. Die dicht aufeinanderfolgenden Züge sollen abwechselnd in die beiden Gleise einfahren. Während auf dem einen Gleis ein- und ausgestiegen wird, können die Züge auf dem anderen Gleis ein- oder ausfahren. Ausgeführt sind solche Anordnungen bisher nirgends. Bei dem kurzen Abstand der Bahnhöfe wurde bisher der durchgehende viergleisige Ausbau solcher Strecken vorgezogen. Eine sparsame Abart dieser Bahnhofsform ist der Personenbahnhof mit beiderseitigen Güterzugüberholungsgleisen, der weniger Breite beansprucht (Abb. 69).

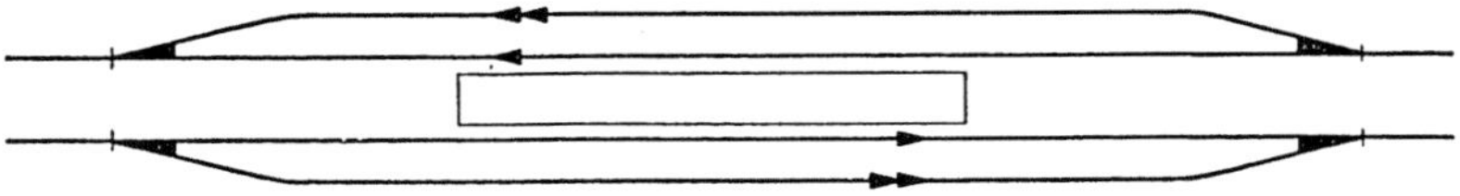

Abb. 69. Personenbahnhof mit Güterzug-Überholung

Gelegentlich wird an Stelle der zwei getrennten Bahnsteige ein einziger Bahnsteig doppelter Länge angeordnet, bei dem die Reisenden in allen Verbindungen ohne Treppensteigen übergehen können. Ein Beispiel dafür ist der Bahnhof 's-Hertogenbosch. Die Wege der umsteigenden Reisenden werden aber recht lang (Abb. 70)

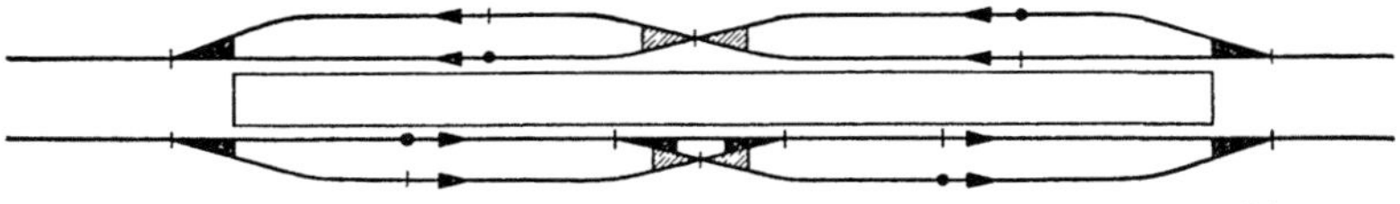

Abb. 70. Langer Bahnsteig für das Umsteigen zwischen 4 Zügen, auf der einen Seite mit Weichen in der Mitte, die an sich überflüssig sind.

Für einen Vorbahnhof kann eine unsymmetrische Anordnung mit nur einem Überholungsgleis zweckmäßig sein. Bei der Abb. 71 soll ein Hauptbahnhof in wenigen km Entfernung im Westen liegen. Die von dort ausgehenden Personenzüge fahren pünktlich, so daß Überholungen nur ausnahmsweise vorkommen. Die Züge von der Fernstrecke aus Richtung Osten kommen dagegen häufiger mit großen Verspätungen und können oft von dem benachbarten Hauptbahnhof nicht

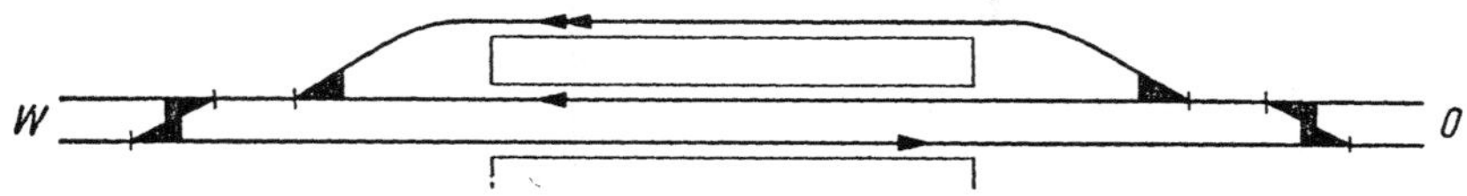

Abb. 71. Unsymmetrischer Vorbahnhof mit 1 Überholungsgleis

gleich aufgenommen werden. Der Hauptbahnhof muß auch die Möglichkeit haben, die Reihenfolge der eintreffenden Züge im letzten Augenblick noch zu ändern. Diese Form hat z. B. der Bahnhof Zürich-Enge.

C. Einführung weiterer Strecken

Manche Bahnhöfe liegen nur an einer unmittelbar durchlaufenden Strecke, haben aber trotzdem den Verkehr einer zweiten Strecke aufzunehmen, weil sich die eine Strecke weiter außen verzweigt (z. B. Bregenz). Dadurch wird der einfache Zwischenbahnhof in Wirklichkeit zu einem Anschluß-, Trennungs- oder Kreuzungsbahnhof. Verkehrstechnisch muß der entstehende Umsteige- und Umladeverkehr abgewickelt werden, betriebstechnisch müssen die Bedienungsanlagen für Züge und Lokomotiven geschaffen werden. Abb. 72 zeigt einen verkappten Anschlußbahnhof. Die Strecke zwischen dem Bahnhof A und der Blockstelle oder dem Haltepunkt B wird von den Zügen nach C und E gemeinsam benutzt. Der Gleisplan kann wie bei einem Wendebahnhof nach Abb. 63 oder 67 ausgebildet werden, denn es ist für den Bahnhof selbst gleichgültig, ob der endende Zug ein Anschlußzug von E oder ein Wendezug von C ist. Diese Lösung hat den Vorzug der Einfachheit und Wirtschaftlichkeit und ist bei mäßigem Verkehrsumfang ausgezeichnet.

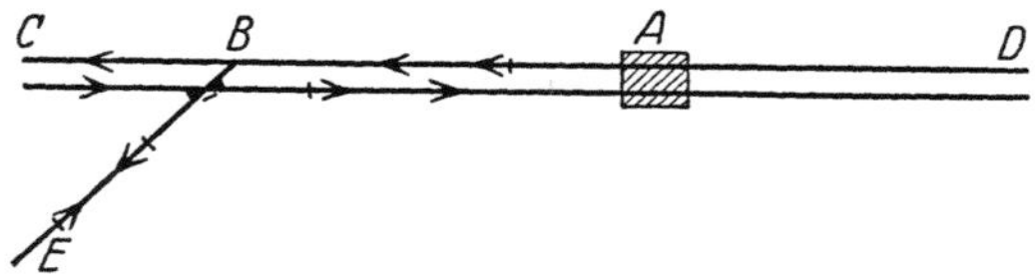

Abb. 72. Verkappter Anschlußbahnhof

Bei Abb. 73 ist die Nebenstrecke selbständig eingeführt, so daß keine Abhängigkeit zwischen dem Zugverkehr der Hauptstrecke und der Nebenstrecke besteht. Bei der Anordnung liegen die Baukosten höher, weil eine weitere Bahnsteigkante und ein drittes Gleis gebaut und unterhalten werden müssen. Bei der dargestellten Anordnung liegt der Abstellbahnhof auf der falschen Seite; die ankommenden und abfahrenden Züge der Nebenstrecke müssen im Bahnhof Kopf machen. Leider findet sich diese Form mit der falschen Lage der Abstellgleise recht häufig (z. B. Bahnhof Pforzheim und Mühlacker). Bei dieser Bahnhofsform

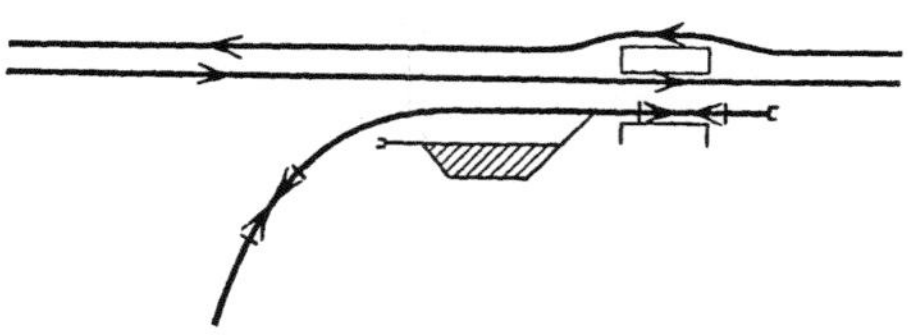

Abb. 73. Selbständige Einführung einer Nebenstrecke

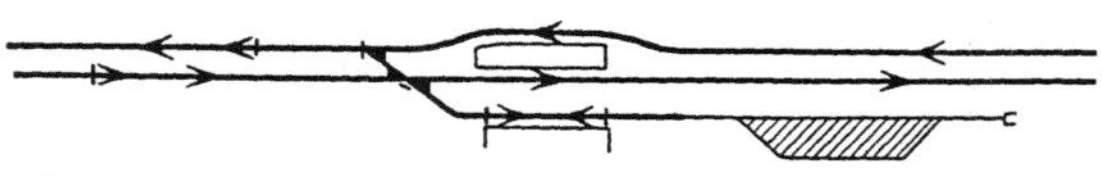

Abb. 74. Anschlußbahnhof mit Abstellanlage auf der richtigen Seite

mit einem besonderen Bahnsteig für die Nebenstrecke ist der Übergang für Reisende und Güter schlecht, weil sie den Bahnsteig wechseln und dafür Treppen bzw. Aufzüge benutzen müssen. Eine Anordnung nach Abb. 74 ist betrieblich besser, weil der Abstellbahnhof auf der richtigen Seite liegt, eine Anordnung gemäß Abb. 75 vermeidet auch die verkehrlichen Mängel. Eine Bahnhofsform mit verschränkter Anordnung der Gleise gemäß Abb. 76 bei selbständig geführter Nebenstrecke ist verkehrlich gut, hat aber den betrieblichen Nachteil, daß die ausfahrenden Züge der Nebenstrecke die Einfahrt von Westen kreuzen.

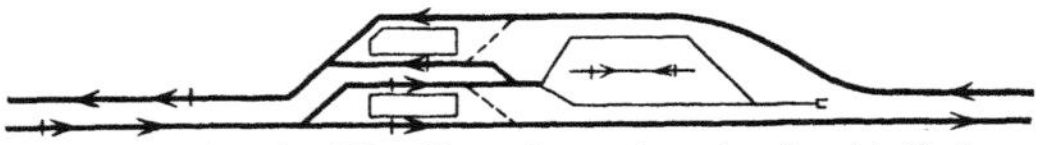
Abb. 75. Zweckmäßige Form des verkappten Anschlußbahnhofs. Sie entspricht Abbildung 67

Als größeres Beispiel sei noch ein Bahnhof A beschrieben, der gemäß Abb. 77 ein einfacher Zwischenbahnhof der Strecke B—C ist, tatsächlich aber folgende Verbindungen zu bedienen hat: Durchgehenden Verkehr von F nach G, von D nach E und von D nach G und endenden Verkehr von H nach A und von I nach A.

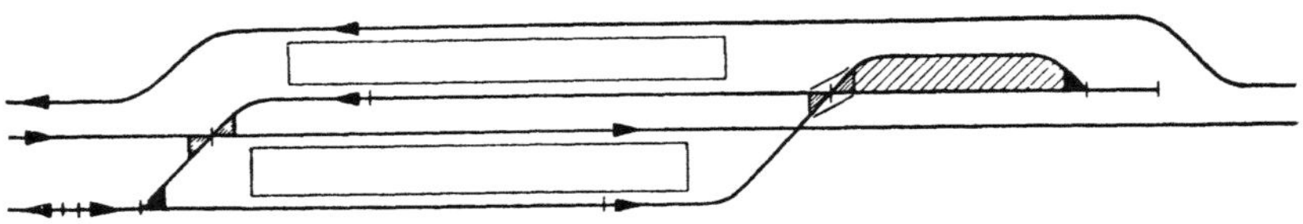
Abb. 76. Anschlußbahnhof mit verschränkten Gleisen

Der Bahnhof ist also

Kreuzungsbahnhof der Strecken D—E und F—G
Trennungsbahnhof der Strecken von D nach E und G,
Endbahnhof der Strecken vou H und I.

Für den durchgehenden Verkehr wird ein Gleissystem nach Abb. 68 zweckmäßig sein. Werden beiderseits Anlagen für den endenden Verkehr angehängt (Abb. 78), so ergeben sich für den endenden Verkehr die schon bei Abb. 73 erwähnten Mängel. Die beiden Endbahnhöfe können sich als selbständige Kopfbahnhöfe nicht gegenseitig unterstützen. Sie bedürfen deshalb einer vollständigen Ausstattung mit Bahnsteigen, Nebengleisen usw. Die Wege für Reisende, Post, Eilgut und Lokomotiven werden verlängert. Die verkehrstechnisch endenden Strecken von H und I können betriebstechnisch nicht zusammengefaßt und als einheitliche Strecke H—A—I betrieben werden. Solche Flügelbahnhöfe sind also abzulehnen. Die Grundform der Abb. 78 weist z. B. der Bahnhof Basel

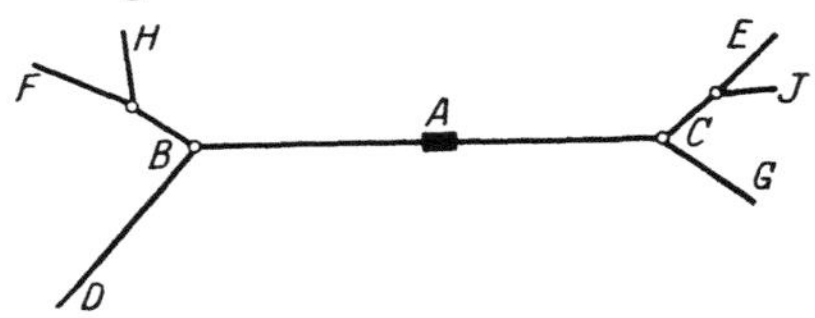

Abb. 77. Eisenbahnknotenpunkt

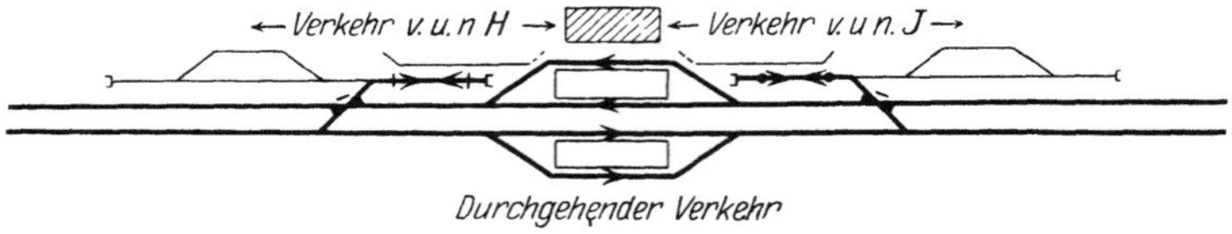

Abb. 78. Gleisanordnung für den Knotenpunkt

SBB auf. Dort hat die Trennung der Flügelbahnhöfe allerdings einen gewissen Sinn, weil auf ihnen der Verkehr anderer Eisenbahnverwaltungen (französische Staatsbahnen im Elsässer Bahnhof und Deutsche Reichsbahn) abgewickelt wird.

D. Einfache Anlagen für den Güterverkehr

Die Eisenbahn war lange Zeit das einzige Verkehrsmittel, das den Güterverkehr auf dem Lande über größere Strecken besorgen konnte. Deshalb wurden häufig auch unbedeutende Haltestellen mit Anlagen für den Güterverkehr ausgestattet, um eine möglichst flächenmäßige Verkehrsbedienung zu erhalten. Heute ziehen die Straßenfahrzeuge diesen Verkehr immer mehr an sich. Die Bedienung kleiner Bahnhöfe mit Stückgütern über die Schiene ist umständlich und aufwendig. Die

Bahnverwaltungen gehen selbst dazu über, das Stückgut von größeren Sammelbahnhöfen aus mit Lastwagen zu befördern. Die Zustellung von Wagenladungen wird aber nie auf wenige Bahnhöfe beschränkt werden können. Die Gestaltung einfacher Anlagen für den Güterverkehr behält ihre Bedeutung.

a) Ein- und Aussetzen von Güterwagen

Auf kleinen Unterwegsbahnhöfen kann keine Rangierlokomotive für die Bewegung der Güterwagen bereitgehalten werden. Dort muß die Zuglokomotive die Güterwagen auf das Ladegleis oder zum Güterschuppen bringen und holen. Der Nahgüterzug wird diesem Arbeitsvorgang entsprechend im Rangierbahnhof zusammengestellt. Hinter der Lokomotive folgen nacheinander die Wagen für den ersten, den zweiten und die folgenden Bahnhöfe. Die Zusammensetzung des Zuges entspricht genau der Reihenfolge der Bahnhöfe.

Die einfachste Form für den Anschluß einer Ladestraße zeigt Abb. 79 (Beispiele in Bayern). Sie eignet sich nur für schwach belegte Strecken, weil der Zug

Abb. 79. Einfache Güterladestelle an zweigleisiger Strecke für Bedienung aus beiden Richtungen

Abb. 80. Verbesserte Ausführung der Ladestelle für gleichzeitiges Zustellen und Abholen

während des Rangierens auf den Hauptgleisen stehen bleibt. Bereits beim gleichzeitigen Zuführen und Abholen von Wagen ergeben sich Schwierigkeiten. In der Schweiz wurde diese Grundform daher häufig nach Abb. 80 erweitert. Bei einer solchen Anlage können gleichzeitig Wagen zugestellt und abgeholt werden.

b) Einfache Güterbahnhöfe

Auf den Strecken folgen sich im allgemeinen Personenzüge, Durchgangs- und Nahgüterzüge in buntem Wechsel. Die Nahgüterzüge erreichen wegen der Bedienung der Zwischenbahnhöfe oft nur Reisegeschwindigkeiten von 8—10 km/h. Sie müssen überholt werden können, weil sonst die Streckenleistung zu stark sinkt. Die Überholungsgleise können nach Abb. 81 bis 85 angeordnet werden. An ein Überholungsgleis kann auch das Ladegleis mit dem Güterschuppen sowie Freiladegleis und Rampengleise angeschlossen werden. Bei Lösungen nach Abb. 81

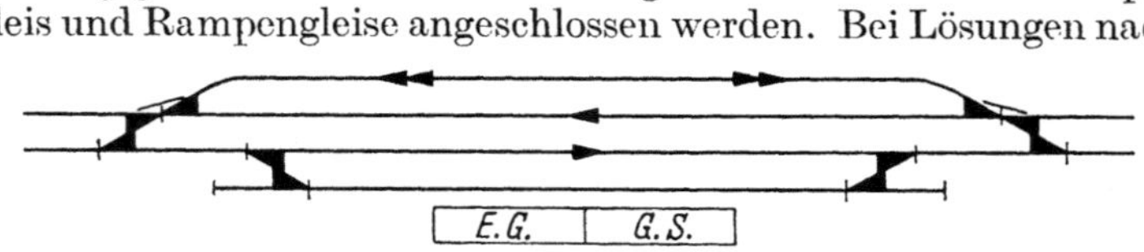

Abb. 81. Kleiner Bahnhof mit Ladegleis auf der Seite des Empfangsgebäudes und des Güterschuppens, sowie mit einem Überholungsgleis auf der gegenüberliegenden Seite

wird während der Einfahrt eines Güterzuges von Westen in das Überholungsglesi der Zugverkehr der Gegenrichtung mindestens während 5 Min. gesperrt. Wenn ein entgegenkommender Zug nicht aufgehalten werden soll, ergibt sich bei gewöhnlichem Streckenblock in Richtung Osten eine Zugfolgezeit von etwa 8,5 Min. Bei der Ausfahrt ist nur mit 5 Min. zu rechnen, weil man den Güterzug im Bahnhof *in der Hand hat.* Die Signale brauchen nicht wie bei einer Einfahrt frühzeitig auf Fahrt gestellt zu werden, um ein *Stutzen* (Abbremsen) des Güterzuges an einem noch in Warnstellung stehenden Vorsignal zu vermeiden. Der Zug kann abfahren.

sobald das Ausfahrsignal Fahrt zeigt. — Wegen der einseitigen Lage des Überholungsgleises sind die beiden Streckengleise ungleich leistungsfähig.

Die Bahnhöfe nach Abb. 81 und 82 sind für den durchfahrenden Verkehr gleichwertig, die Rangierzeiten sind aber bei Abb. 82 kürzer. Diese Anordnung

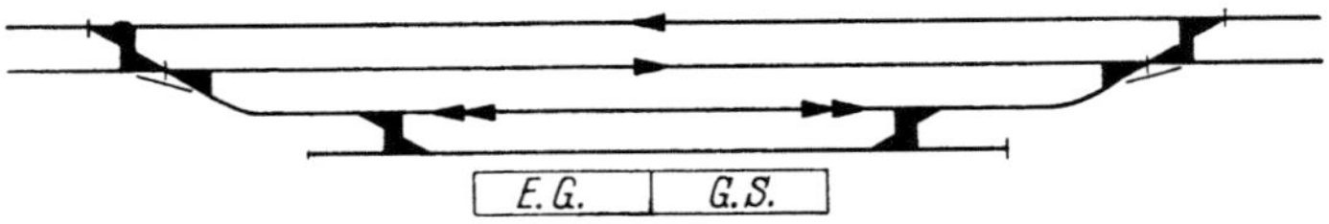

Abb. 82. Kleiner Bahnhof mit Lade- und Überholungsgleis auf der gleichen Seite

ist vor allem bei stärkerer Streckenbelegung vorzuziehen, weil sie betrieblich besser ist. Verkehrlich ist sie dagegen schlechter, denn die Reisenden werden, sofern keine Unterführung vorhanden ist, durch den Güterzug gefährdet und behindert.

Eine Anlage nach Abb. 83 kommt nur bei sehr starkem Güterverkehr in Frage. Sie ist für durchfahrende Züge gut, für haltende ist sie ähnlich zu beurteilen wie

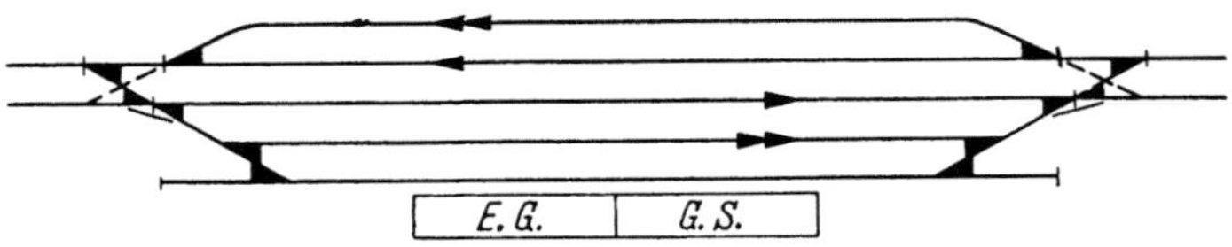

Abb. 83. Bahnhof mit 2 Überholungsgleisen und Ladegleis auf der Seite des Empfangsgebäudes

die beiden vorhergehenden. Ähnliches gilt auch für die bescheidenere Form nach Abb. 84, bei der die Hauptgleise auseinandergezogen werden müssen. Ein Bahnhof gemäß Abb. 85 ist auch verkehrlich günstig, weil zwischen Empfangsgebäude

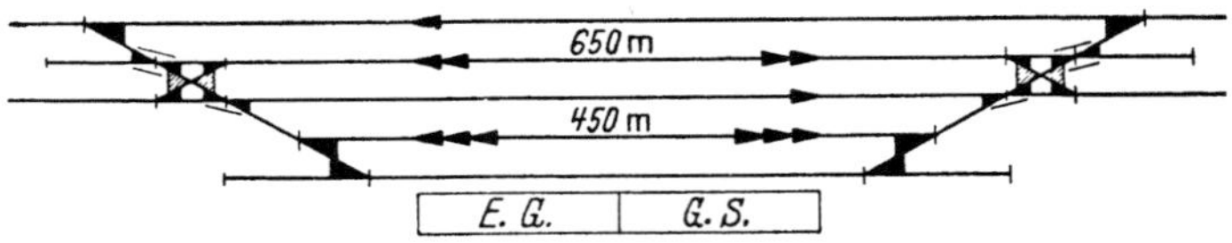

Abb. 84. Ähnlicher Bahnhof mit nur einem Überholungsgleis zwischen den beiden Hauptgleisen

und Bahnsteig kein Gleis liegt. Sie ist aber teuer, weil für Personen- und Güterverkehr getrennte Personalbesetzung erforderlich ist.

Alle hier behandelten Fälle setzen voraus, daß der abgehängte Teil des Güterzuges während des Ein- und Aussetzens von Wagen in den Hauptgütergleisen

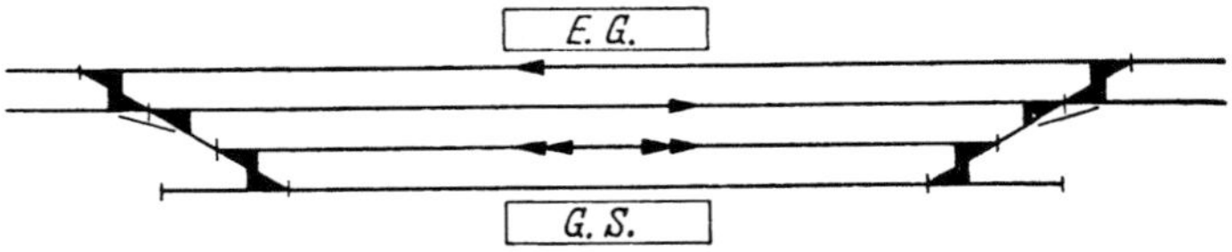

Abb. 85. Kleiner Bahnhof mit Empfangsgebäude auf der einen, Güterschuppen auf der anderen Seite

stehenbleibt. Das ist nur bei schwachem Verkehr auf der Strecke und im Bahnhof möglich. Wenn die Zuglokomotive längere Zeit für die Bedienung der Ladegleise braucht, sind die Hauptgleise zu lange gesperrt. Auch wird der Durchgangsverkehr behindert. Es werden dann besondere Gleise für das Abstellen der Güterzüge erforderlich. Solche größere Bahnhöfe werden im Abschnitt V. behandelt.

III. Personenbahnhöfe

Beim Entwurf von Personenbahnhöfen sind die Anforderungen von

Wirtschaftlichkeit,
Verkehr einschließlich des gesamten Zubringerdienstes,
Betrieb,
Eisenbahnbau,
Städtebau

zu berücksichtigen. Diese Reihenfolge wird mit voller Absicht gewählt. Noch vor wenigen Jahren stand der Betrieb an erster Stelle. Der zunehmende Wettbewerb anderer Verkehrsmittel hat ihn auf die dritte Stelle verdrängt.

A. Kopfbahnhöfe

a) Einfache Anlagen

Das kennzeichnende Merkmal der Bahnhöfe in Kopfform ist der stumpfe Abschluß der Gleise, also bei einem Personenbahnhof der Bahnsteiggleise, bei einem Abstellbahnhof der Abstellgleise und bei einem Ortsgüterbahnhof der Ladegleise.

In der Frühzeit der Eisenbahn sind zahlreiche Kopfbahnhöfe dadurch entstanden, daß neue Strecken zwei Endbahnhöfe erhielten. Dafür schien die Kopfform die natürliche Lösung zu sein. Namentlich schien sie angezeigt für die Bahnhöfe der Strecken, die von größeren Städten ausgingen und sich in das Land ausdehnen und verzweigen sollten. Die Bahnhöfe wurden oft vor die Tore der Städte gelegt, die noch den festgefügten, alten Stadtkern besaßen. Nur selten wurde daran gedacht, daß die Strecken einmal über die Stadt hinaus verlängert werden könnten. Wenn später das Bedürfnis dazu entstand, war der Bahnhof inzwischen durch die fortschreitende Bebauung eingemauert. Manchmal lagen mehrere selbständige Kopfbahnhöfe nahe beieinander. Sie konnten aber nicht miteinander verbunden werden. Bei Städten mit nur einem großen Kopfbahnhof wurden weitere Linien auf großen Umwegen um die Stadt herum geführt, um den Hauptbahnhof zu erreichen. Dadurch ergab sich eine schlechte Bedienung des Vorortverkehrs, wie in Zürich und München (Abb. 86) und der städtebauliche Nachteil, daß der Stadtkern fast auf allen Seiten von Bahnanlagen umschlossen wurde.

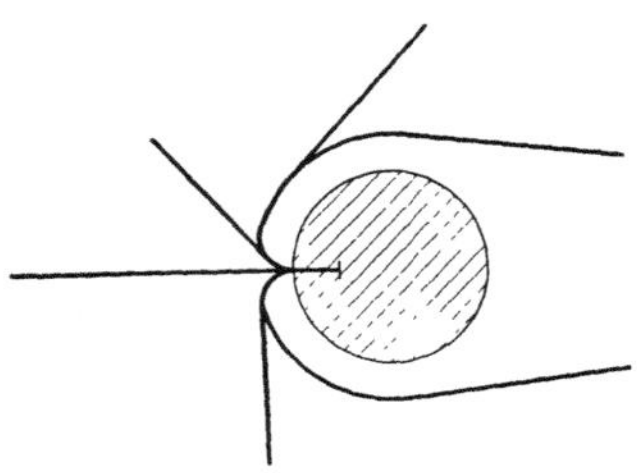

Abb. 86. Spätere Einführung weiterer Strecken in einen Kopfbahnhof am Rande der Altstadt

Abb. 87. Kopfbahnhof in einfachster Form

Die einfachste Form eines Endbahnhofs einer zweigleisigen Strecke in Kopfform zeigt Abb. 87. Der Bahnhof besitzt nur ein Bahnsteiggleis und nur eine Bahnsteigkante. Er hat für den Triebwagenverkehr von Vorort- und Schnellbahnen eine hohe Leistung. Auf einem solchen Bahnhof läßt sich ein 6 Minuten-Verkehr von Triebwagenzügen durchführen. Seit der Einführung der Pendelzüge, bei denen die Lokomotiven an einer beliebigen Stelle im Zug (Spitze, Mitte oder Schluß) laufen, kommt diese Anordnung auch für andere Bahnen durchaus in Betracht. Ihre Einfachheit muß als besonderer Vorteil gewertet werden.

Bei gewöhnlichem Zugbetrieb, bei dem die Lokomotive immer an der Spitze des Zuges fährt, wird auf einer solchen Anlage die Lokomotive des einfahrenden Zuges eingesperrt. Für den Lokomotivbetrieb kommen deshalb zwei Lösungen in

Betracht: Nach Abb. 88 kann ein Rücklaufgleis angeordnet werden. Der Zug fährt bei der Einfahrt nicht bis zum Prellbock, sondern muß schon vor der Weiche anhalten. Dadurch gehen etwa 50 m verloren, um welche die Wege der Reisenden bei Kopflage des Empfangsgebäudes verlängert werden. Die Lokomotive zieht bis zum Prellbock vor und setzt über das Rücklaufgleis an das andere Ende des Zuges um. Sie kann also den angebrachten Zug sofort wieder übernehmen. Bei Dampfbetrieb kommt diese Anordnung nur für Tenderlokomotiven in Betracht, weil die übrigen Dampflokomotiven nur mit Schornstein voraus fahren sollen.

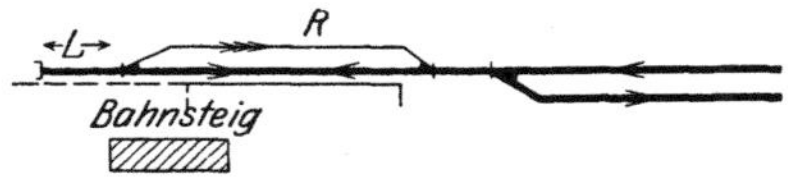

Abb. 88. Kopfbahnhof mit Rücklaufgleis

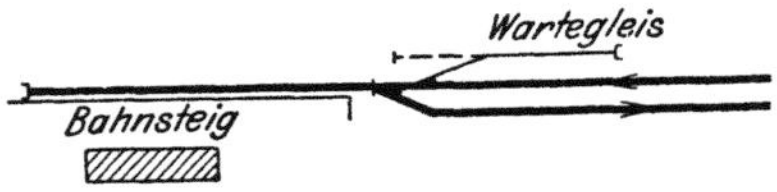

Abb. 89. Kopfbahnhof mit Wartegleis für springende Lokomotiven

Eine bautechnisch einfachere Lösung zeigt Abb. 89, bei der nur ein Wartegleis anzufügen ist. Der Betrieb wird mit *springender* Lokomotive durchgeführt. Die Lokomotive des eingefahrenen Zuges muß warten, bis die Lokomotive des vorhergehenden Zuges den Zug übernommen hat und mit ihm ausgefahren ist. Dann fährt sie in das Wartegleis, wo sie bei Dampfbetrieb auch Wasser und Kohlen aufnehmen kann. Sie übernimmt dann den folgenden Zug. In dieser Weise wurde in Berlin der Potsdamer Ringbahnhof bis zur Einführung des elektrischen Betriebes betrieben.

Da für die Weiche des Rücklaufgleises viel Länge verloren geht, wurden früher bei manchen Anlagen Drehscheiben oder Schiebebühnen eingebaut (Abb. 90). Je ein Rücklaufgleis dient dann für zwei Bahnsteiggleise. Solche Anlagen sind aber in Bau und Betrieb teuer.

Züge mit längerem Aufenthalt können nicht in den Bahnsteiggleisen stehenbleiben. Sie müssen auf Abstellgleise gebracht werden. Die Abstellgleise wurden

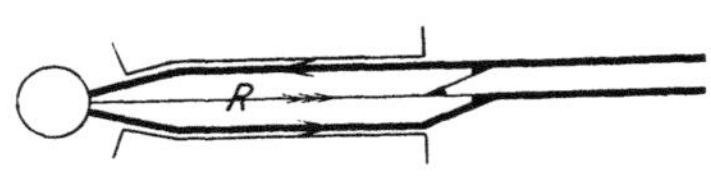

Abb. 90. Kopfbahnhof mit Drehscheibe

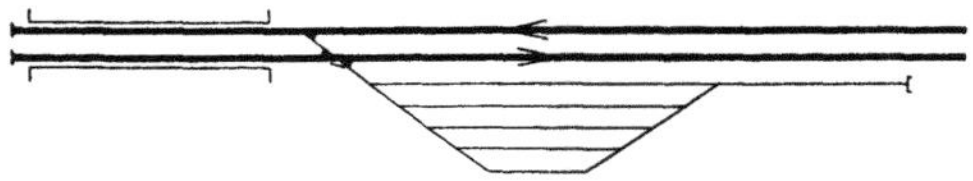
Abb. 91. Kopfbahnhof mit seitlich liegendem Abstellbahnhof

bei den alten Bahnhöfen oft zwischen die Bahnsteiggleise gelegt. Die Züge standen dann mitunter in der Halle, die gleichzeitig als Wagenschuppen diente. Betrieblich hatte das den schweren Nachteil, daß die Abstellgleise nur mit Sägebewegungen erreicht werden konnten. Besser ist schon die Anordnung nach Abb. 91, bei der aber eine unnötige Kreuzung zwischen der Ausfahrt und der Verbindung vom Einfahrgleis zum Abstellbahnhof besteht. Die leistungsfähigste Anordnung, bei der unnötige Kreuzungen vermieden sind, zeigt Abb. 92.

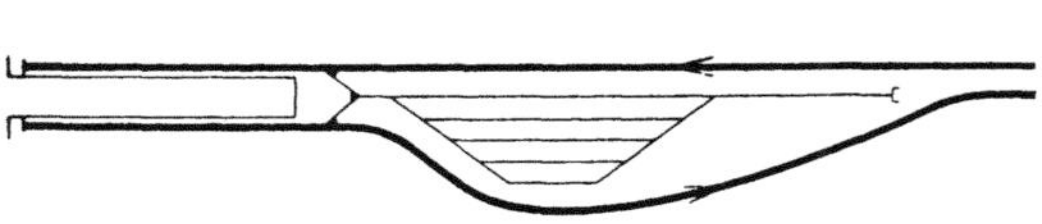
Abb. 92. Kopfbahnhof mit Abstellbahnhof in Mittellage

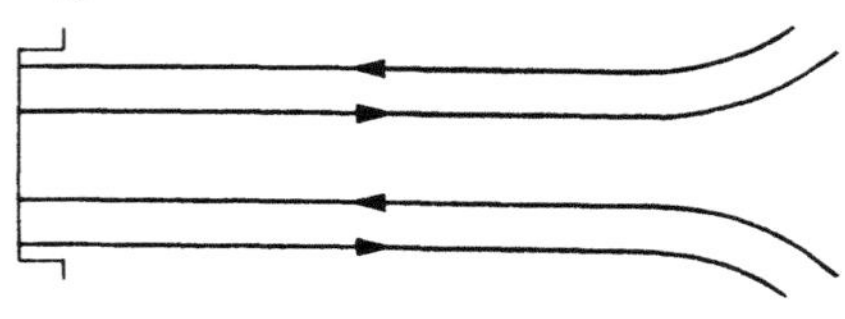
Abb. 93. Kopfbahnhof mit Linienbetrieb

Wenn mehrere Strecken in einen Kopfbahnhof münden, so können sie bis zum Bahnhof selbständig geführt werden oder sich schon weiter außen vereinigen. Hier soll der Fall behandelt werden, daß mehrere Linien auch bautechnisch selbständig in den Bahnhof eingeführt werden. Für die Einführung zweier zweigleisiger Strecken in einem Kopfbahnhof gibt es verschiedene Möglichkeiten. Werden die beiden Strecken nebeneinander gelegt, so entsteht die einfache Form des Linienbetriebs (Abb. 93). Wird die eine Strecke in die Mitte gelegt und die Gleise der anderen Strecke auf die beiden Seiten, so ergibt sich der Richtungsbetrieb

(Abb. 94). Eine unsymmetrische Anordnung gemäß Abb. 95 wird als verschränkter Richtungsbetrieb bezeichnet. Beim Richtungsbetrieb und beim verschränkten Richtungsbetrieb ergeben sich Kreuzungen. Beim Richtungsbetrieb kreuzt ein Gleis der einen Strecke die beiden Gleise der anderen Strecke, beim verschränkten Richtungsbetrieb kreuzt das eine Gleis der einen Strecke nur ein Gleis der anderen Strecke. Diese Kreuzungen werden gewöhnlich als Überwerfungen in zwei Ebenen ausgebildet, damit sich die Zugfahrten nicht gegenseitig behindern. Solche Kreuzungen werden als schienenfrei bezeichnet. Auch die Ausdrücke planfrei,

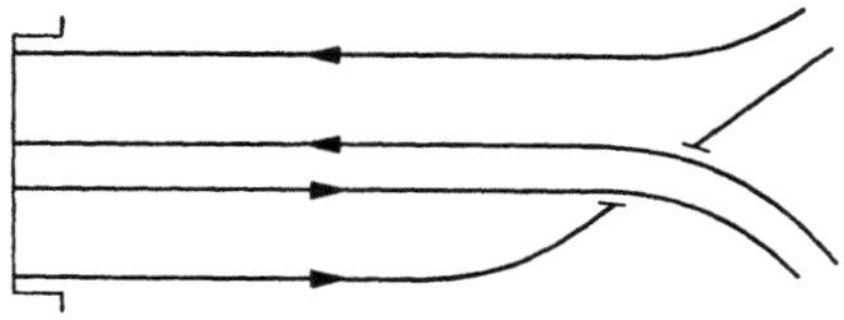

Abb. 94. Kopfbahnhof mit Richtungsbetrieb

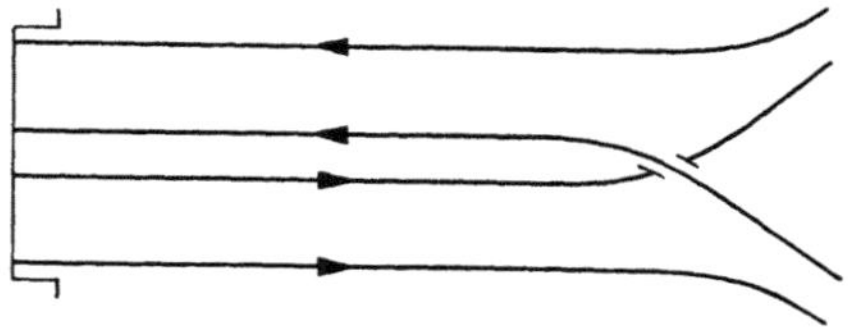

Abb. 95. Kopfbahnhof mit verschränktem Richtungsbetrieb

höhenfrei oder niveaufrei sind gebräuchlich. Kreuzungen mit gleicher Höhenlage der Schienen, bei denen sich die Fahrten gegenseitig ausschließen, werden im Gegensatz dazu als schienengleich, höhengleich oder plangleich bezeichnet.

Bei einem Kopfbahnhof mit Linienbetrieb liegen gewissermaßen zwei Bahnhöfe nebeneinander. Sie sind bezüglich der Hauptgleise voneinander unabhängig und sind nur durch das Empfangsgebäude, den Querbahnsteig, die Verbindungsgleise zum Abstellbahnhof und die weiteren Nebenanlagen zu einer Einheit zusammengefaßt. Eine gegenseitige Stellvertretung der Bahnsteiggleise bei starkem Verkehrsanfall, d. h. ein Überleiten von Zügen der einen Strecke auf die Bahnsteiggleise der anderen Strecke wird schwierig. Die Verbindungsgleise zum Abstellbahnhof haben, wie Abb. 96 erkennen läßt, die Bedeutung einer dritten selbständigen Strecke. Bei Abb. 96 ist übrigens die gleichzeitige Ein- und Ausfahrt

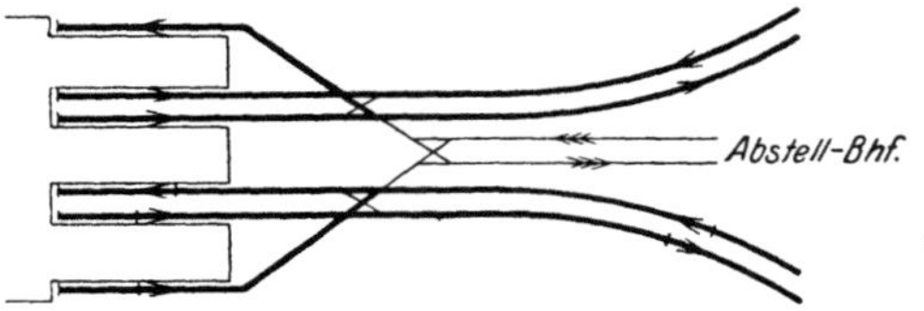

Abb. 96. Kopfbahnhof mit Linienbetrieb und Abstellbahnhof

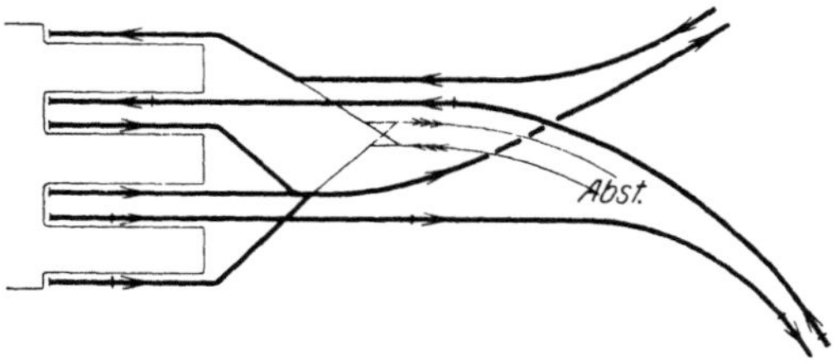

Abb. 97. Kopfbahnhof mit verschränktem Richtungsbetrieb mit Abstellbahnhof

der Leerzüge vom Abstellbahnhof nach der gleichen Bahnhofsseite nicht möglich, weil nur je eine Weichenstraße vorhanden ist. Doppelte Weichenstraßen wären bei stärkerem Verkehr zweckmäßig. Der Linienbetrieb tritt besonders klar bei Bahnhöfen in Erscheinung, bei denen für einzelne Strecken auch getrennte Empfangsgebäude, Querbahnsteige und Zufahrten vorhanden sind, wie etwa bei dem Hauptbahnhof München mit seinen Flügelbahnhöfen. Die weiten Wege sind lästig. Für umsteigende Fremde ist das Zurechtfinden schwierig. Vorteile ergeben sich aber, wenn es sich um Strecken ganz verschiedener Art handelt, z. B. um eine Trennung in Fern- und Vorortstrecken.

Bei der in Abb. 97 dargestellten Lösung mit verschränktem Richtungsbetrieb werden die Streckengleise nach Richtungen geordnet. Der Bahnhof wird dadurch zu einer Einheitsanlage, die sich von einem Bahnhof, der nur einer einzigen Linie dient, nur wenig unterscheidet. Wegen der Einheitlichkeit und Klarheit ist er dem Bahnhof mit Linienbetrieb überlegen. Abb. 97 zeigt, daß sich hier für die Verbindungsgleise zum Abstellbahnhof von selbst der Linksbetrieb ergibt.

b) Kopfbahnhöfe mit Durchgangsverkehr

Bisher wurde vorausgesetzt, daß der Kopfbahnhof ausschließlich endenden Verkehr zu bedienen hat. Manche wichtige Kopfbahnhöfe wie Leipzig, Kassel, Wiesbaden oder Luzern haben aber einen bedeutenden Durchgangsverkehr aufzuweisen. Im allgemeinen überwiegt die Zahl der endenden Züge, weil der Nahverkehr stark ist. Bei den Durchgangszügen handelt es sich aber oft um hochwertige Züge, die dem Fernverkehr dienen. Auch bezüglich der Zahl der Reisenden überwiegt der endende Verkehr bei weitem. In Städten von über 100000 Einwohnern macht die Zahl der aus- und einsteigenden Reisenden meist schon 90% des Gesamtverkehrs aus, bei größerer Einwohnerzahl liegt der Anteil noch höher.

Offensichtlich kann man nun bei der Anordnung der Gleise entweder von dem endenden Verkehr ausgehen und den Durchgangsverkehr auf Hilfsverbindungen verweisen, oder man kann vom Durchgangsverkehr ausgehen und muß dann den endenden Verkehr in diesen einfügen. Der erste Weg wäre dann richtig, wenn man sich nur nach der Zahl der Züge richten würde; dagegen wird der zweite Weg um so mehr in den Vordergrund rücken, je höher die Bedeutung der Durchgangszüge bewertet wird. — Was die geschichtliche Entwicklung anbelangt, so ist man lange Zeit nur den ersten Weg gegangen und hat den zweiten Weg erst mit dem Bau des (im wesentlichen von Cauer entworfenen) Bahnhofs Altona beschritten.

Im Grunde genommen kann es außer im Stadtverkehr eigentlich einen Kopfbahnhof ohne *Durchgangsbetrieb* nicht geben; vielmehr entsteht dieser selbst in einem Kopfbahnhof, der nur eine einzige Linie aufnimmt, weil die endenden Züge zum Abstellbahnhof fahren müssen, während die beginnenden Züge von dort kommen. Demgemäß ergibt sich für den Kopfbahnhof für eine Linie folgerichtig die in Abb. 98 skizzierte Anordnung, bei der tatsächlich zwei Linien in den Bahn-

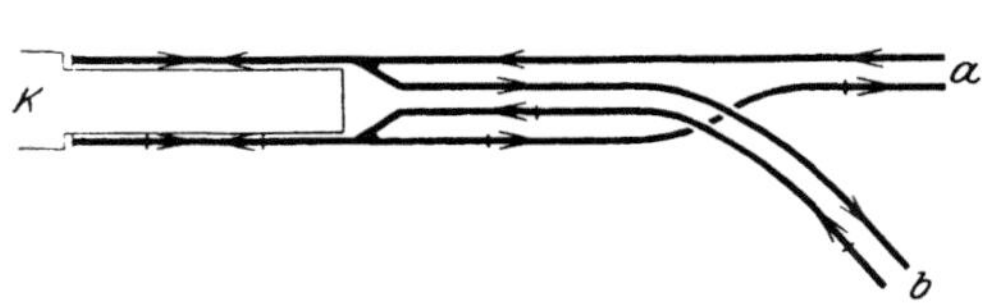

Abb. 99. Kopfbahnhof für zwei Linien, eine Linie im Linksbetrieb

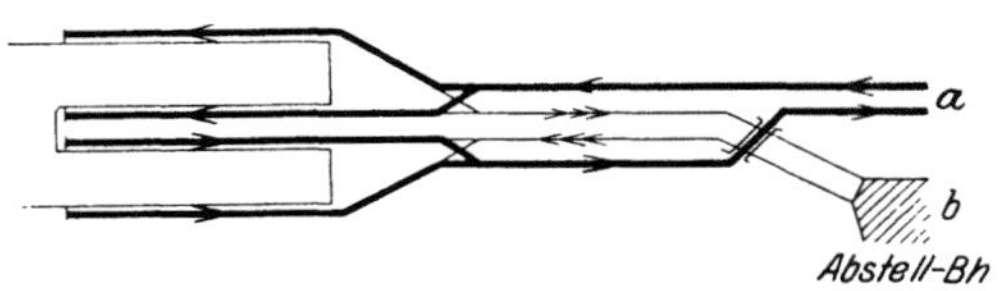

Abb. 98. Kopfbahnhof für eine Linie mit Verbindung zum Abstellbahnhof

hof münden. Daß hierbei die zweite Linie nur aus *Verbindungsgleisen*, also aus *Nebengleisen* besteht, ist belanglos, zumal diese Nebengleise stärker belastet sind als die Hauptgleise.

Auch hier wird das Verbindungsgleispaar links betrieben, um unnötige Kreuzungen zu vermeiden. Dadurch ergibt sich auch für den ganzen Abstellbahnhof Linksbetrieb. Wird das Verbindungsgleis nicht zu einem Abstellbahnhof geführt, sondern in eine zweite Strecke verwandelt, so ist bereits eine einwandfreie Lösung für den Kopfbahnhof mit Durchgangsverkehr gefunden. Allerdings liegt die eine Strecke im Linksbetrieb (Abb. 99).

Ein Beispiel ist der Bahnhof Aarhus (Abb. 100), bei dem die eine Hauptstrecke in Linksbetrieb eingeführt ist. Der Güterbahnhof hat ebenfalls Linksbetrieb erhalten. Zu beachten ist auch die geschickte Führung der Verbindungsgleise.

Zunächst sollen für Kopfbahnhöfe mit 2 Linien die einfachen, schienengleichen Lösungen noch näher betrachtet werden. Werden in einem Endbahnhof für den Durchgangsverkehr Hilfsverbindungen eingefügt, so ergeben sich bei Linienbetrieb die in Abb. 101 und 102 dargestellten Gleispläne. Die Zahl der Kreuzungspunkte ist in beiden Fällen gleich groß. Bei Abb. 101 fahren alle Züge auf dem graden Strang ein, die Kreuzungen der weiterlaufenden Züge liegen in der Ausfahrt. Dadurch wird die Sicherheit erhöht. Auch die Leistungsfähigkeit steigt, weil der Fahrdienstleiter die durchlaufenden Züge in der Hand hat und ihre Fahrstraßen erst im letzten Augenblick freigeben muß. Ein Nachteil besteht aber darin, daß die beginnenden und die durchlaufenden Züge nach dem gleichen Ziel von verschiedenen Gleisen abfahren. Die Lösung ist also betrieblich richtig, aber verkehrlich ungünstig. Bei Abb. 102 müssen die durchlaufenden Züge schon bei der Einfahrt in das richtige Ausfahrgleis hinüberkreuzen. Das ist gefährlich. Die Leistungsfähigkeit ist geringer, weil der Fahrdienstleiter die Fahrstraßen schon frühzeitig festlegen muß und das Eintreffen der Züge nicht so genau abschätzen kann. Die Reisenden finden aber alle Züge nach einer bestimmten Richtung

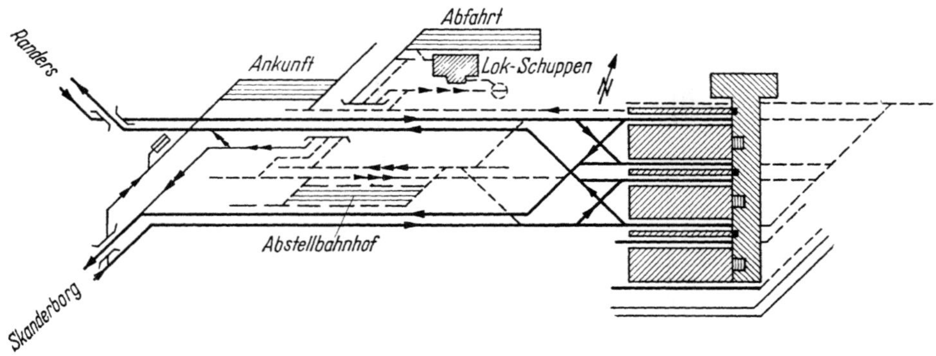

Abb. 100. Linksbetrieb. Bahnhof Aarhus in Dänemark (nach Bendtsen)

immer auf dem gleichen Gleis. Die Lösung nach Abb. 102 ist also verkehrlich richtig, aber betrieblich ungünstig. Bei stark belasteten Anlagen mit Fernverkehr verdient die betrieblich bessere Lösung den Vorzug, bei städtischen Schnellbahnen und bei genügender Leistungsfähigkeit ist der zweckmäßigen Führung der Reisenden das größere Gewicht beizulegen.

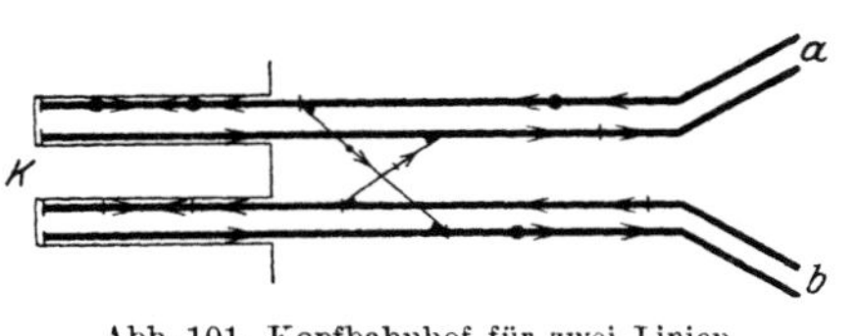

Abb. 101. Kopfbahnhof für zwei Linien mit Übergang bei der Ausfahrt

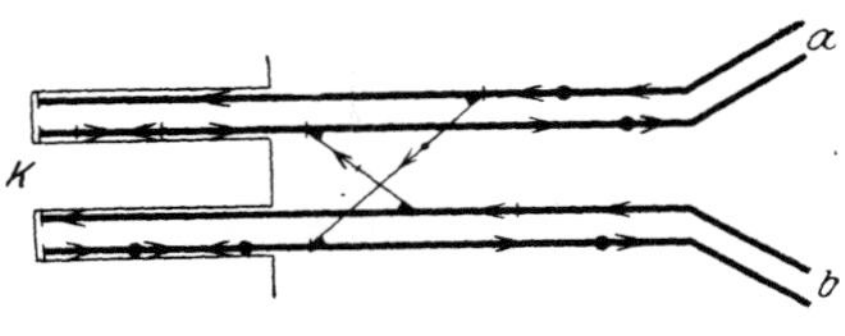

Abb. 102. Kopfbahnhof für zwei Linien mit Übergang bei der Einfahrt

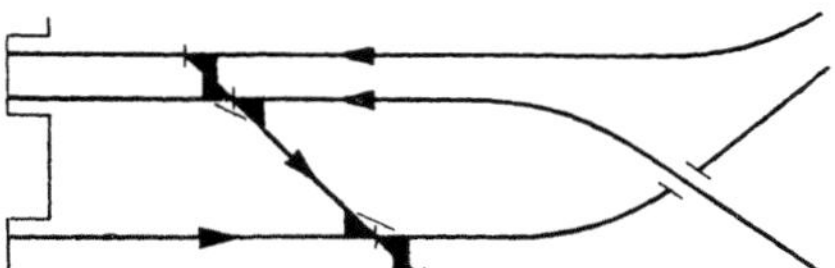

Abb. 103. Kopfbahnhof mit verschränktem Richtungsbetrieb, Übergang bei der Ausfahrt

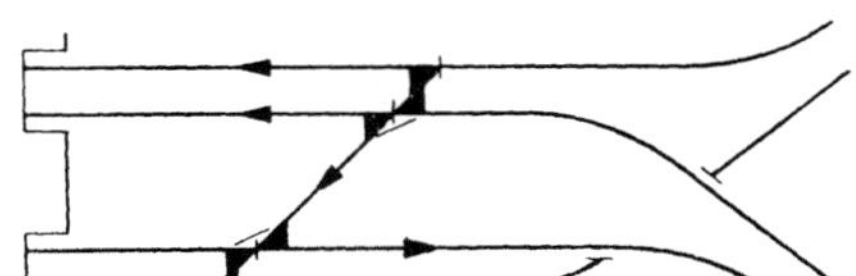

Abb. 104. Kopfbahnhof mit einfachem Richtungsbetrieb, Übergang bei der Einfahrt

Bei Richtungsbetrieb oder verschränktem Richtungsbetrieb Abb. 103 und 104 wird die Lösung nicht günstiger. Die Zahl der Kreuzungen bleibt gleich, an die Stelle des Weichenkreuzes der Abb. 101 und 102 tritt eine einzige Weichenstraße.

Wenn in einem Kopfbahnhof sämtliche Züge weiterfahren — ein Fall der wohl nur im Nahverkehr vorkommt, so läßt sich der Gleisplan in der in Abb. 105 dargestellten Weise vereinfachen. Dann entstehen nur zwei Kreuzungsstellen. Die Zahl der sich kreuzenden Züge und das Ausmaß der gegenseitigen Behinderungen bleibt aber ebenso groß wie bei den vorher betrachteten Gleisplänen. Die beiden schienengleichen Kreuzungen können durch eine gemeinsame Brücke nach Abb. 106 beseitigt werden. Ein wesentliches Kennzeichen dieser Lösung ist, daß sich für die eine Verbindung zwischen dem Bahnhof und dem Bauwerk Linksbetrieb ergibt. Müssen aus örtlichen Gründen die beiden Kreuzungen mit Hilfe getrennter Brücken beseitigt werden, so entsteht eine längere Strecke mit Linksbetrieb,

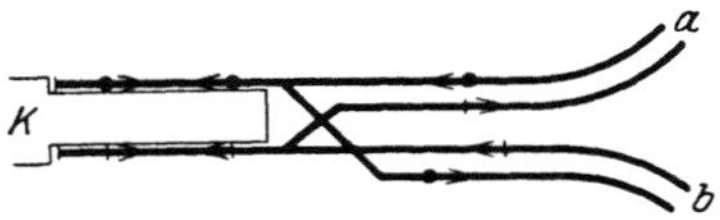

Abb. 105. Kopfbahnhof mit zwei Linien, nur durchgehende Züge

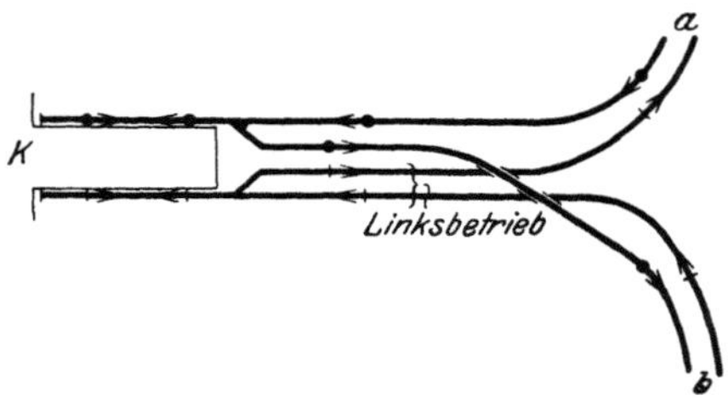

Abb. 106. Kopfbahnhof für Durchgangsverkehr mit schienenfreier Kreuzung

was nicht erwünscht ist (Abb. 107). Eine derartige Anordnung findet sich im Hauptbahnhof Nürnberg, der zwar Durchgangsbahnhof ist, aber für Züge von Berlin nach München als Kopfbahnhof wirkt. Solche *versteckte* Kopfbahnhöfe gibt es in großer Zahl, z. B. Mannheim und Basel für den Verkehr Frankfurt—Zürich.

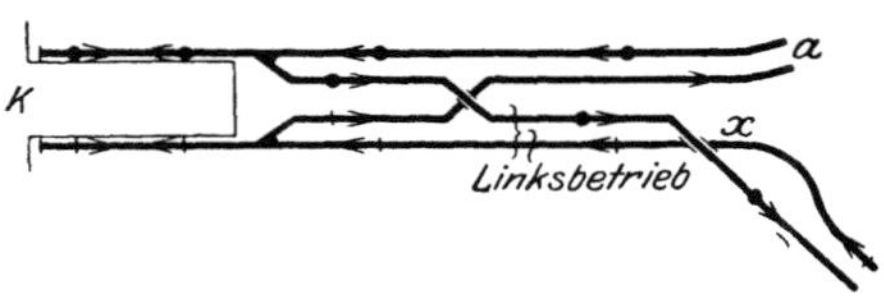

Abb. 107. Beseitigung der schienenfreien Kreuzung bei der Zufahrt zu einem Kopfbahnhof durch zwei getrennte Bauwerke

Versteckte Durchgangsbahnhöfe, in denen Züge Kopf machen, müssen nach den gleichen Grundsätzen bearbeitet werden, wie Kopfbahnhöfe mit Durchgangsverkehr. Bei den Abb. 108 und 109 wurde die Lösung dadurch gefunden, daß die Einfahrt von *b* oder die Ausfahrt nach *a* verdoppelt wurde. Die Verdoppelung der Einfahrt ergibt die betrieblich bessere Lösung, die Verdoppelung der Ausfahrt die verkehrlich bessere. Bei Verdoppelung der Ausfahrt besteht aber die Gefahr einer

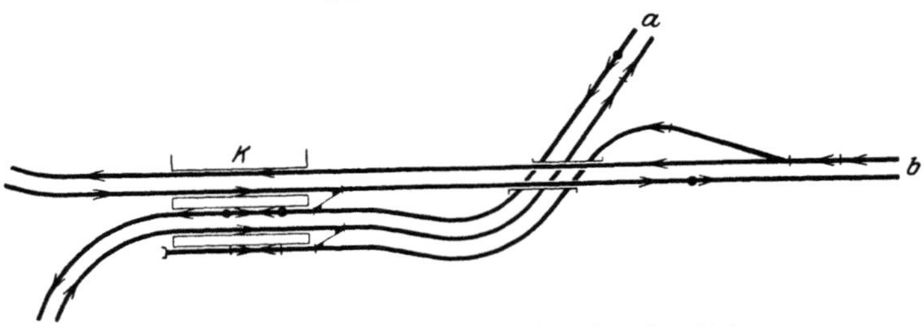

Abb. 108. Versteckter Kopfbahnhof mit verdoppelter Einfahrt von b

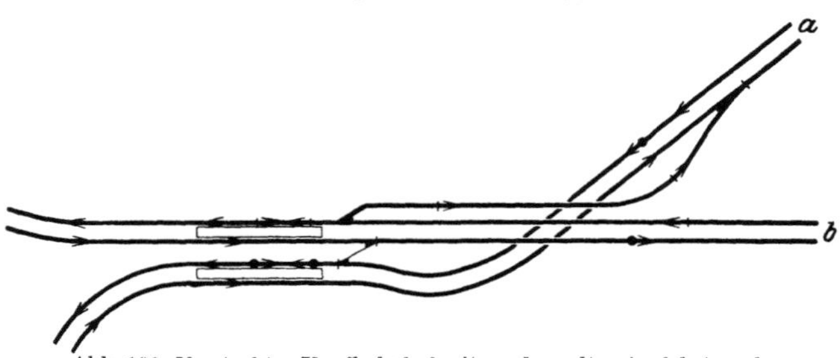

Abb. 109. Versteckter Kopfbahnhof mit verdoppelter Ausfahrt nach a

Flankenfahrt auf freier Strecke bei der Vereinigung der beiden Ausfahrten. Deshalb verdient die Verdoppelung der Einfahrt den Vorzug.

Es ist einleuchtend, daß derartige Bahnhöfe noch viel verwickelter werden müssen, wenn drei oder mehr Linien mit gegenseitigem Durchgangsverkehr einmünden, was z. B. in Frankfurt/Main, Leipzig und Zürich der Fall ist. In Leipzig bestehen

z. B. die Durchgangsbeziehungen Berlin—München, Halle—Dresden und Erfurt—Dresden. In Frankfurt ist von Bebra oder Gießen her der Übergang nach Basel (über Darmstadt und Groß-Gerau), nach Mainz und nach Wiesbaden notwendig. Dazu kommt der Verkehr Würzburg—Köln über beide Rheinseiten. In Zürich sind die Übergänge Bern—St. Gallen, Basel—Chur und Schaffhausen—Gotthard wichtig.

Für weitere Einzelheiten sei auf Sonderveröffentlichungen über die großen Kopfbahnhöfe verwiesen. Zu bemerken ist noch, daß die Verbindungsgleise zum Abstellbahnhof immer als besondere Linien zu werten sind. Die meisten Züge laufen bis dorthin durch, auch wenn sie auf den Verbindungsgleisen fahrdienstlich als Rangierfahrten gelten.

c) Beurteilung der Kopfbahnhöfe

Als Vorzüge der Kopfbahnhöfe werden besonders die gute Übersicht und das leichte Zurechtfinden genannt. Diese Meinung beruht im allgemeinen auf einem Trugschluß. Bei gleichem Verkehrsumfang im Fernverkehr muß ein Kopfbahnhof mehr als doppelt so groß sein, wie ein Durchgangsbahnhof. Durch diese Vergrößerung leidet die Übersicht und die Wege werden verlängert. Vorteilhaft ist allerdings, daß bei Bahnhöfen in Geländehöhe keine Treppen nötig sind.

Die Kopfbahnhöfe haben den unbestreitbaren Vorzug, daß sie ziemlich tief in die Stadt hinein vorstoßen können. Deshalb haben sie oft eine günstigere Lage zum Stadtkern als Durchgangsbahnhöfe. Das ist für den innerstädtischen Verkehr und das Wirtschaftsleben von großer Bedeutung. Im Nahverkehr wird die Wettbewerbslage der Eisenbahn gegenüber den anderen Verkehrsmitteln dadurch verbessert. Weiter können an einem Kopfbahnhof auf drei Seiten Vorplätze entwickelt werden. Dadurch wird der Übergang der Reisenden und Güter von der Eisenbahn in die Stadt wesentlich erleichtert.

Diesen Vorteilen stehen eine Reihe von Nachteilen gegenüber:

1. Wenn bei einfahrenden Zügen die Bremsen versagen, kann der Prellbock überfahren werden. Dadurch sind schon schwere Unfälle entstanden, die sich auch durch bewegliche Prellböcke, Sandgleise und eine Gegensteigung der Gleise nur zum Teil verhindern lassen. Auf verschiedenen Bahnhöfen sind für einfahrende Züge Geschwindigkeitsbeschränkungen eingeführt worden. An manchen Orten besteht die Vorschrift, daß die Züge in die Bahnsteiggleise nur gezogen einfahren dürfen. Sie müssen also vorher stärker abbremsen, als eigentlich nötig wäre, und besetzen die Fahrstraßen länger.

2. Da bei vielen Zügen hinter der Lokomotive Gepäckwagen und Postwagen laufen, müssen die Reisenden am Prellbock, der Lokomotive und diesen Wagen vorbei einen längeren Weg zurücklegen, bis sie den ersten Wagen erreichen. Wenn nur die Schlußwagen des einfahrenden Zuges weiterlaufen, werden die Wege noch länger. Bei den abfahrenden Zügen entstehen weite Wege für Gepäck und Post an der Spitze des Zuges.

3. Besonders im Nahverkehr sind die Züge ungleich besetzt. Viele Reisende benutzen auf der Fahrt zum Kopfbahnhof (Hauptbahnhof) nur die ersten Wagen, um bei der Ankunft den weiten Weg über den Bahnsteig zu sparen. Bei der Abfahrt sind die letzten Wagen stärker besetzt. Auf Schnellbahnen kann dieser Erscheinung dadurch entgegengewirkt werden, daß Unterwegsbahnhöfe überwiegend Zugänge am anderen Bahnsteigende erhalten.

4. Die Lokomotive des eingefahrenen Zuges wird eingesperrt. Sie muß in einem besonderen Betriebsvorgang wieder ausfahren. Bei allen durchlaufenden Zügen ist Lokomotivwechsel erforderlich. Durch Einführung der Pendelzüge, bei denen die Lokomotive an beliebiger Stelle des Zuges läuft, wird dieser Nachteil weitgehend beseitigt.

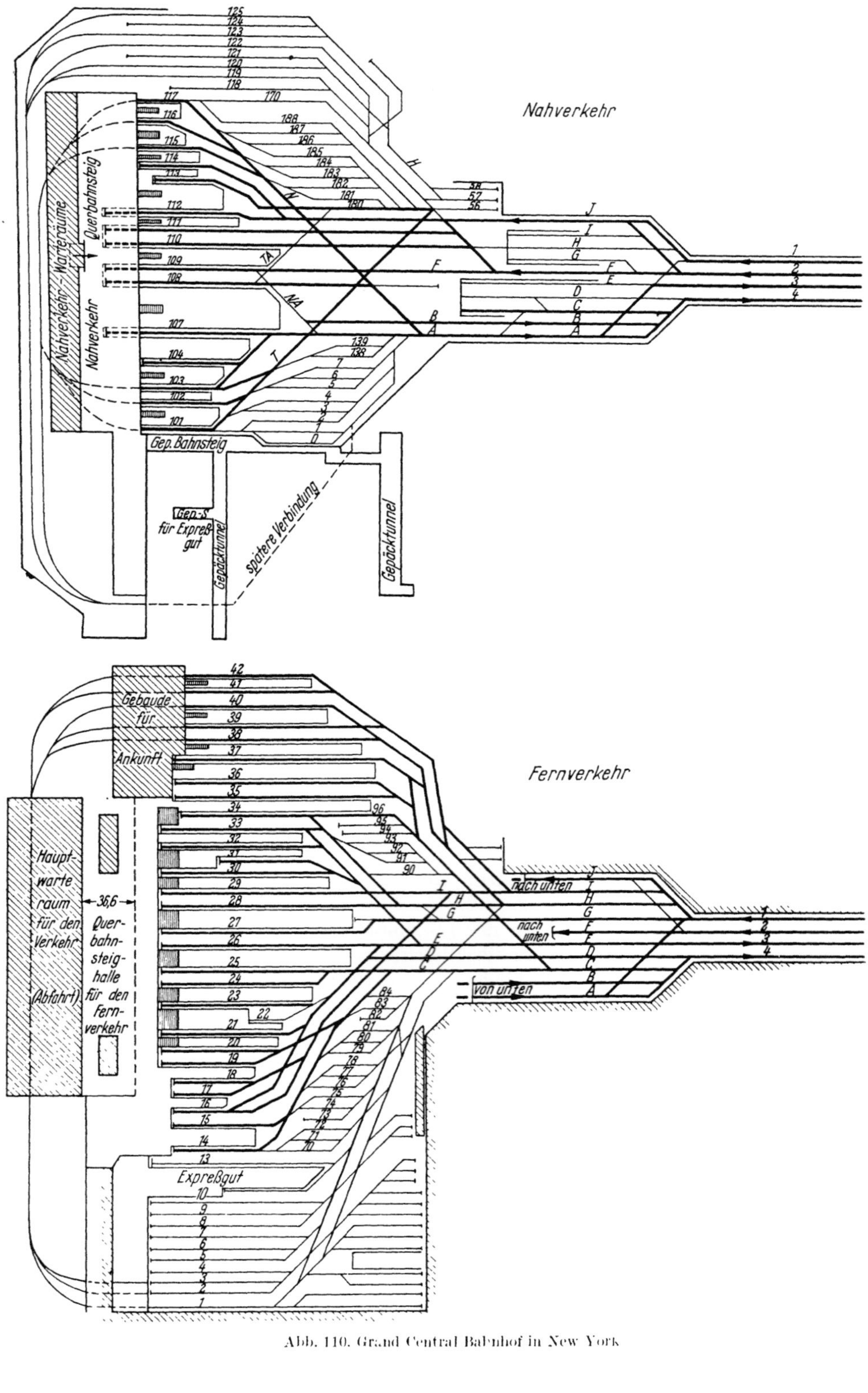

Abb. 110. Grand Central Bahnhof in New York

5. Die beginnenden Züge müssen in das Ausfahrgleis geschoben werden. Der Lokomotivführer hat keine gute Sicht, was bei starkem Andrang von Reisenden nicht angenehm ist. Manche Züge werden von einer besonderen Rangierlokomotive in die Halle gezogen. Diese zweite Lokomotive wird bis zur Abfahrt des Zuges eingesperrt und muß in einem besonderen Betriebsvorgang ausfahren. Auch ankommende Züge werden manchmal nicht von ihrer Zuglokomotive hinausgedrückt, sondern von einer besonderen Lokomotive herausgezogen.

6. Durch die unter 4 und 5 genannten Bedingungen wird der Aufwand an Lokomotivstunden wesentlich erhöht. Die Zahl der Rangierbewegungen wird vermehrt, denn es entstehen gegenüber dem Durchgangsbetrieb zusätzliche Bewegungen. Alle Bewegungen müssen auf der gleichen Seite des Bahnhofs durchgeführt werden, die sehr stark belastet wird, während sie sich bei Durchgangsbahnhöfen auf die beiden Bahnhofsköpfe (Gleisentwicklungen am Ende der Bahnsteige) verteilen.

7. Der Aufenthalt der Züge wird verlängert. Auf Durchgangsbahnhöfen richtet er sich im wesentlichen nach den Verkehrsvorgängen (Ein- und Aussteigen, Ein- und Ausladen), während er auf Kopfbahnhöfen nach den Betriebsvorgängen (An- und Abkuppeln der Lokomotiven, Bremsprobe) zu bemessen ist, soweit nicht Triebwagen oder Pendelzüge verkehren. Die Leistungsfähigkeit der Bahnsteiggleise wird dadurch stark herabgesetzt.

8. Das Ein- und Aussetzen von Kurswagen, Speise-, Schlaf-, Post- und Eilgutwagen wird erschwert. Die Zugbildung und die Ausnützung mancher Züge werden ungüstig beeinflußt.

Hier sei noch der Gleisplan des Grand Central Bahnhofes in New York eingefügt, der mit 2 verschiedenen Gleisebenen für Nah- und Fernverkehr entwickelt ist (Abb. 110). Für verschiedene Gleise ist die Kopfform durch angehängte Schleifen beseitigt worden.

Bei vollständigem Neubau von Bahnhöfen des Fernverkehrs verdienen Durchgangsbahnhöfe unbedingt den Vorzug. Beim Umbau wird die Umwandlung eines Durchgangsbahnhofs in einen Kopfbahnhof nie in Betracht kommen, sondern nur das Umgekehrte. Bei Schnell- und Vorortbahnen, die ausschließlich mit Triebwagenzügen befahren werden, können die Endbahnhöfe dagegen ohne Bedenken in Kopfform ausgebildet werden, wenn dadurch verkehrliche Vorteile z. B. eine günstige Lage zum Stadtkern zu erzielen sind.

d) Beseitigung der Kopfform

Die Nachteile der Kopfbahnhöfe lassen sich zunächst dadurch beseitigen, daß die Bahnsteiggleise über das stumpfe Ende hinaus bis zu einem Abstellbahnhof verlängert werden (Abb. 111). Diese Anordnung ist wegen der Bebauung und der

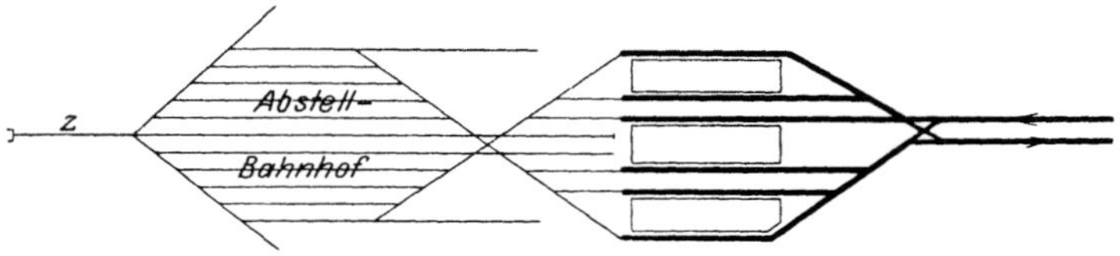

Abb. 111. Beseitigung der Kopfform durch Anfügen eines Abstellbahnhofes

Lage der Bahnhöfe nur selten ausführbar. Sie kommt bei Endbahnhöfen von Nebenbahnen auf dem Land, bei Grenzbahnhöfen, Bahnhöfen mit Spurwechsel oder Hafenbahnhöfen parallel zur Küste in Betracht. Eine andere Anordnung zur Vermeidung der Kopfform zeigt Abb. 112. Die Züge wenden über ein Gleisdreieck. Die Stumpfgleise an den Enden des Dreiecks müssen volle Zuglänge haben. Das Gleisdreick läßt sich bequem zu einem Abstellbahnhof erweitern, indem neben das eine oder das andere Stumpfgleis weitere Gleise gelegt werden. Bei Dampfbetrieb werden Gleisdreiecke auch gern zum Drehen der Lokomotiven benutzt. Gleisdreiecke finden sich fast nur in Gebieten mit niedrigen Bodenpreisen.

Drehscheiben werden dadurch überflüssig. Am besten werden die Nachteile der Kopfbahnhöfe durch Schleifen vermieden, die aber große Flächen beanspruchen.

Bei einem Kopfbahnhof mit Durchgangsverkehr oder bei einem Durchgangsbahnhof mit durchlaufenden Zügen im Eckverkehr, die Kopf machen, kann der Kopfbetrieb auch durch Verbindungskurven beseitigt werden. Anordnungen gemäß Abb. 113 finden sich auf vielen Strecken mit starkem Schnellzugsverkehr. Zu nennen sind die Verbindungen über Köln-Deutz — Tief, Frankfurt-West, Wiesbaden-Süd, westlich Ludwigshafen, Zürich-Enge, Kempten-Hegge. Durch die Führung über die Außenkurven werden die durchgehenden Züge beschleunigt und der Bahnhof entlastet. Die Stadt wird aber schlechter bedient. Der Umsteigeverkehr wird behindert. Nötigenfalls müssen besondere Anschlußzüge eingelegt und zusätzliche Haltestellen geschaffen werden. Die Lösungen sind also teuer und unbequem. Oft ist deshalb eine Anordnung vorzuziehen, bei der der ganze Bahnhof an die Außenkurve gelegt wird. Der innenliegende Kopfbahnhof wird dann aufgehoben. Dabei ist für eine gute Verbindung zwischen dem neuen Bahnhof und dem Stadtkern mit Straßenbahnen und Bussen zu sorgen. Beispiele sind Heidelberg und Braunschweig.

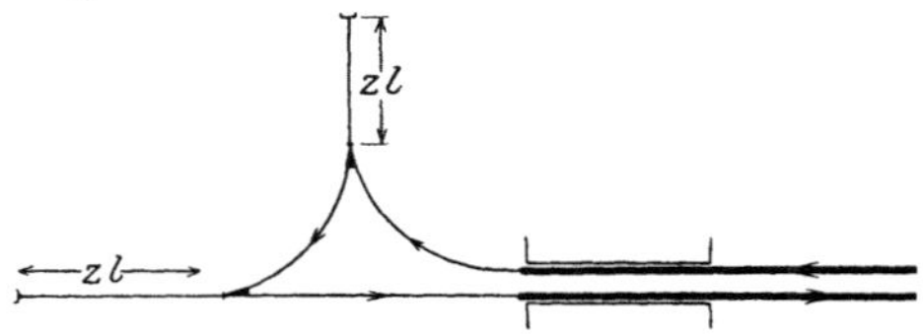

Abb. 112. Beseitigung der Kopfform durch Gleisdreieck

Gegen die Verlegung eines Hauptbahnhofs aus der Stadt an eine Außenkurve wird sich immer ein starker Widerstand der Stadt oder bestimmter Geschäftskreise geltend machen. Sicher muß die Stadt auf einen guten Anschluß Wert

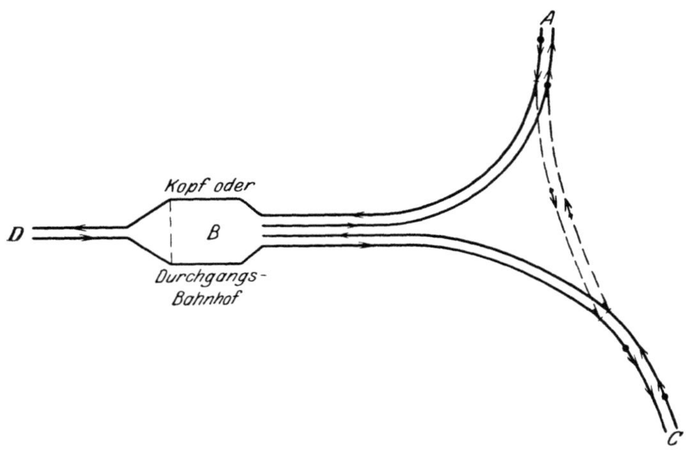

Abb. 113. Umgehung eines Kopfbahnhofs durch eine Verbindungskurve

legen. Ein Durchgangsbahnhof kann aber bessere Zugverbindungen bringen, die gleichfalls für die Stadt von Nutzen sind. Auch muß die Eisenbahnverwaltung angesichts des Wettbewerbs anderer Verkehrsträger selbst sorgfältig überlegen, ob die Preisgabe eines verkehrsgünstigen Standorts des Bahnhofs im Stadtkern nicht zu einem fühlbaren Verkehrsrückgang führt. In manchen Fällen mag die richtige Lösung darin bestehen, daß nur der Fernverkehr in den Durchgangsbahnhof verlegt wird oder im alten Kopfbahnhof bleibt, der Nahverkehr aber bei elektrischem Betrieb unterirdisch noch weiter in die Stadt hineingeführt wird. In dieser Richtung wurde die Lösung für den Berliner Nord-Süd-Verkehr gefunden.

Die S-Bahn verbindet die Fernbahnhöfe und führt den Nahverkehr mitten ins Herz der Stadt hinein. Ähnliche Anordnungen sind für München und Zürich vorgeschlagen worden.

B. Durchgangsbahnhöfe

Bei den Knotenpunkten sind Anschluß-, Trennungs- und Kreuzungsbahnhöfe zu unterscheiden. Vereinigungen von Durchgangs- und Kopfform sollen gleichfalls hier besprochen werden.

a) Anschlußbahnhöfe

Als Anschlußbahnhof wird ein Zwischenbahnhof einer durchgehenden Hauptstrecke bezeichnet, an dem eine Nebenstrecke beginnt. Die reinste Form eines Anschlußbahnhofes ergibt sich, wenn die beiden Bahnen verschiedene Spurweiten besitzen. Der Anschluß wird dann durch Umsteigen oder Umladen hergestellt, weil ein Übergang für Züge oder auch von einzelnen Wagen (außer im Güterverkehr mit Rollböcken) nicht möglich ist. Die Gleisanlagen der beiden Bahnen sind selbständig und unabhängig voneinander, bestimmte Bauten (Empfangsgebäude, Güterschuppen) können aber beiden Bahnen dienen.

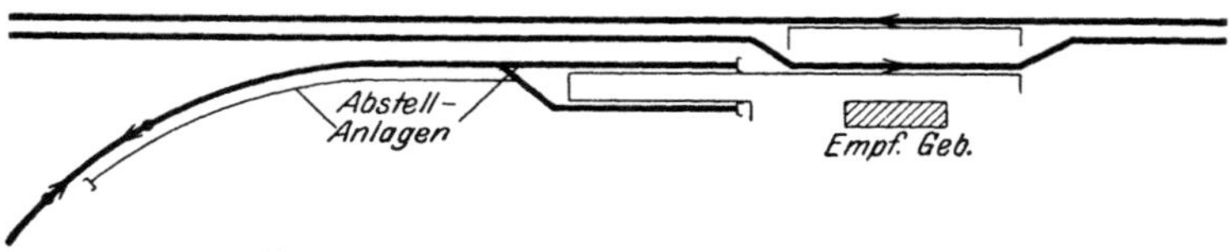

Abb. 114. Anschlußbahnhof mit unzweckmäßiger Kopfform

Haben die beiden Bahnen gleiche Spurweite, so geht der Charakter als Anschlußbahnhof mehr oder weniger verloren. Im Güterverkehr und auch im Personenverkehr werden einzelne Wagen und dann ganze Züge auf die Nebenstrecke übergehen. Der Bahnhof wird dadurch zum Trennungsbahnhof. Der Trennungsbahnhof kann betrieblich als höhere Form bezeichnet werden. Deshalb ist es richtig, wenn auch bei einem Anschlußbahnhof möglichst die für Trennungsbahnhöfe gültigen Grundsätze befolgt werden. Dagegen wird dann am stärksten verstoßen, wenn für die Nebenstrecke die Kopfform angewendet wird, ein Fehler, der sehr oft gemacht worden ist. Ein solcher Bahnhof gemäß Abb. 114 weist zwei grundsätzliche Mängel auf:

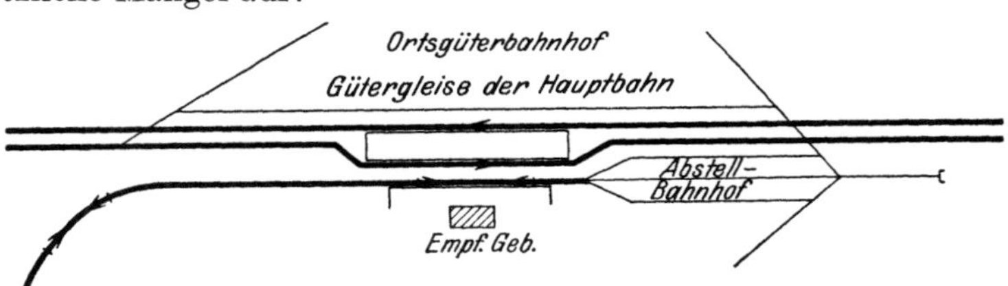

Abb. 115. Richtige Grundform des Anschlußbahnhofes

Die Einrichtung eines durchgehenden Zugverkehrs von der Haupt- zur Nebenstrecke ist erschwert; ein Teil des Bahnhofs hat die betrieblich ungünstige Kopfform erhalten. Dabei ist es gleichgültig, ob der Kopfbahnhof ein oder mehrere Bahnsteiggleise erhält und wie diese angeschlossen sind.

Entspringen in einem Bahnhof mehrere Anschlußlinien, so ergeben sich bei Anwendung der Kopfform folgerichtig auch mehrere Kopfbahnhöfe. Der Fehler der Kopfform macht sich durch die Verdoppelung noch unangenehmer bemerkbar.

Die richtige Grundform zeigt Abb. 115, bei der auch für die Nebenstrecke die Durchgangsform angewendet ist. Das Bahnsteiggleis endet nicht stumpf, sondern setzt sich in die Abstellgleise fort. Diese einfachste Grundform muß weiter entwickelt werden, wenn die örtlichen oder die Verkehrsverhältnisse es bedingen.

Münden zwei Nebenstrecken auf der gleichen Seite der Hauptbahn ein, so wird für sie — außer bei sehr starkem Verkehr — immer ein Bahnsteig mit zwei Bahnsteiggleisen für beide Linien zusammen ausreichen (Abb. 116). Sobald auf den

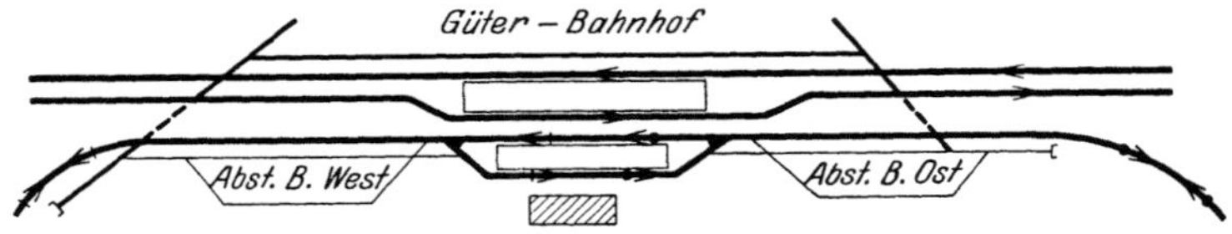

Abb. 116. Berührungsbahnhof

beiden Nebenstrecken einzelne Züge durchlaufen, wird aus dem Anschlußbahnhof ein Berührungsbahnhof. Das Durchführen der Züge wird oft betriebswirtschaftlich vorteilhaft sein, weil dadurch Lokomotiven, Wagen und Mannschaften gespart werden, selbst wenn es nach den Verkehrsbedürfnissen nicht nötig ist.

b) Trennungsbahnhöfe

Die einfachste Form eines Trennungsbahnhofs entsteht aus den Gabelungen auf freier Strecke gemäß Abb. 117—119, bei denen kein Bahnhof im verkehrs- oder betriebstechnischen Sinn, sondern nur eine Blockstelle vorhanden ist. An solchen Stellen entstehen betriebliche Gefahren beim Zusammenlaufen der in das gleiche Gleis einmündenden Streckengleise (Flankenfahrten), bei der spitzbefahrenen Trennungsweiche der Gemeinschaftsstrecke und an der Kreuzung zwischen

Abb. 117. Abzweigung einer zweigleisigen Strecke

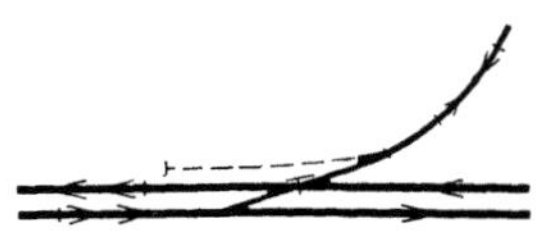

Abb. 118. Abzweigung einer eingleisigen Strecke mit Schutzweiche

den beiden *inneren* Gleisen. Die gleichen Gefahrenpunkte entstehen auch bei der Abzweigung von Gütergleisen aus den Hauptgleisen in einem Bahnhofskopf.

Die Trennungsweiche als Spitzweiche ist bei den heutigen Weichenbauarten nicht mehr als besonders gefährlich zu bezeichnen. Das Umlegen der Weiche unter dem fahrenden Zug muß durch die Sicherungsanlagen ausgeschlossen werden.

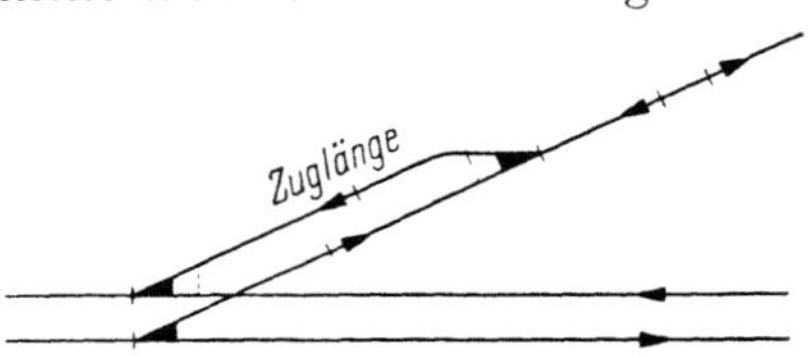

Abb. 119. Abzweigung einer eingleisigen Strecke mit zuglangem Ausweichgleis

Wichtiger ist das Zusammenlaufen der beiden Streckengleise auf das eine Gemeinschaftsgleis, wenn ein Zug das Haltesignal überfährt oder infolge Versagens der Bremsen durchrutscht. Diese Gefahr kann durch Schutzweichen in beiden Gleisen beseitigt werden, die sich aber nur schwer unterbringen lassen. Andererseits bedeutet die Schutzweiche auf der freien Strecke selbst eine Gefahr, weil ein zu schnell fahrender Zug den Prellbock überfahren und entgleisen wird. Notwendigkeit und Zweckmäßigkeit von Schutzweichen und vielleicht von weiteren Sicherungsmaßnahmen — wie Langsamfahren und Anhalten — sind von Fall zu Fall zu prüfen. Bei nur betrieblicher Betrachtung der Frage wurde manchmal übertrieben. Wirtschaftliche Überlegungen zwingen zur Bescheidenheit in der Anordnung von Schutzweichen.

Wenn die abzweigende Strecke eingleisig ist, sollte nach Abb. 119 auf Zuglänge ein zweites Gleis verlegt werden, damit ein Zug nach der Nebenstrecke die Hauptstrecke räumen kann, ohne die Fahrt eines Gegenzuges zu behindern.

Die Kreuzung der beiden inneren Gleise wird meist als der wichtigste Gefahrenpunkt angesehen. Ob diese Ansicht immer richtig ist, bleibe dahingestellt. Bei Abzweigungen auf freier Strecke kann die Kreuzung im allgemeinen verhältnismäßig leicht in eine schienenfreie Kreuzung verwandelt werden. Die schienenfreie Entwicklung nach Abb. 120 scheint auf den ersten Blick die richtige Form zu sein, weil nur ein Gleis über ein anderes hinweggeführt ist. Bei Abb. 122 muß dagegen ein Gleis über zwei andere hinweggeführt werden. Die Linienführung der einen Strecke bleibt aber unverändert schlank. Die zugehörigen Querschnitte Abb. 121 und 123 zeigen, daß der Geländeverbrauch bei der Lösung Abb. 120 wegen der Böschungsflächen wesentlich größer ist. Deshalb wird die Lösung nach Abb. 122 meist vorgezogen.

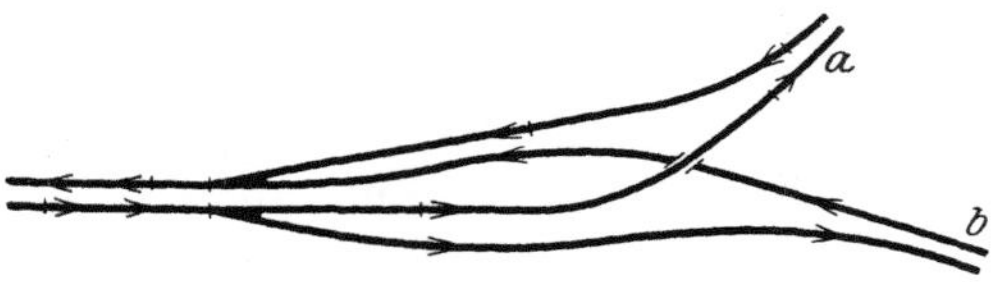

Abb. 120. Schienenfreie Verzweigung mit verschränktem Richtungsbetrieb

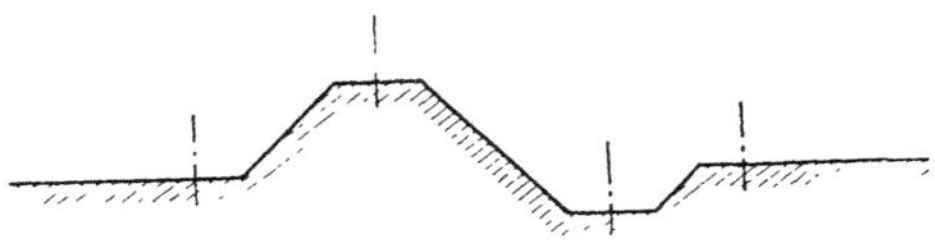

Abb. 121. Querschnitt zu Abbildung 118

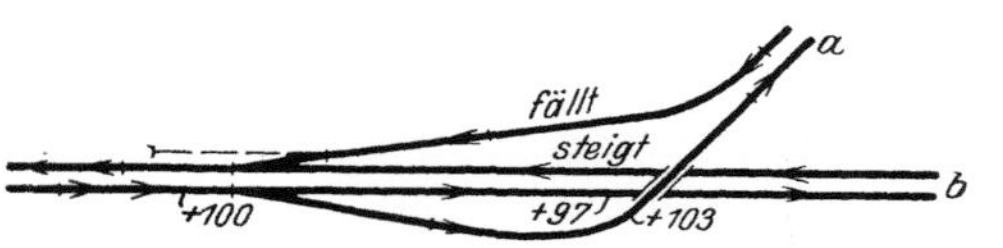

Abb. 122. Schienenfreie Verzweigung im Richtungsbetrieb

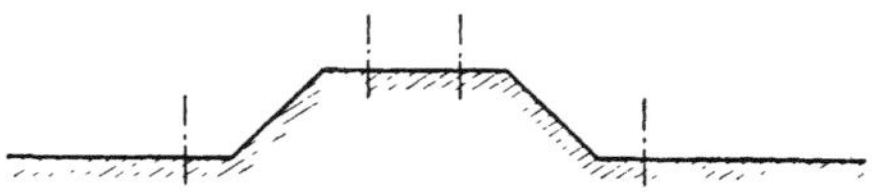

Abb. 123. Querschnitt zu Abb. 120

Wenn an der Abzweigung selbst kein Bahnhof angelegt werden kann oder soll, so wird für die Bedienung des Verkehrs der nächste oder ein folgender Bahnhof als Trennungsbahnhof auszubauen sein. Der Bahnhof wird gemäß Abb. 124 im allgemeinen mindestens vier Bahnsteiggleise erhalten. Wenn der Bahnhof gut ausgestattet ist, so ist die Auflösung in die Abzweigung und den eigentlichen Trennungsbahnhof, die mehrere Kilometer auseinander liegen können, durchaus brauchbar. Die Baukosten werden herabgesetzt, weil weniger Streckengleise nötig sind. Der Gleisplan des Bahnhofs wird einfach, weil er an einer einzigen durch-

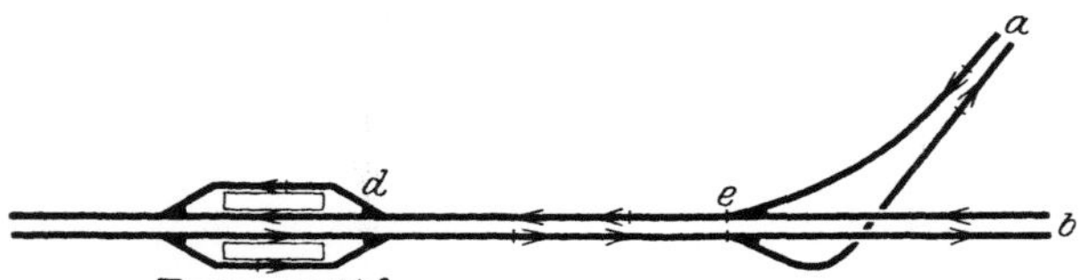

Abb. 124. Trennungsbahnhof in einigem Abstand von der Abzweigung

gehenden Strecke liegt. Nur bei wirklich starkem Verkehr sollte die Gemeinschaftsstrecke drei- und schließlich viergleisig ausgebaut werden. Bei dreigleisigem Ausbau ist die Einfahrt zum Trennungsbahnhof zu verdoppeln, damit die Gefahr der Flankenfahrten an der Vereinigungsweiche beseitigt wird. Auch ist der Zeitpunkt des Eintreffens der von der Strecke kommenden Züge nicht so genau zu bestimmen, wie der Zeitpunkt der Ausfahrt von Zügen, die im Trennungsbahnhof auf den Abfahrbefehl warten, so daß die Einfahrt betrieblich weniger leistungsfähig ist. Auf der Gemeinschaftsstrecke ist auch ein Wechselbetrieb denkbar wie bei der Zufahrt zum Bahnhof Luzern (Abb. 125).

Die einfachste Form des eigentlichen Trennungsbahnhofs zeigt Abb. 126. Diese Form kommt nur unter einfachen Betriebsverhältnissen, z. B. bei schwach belasteten Schnellbahnen in Betracht. Bei wichtigeren Strecken muß wegen der Gefahr der Flankenfahrten die wichtige Forderung erfüllt werden, daß gleichzeitig Einfahrten von jedem Streckengleis möglich sein müssen. Der Bahnhof muß also nach Abb. 127 mindestens drei Bahnsteige erhalten. Bei stärkerem Verkehr entsteht daraus die viergleisige Anlage nach Abb. 128, bei der die Gleise

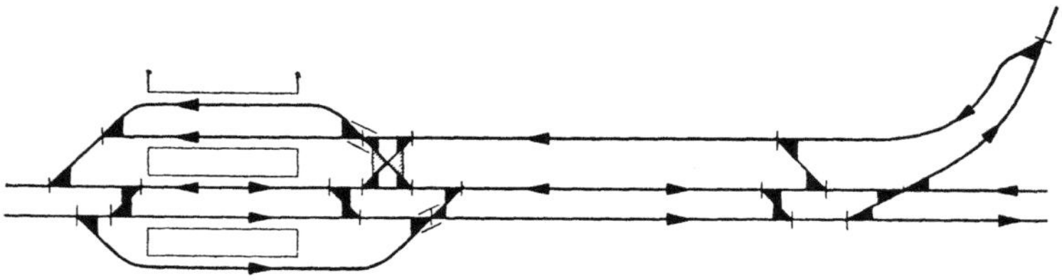

Abb. 125. Gemeinsame Strecke zwischen Trennungsbahnhof und Abzweigung mit Wechselbetrieb

im verschränkten Richtungsbetrieb angeordnet sind. Werden die in Abb. 128 gestrichelten Weichenkreuze eingeführt, so können Züge beider Strecken überholen. Wird die Anordnung der Abb. 128 mit Richtungsbetrieb durch eine Anordnung. nach Abb. 129 mit Linienbetrieb ersetzt, so entsteht eine ungünstigere Anlage. Sie kommt aber dann in Betracht, wenn auf der Nebenstrecke viele Züge endigen und der Bahnhof mehr den Charakter eines Anschlußbahnhofes hat.

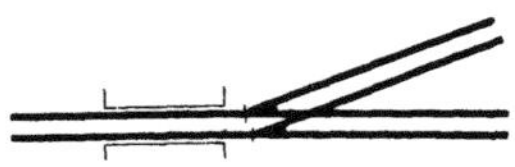

Abb. 126. Einfacher Trennungsbahnhof

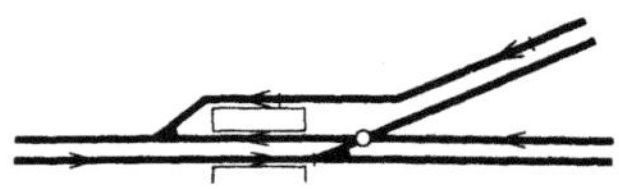

Abb. 127. Dreigleisiger Trennungsbahnhof

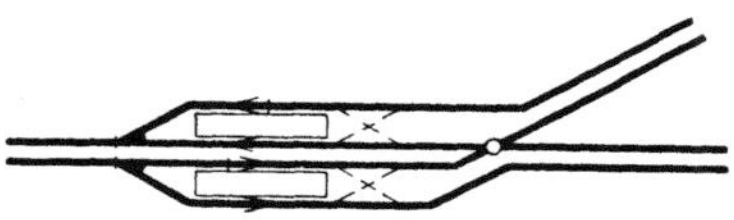

Abb. 128. Viergleisiger Trennungsbahnhof mit verschränktem Richtungsbetrieb

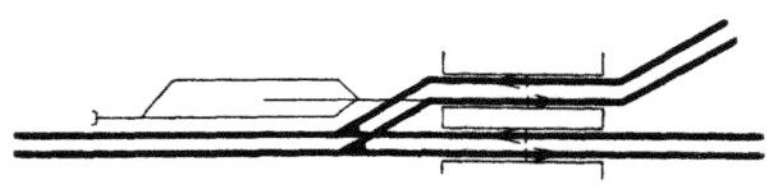

Abb. 129. Trennungsbahnhof mit Linienbetrieb

Ein Trennungsbahnhof mit drei Gleisen (Abb. 130) kann nur dann ausreichen, wenn der Verkehr auf der abzweigenden Strecke ganz schwach ist. Verspätungen auf der abzweigenden Strecke werden sofort auf die Züge der Gegenrichtung übertragen. Bei der Gestaltung eines guten Gleisplanes sind auch eingleisige Strecken

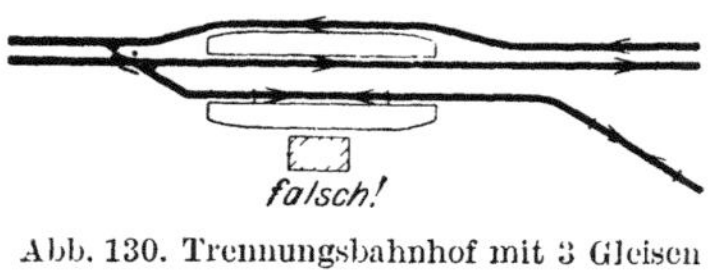

Abb. 130. Trennungsbahnhof mit 3 Gleisen

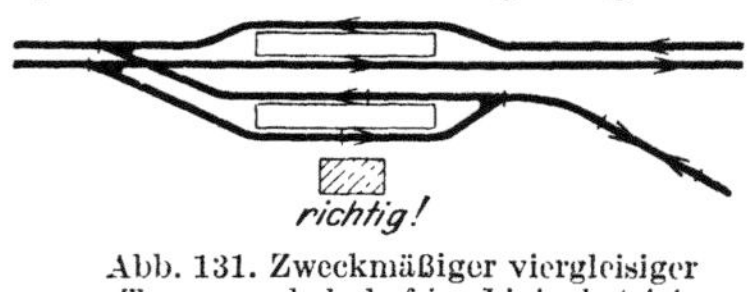

Abb. 131. Zweckmäßiger viergleisiger Trennungsbahnhof im Linienbetrieb

innerhalb der Bahnhöfe als zweigleisig anzusehen. So ergibt sich die bessere Form der Abb. 131. Bei diesem Bahnhof müssen alle Reisenden mit Bahnsteigwechsel umsteigen. Dieser Nachteil kann durch den verschränkten Richtungsbetrieb nach Abb. 132 beseitigt werden. Abb. 132 hat den weiteren Vorteil, daß die Einfahrt

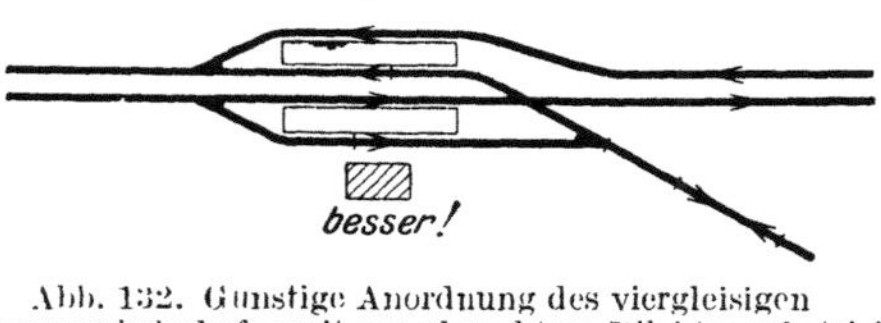

Abb. 132. Günstige Anordnung des viergleisigen Trennungsbahnhofes mit verschränktem Richtungsbetrieb

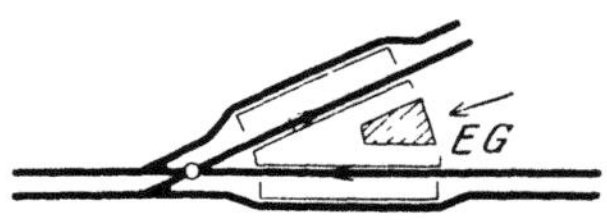

Abb. 133. Keilbahnhof

von der Nebenstrecke nur die Ausfahrt der Hauptstrecke kreuzt, während sie bei der Abb. 131 die gefährlichere Einfahrt kreuzt.

Der Trennungsbahnhof mit Linienbetrieb nach Abb. 129 ist früher oft nach Abb. 133 als sogenannter Keilbahnhof ausgeführt worden (z. B. Stuttgart-Zuffenhausen). Solche Bahnhöfe haben schlechte Zugänge, sind schwierig zu bedienen und benötigen zwei getrennte Güterbahnhöfe an beiden Strecken. Eine Erweiterung der Gleisanlagen, der Empfangsgebäude und der Bahnhofvorplätze ist sehr schwierig. Die Rangierarbeiten drängen sich an dem einen Bahnhofkopf zusammen. Deshalb ist vor dieser Form zu warnen.

c) Kreuzungsbahnhöfe

An der Kreuzung zweier Strecken braucht nicht unbedingt ein Bahnhof zu entstehen. Im allgemeinen liegt die Kreuzungsstelle aber doch an einem Punkt, der verkehrsgeographische Vorzüge aufweist, an einer Siedlung oder an einem Straßenknotenpunkt, so daß ein Bahnhof für den Verkehr erforderlich wird. An Kreuzungen zwischen Eisenbahn und Straßenbahn liegen gewöhnlich zwar Haltestellen der Straßenbahn, aber keine Bahnhöfe der Eisenbahn. Die Kreuzungen können in Schienenhöhe oder mit einer Brücke erfolgen. Bei Straßenbahnen ist die Kreuzung in Schienenhöhe die übliche Anordnung. Kreuzungen von Schnell- und Vorortbahnen werden nach Abb. 134 grundsätzlich schienenfrei ausgebildet, weil Verkehrsdichte und Sicherheit das gebieten. (Beispiele: Berlin-Schöneberg, Berlin-Nikolassee).

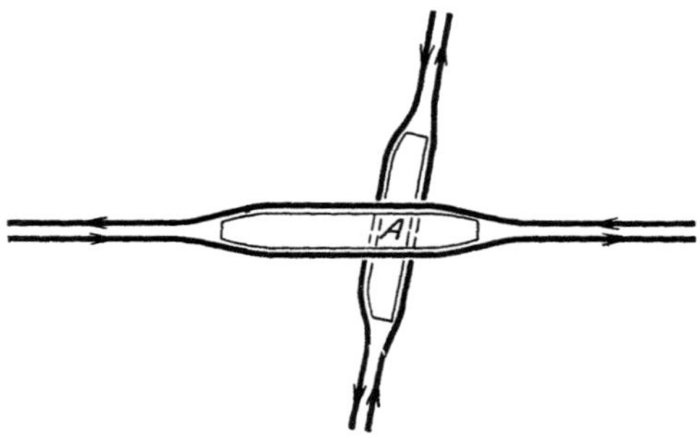

Abb. 134. Kreuzungsbahnhof in 2 Ebenen

Bei den Eisenbahnen mit ihren wesentlich verwickelteren Verkehrs- und Betriebsverhältnissen ist eine Weiterentwicklung der Grundform nötig. Bei Abb. 135 sind z. B. zwei getrennte Bahnhöfe in verschiedener Höhe entstanden. Solche Anlagen sind sehr teuer und betrieblich ungünstig, weil der Übergang von Güter-

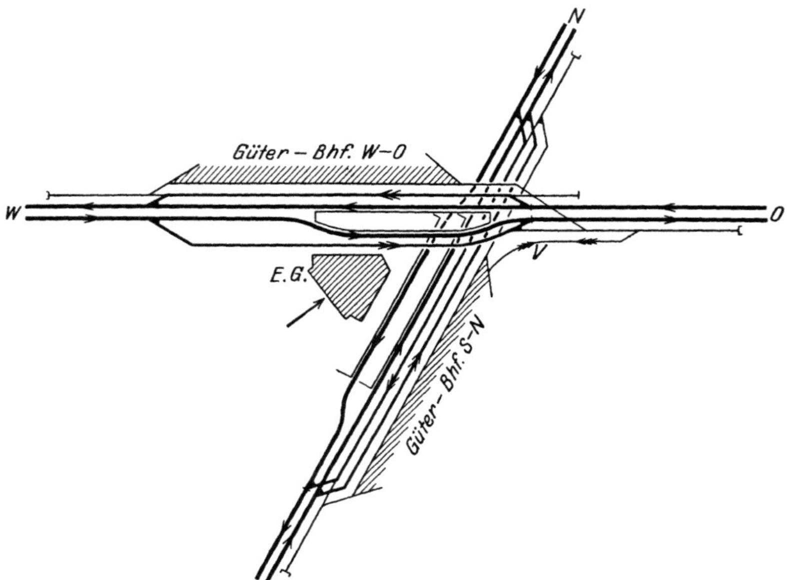

Abb. 135. Kreuzungsbahnhof mit 2 getrennten Güterbahnhöfen und Verbindungskurve

wagen von der einen Strecke auf die andere nur mit Hilfe besonderer Verbindungen möglich ist. Bei stärkerem Übergangsverkehr von Güterwagen sind solche *Turmbahnhöfe* verfehlt, wie das Beispiel Osnabrück zeigt. Bei reinem Umsteigeverkehr von Personen ohne Wagenübergang können sie zweckmäßig sein, wie z. B. Köln-Deutz. Turmbahnhöfe können dadurch vermieden werden, daß die beiden Strecken innerhalb des Bahnhofs parallel gelegt werden. Das ist für Eisenbahnen fast immer, für Stadt- und Schnellbahnen oft die richtige Lösung (Abb. 136).

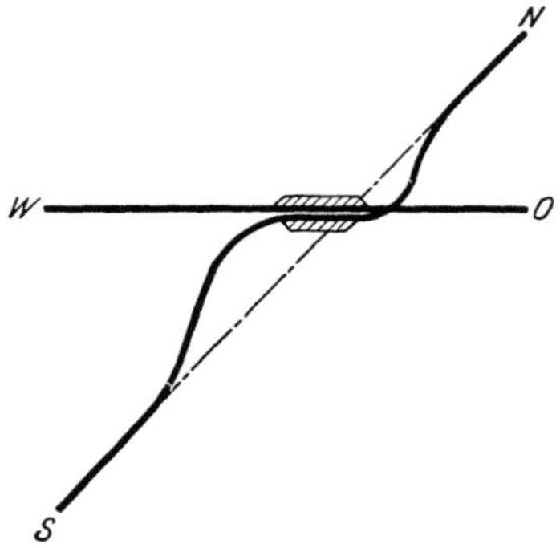

Abb. 136. Parallellage der kreuzenden Strecken

Werden die beiden Strecken nebeneinander gelegt, so entsteht als nächste Form des Kreuzungsbahnhofs der Gleisplan nach Abb. 137 mit Linienbetrieb. Hierbei entstehen vier Kreuzungen, von denen die mit 1 und 2 bezeichneten in der gleichen Richtung, die mit 3 und 4 bezeichneten in entgegengesetzter Richtung befahren werden. Diese vier Kreuzungen lassen sich bei keinem Kreuzungsbahnhof vermeiden, solang keine Brücke gebaut wird. Sie sind als Hindernisse und *Gefahrenpunkte* verschieden zu beurteilen. Namentlich kommt es darauf an, ob die Kreuzungen in Einfahrten oder Ausfahrten liegen. Bei dem im Linienbetrieb angelegten Kreuzungsbahnhof gemäß Abb. 137 liegen in den Einfahrten von N und O je zwei Kreuzen, des ungleichen in den Ausfahrten nach N und O, während die Ein- und Ausfahrten von und nach W und S vollständig frei sind. Der westliche Bahnhofsflügel ist also viel einfacher und leistungsfähiger als der östliche. Dieser Mangel kann bei Richtungsbetrieb vermieden werden.

Abb. 138 zeigt den gleichen Bahnhof mit Richtungsbetrieb. Die beiden Gleise mit gleicher Fahrrichtung liegen nebeneinander zu beiden Seiten eines Bahnsteigs.

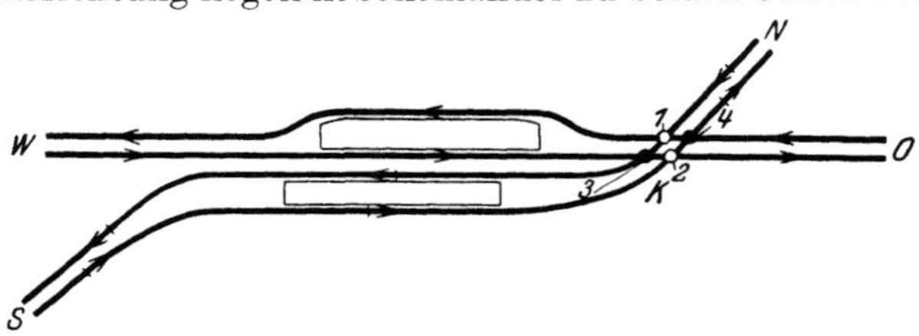

Abb. 137. Kreuzungsbahnhof mit Linienbetrieb, alle Kreuzungen höhengleich in dem einen Bahnhofskopf

Die Kreuzungen sind auf die beiden Bahnhofsköpfe gleichmäßig verteilt, so daß diese gleichmäßiger belastet werden. Von allen vier Streckengleisen kann gleichzeitig eingefahren werden. Daß die abfahrbereiten Züge von W und O warten müssen, ist belanglos, denn diese Züge müssen die Einfahrt wegen des Anschlußverkehrs gewöhnlich abwarten. Das Umsteigen der Reisenden und das Umladen des Gepäcks vollzieht sich schnell, billig und bequem, da es, außer bei Wechsel der Fahrrichtung, ohne Wechsel des Bahnsteigs erfolgt. Gleiches gilt für das Umsetzen von Kurswagen, sowie für das Vereinigen und Trennen von Zügen, weil die entsprechenden Bahnsteiggleise nahe beieinander liegen und nicht durch andere Hauptgleise voneinander getrennt sind. Bei Einlegen der — für Rangierbewegungen sowieso fast immer notwendig werdenden — Weichenverbindungen (gestrichelt eingezeichnet) kann der Bahnhof bequem für jede Linie zum Überholen (oder Überlappen, Abb. 139) ausgenutzt werden.

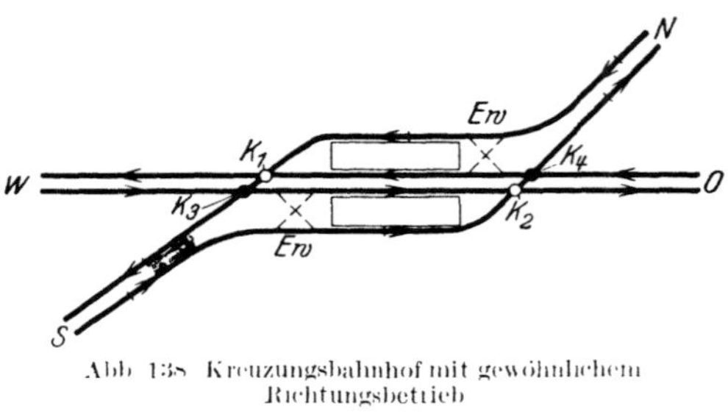

Abb. 138. Kreuzungsbahnhof mit gewöhnlichem Richtungsbetrieb

Wird der Bahnhof gemäß Abb. 140 oder 141 mit verschränktem Richtungsbetrieb entwickelt, so bleiben die erwähnten Vorteile eines Richtungsbetriebes bestehen. Von den Kreuzungen können je nach den örtlichen Verhältnissen drei auf der einen oder drei auf der anderen Seite zusammengefaßt werden. Ebenso können zwei Innenbahnsteige oder ein Innen- und zwei Außenbahnsteige angeordnet werden.

Wenn die schienengleichen Kreuzungen durch Gleisüberwerfungen beseitigt werden sollen, so ergibt sich bei Linienbetrieb ein einziges Bauwerk auf der einen oder der anderen Bahnhofsseite, bei dem symmetrischen Richtungsbetrieb auf beiden Seiten je ein Bauwerk gleicher Größe, bei dem unsymmetrischen verschränkten Richtungsbetrieb auf der einen Seite ein großes, auf der anderen Seite ein kleines Bauwerk. Die Wahl der Bahnhofsform ist oft vom Gelände und der Bebauung abhängig, so daß die Wahl des Gleissystems durch bautechnische Bedingungen mitbestimmt wird.

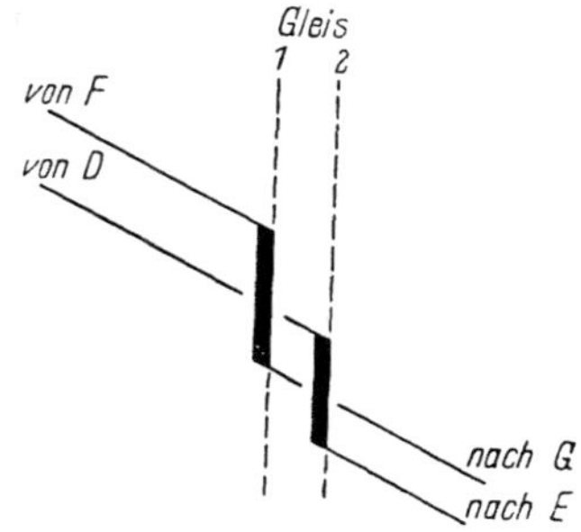

Abb. 139. Überlappen zweier Züge von F nach G und von D nach E mit Umsteigemöglichkeit zwischen beiden.

Für die Beurteilung der Kreuzungen kommt es nicht nur auf die Zahl der Züge an, sondern auch auf die Art der feindlichen Bewegungen, z. B. Kreuzungen zweier Einfahrten E/E, einer Einfahrt mit einer Ausfahrt E/A und zweier Ausfahrten A/A. Bei Linienbetrieb nach Abb. 137 ergibt sich in dem westlichen oder östlichen Bahnhofskopf in jedem Fall ein E/E, zwei E/A und ein A/A. Bei gewöhnlichem Richtungsbetrieb können sich zwei E/A und zwei A/A ergeben (Abb. 138) oder bei Vertauschung der innen und außen liegenden Strecken zwei E/E und zwei E/A. Letztere Anordnung ist wesentlich ungünstiger zu beurteilen, weil die Einfahrten betrieblich schwieriger sind als die Ausfahrten. Nach Abb. 140 und 141 ergeben sich

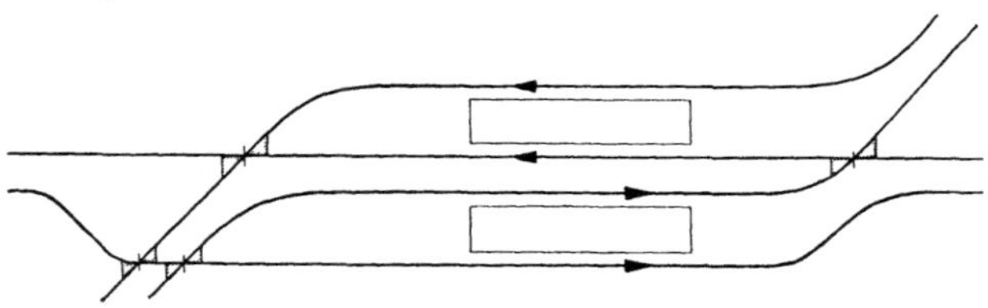

Abb. 140. Kreuzungsbahnhof mit verschränktem Richtungsbetrieb, 3 Kreuzungen im Westen, 2 Bahnsteige

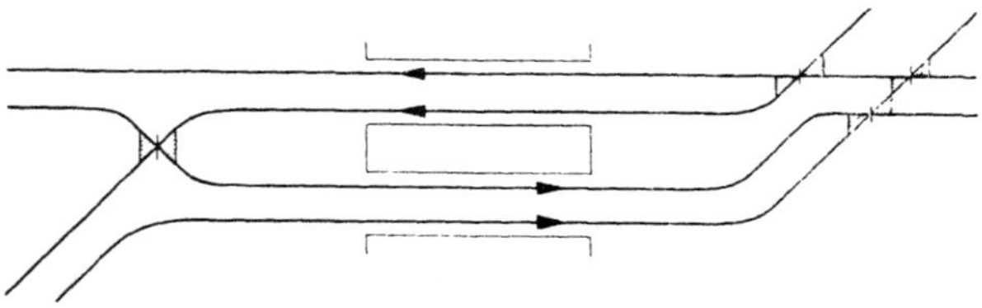

Abb. 141. Kreuzungsbahnhof mit verschränktem Richtungsbetrieb, 3 Kreuzungen im Osten, 3 Bahnsteige

in jedem Fall eine Kreuzung A/A, zwei E/A und eine E/E. Abb. 142—147 stellen sämtliche denkbaren Anordnungen für einen Bahnhof mit zwei zweigleisigen Strecken in reinem Rechtsbetrieb dar.

Wenn der Bahnhof auch für Eckverkehr eingerichtet werden soll, so ergeben sich ein ganze Reihe von Varianten. Hier soll von einem Richtungsbetrieb mit kreuzungsfreier Überwerfung der Streckengleise ausgegangen werden. Der Eckverkehr von A nach C und von C nach A kann gemäß Abb. 148 über Weichenstraßen geführt werden, über die jeder Eckverkehrszug schon bei der Einfahrt in das richtige Ausfahrgleis geleitet wird. Betrieblich sind die Abspaltungen und Kreuzungen in der Einfahrt nicht erwünscht, verkehrlich ist die Anordnung gut, weil die Reisenden alle Züge mit dem gleichen Ziel immer an der gleichen Bahnsteigkante

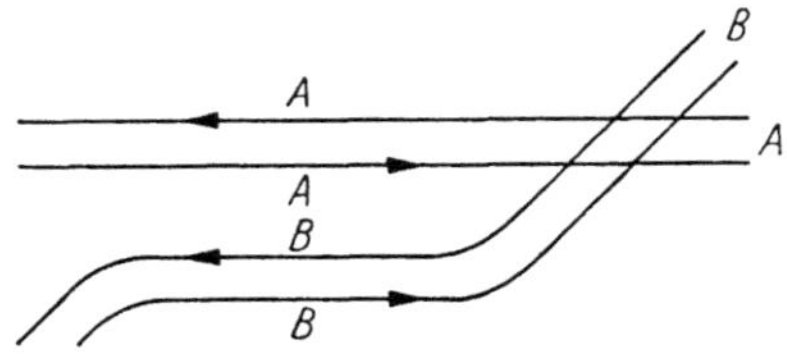

Abb. 142. Linienbetrieb mit der Gleisanordnung A, A, B, B

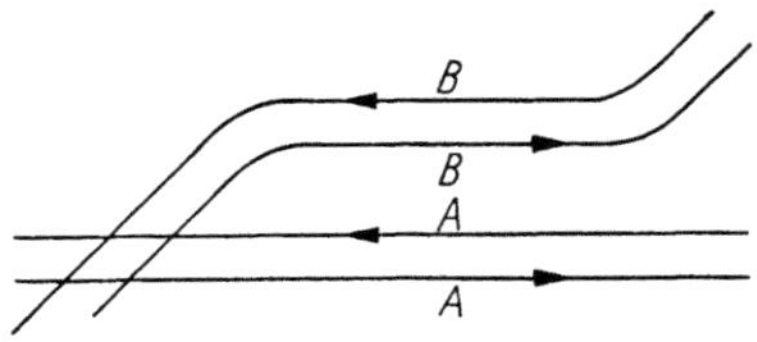

Abb. 143. Linienbetrieb B, B, A, A

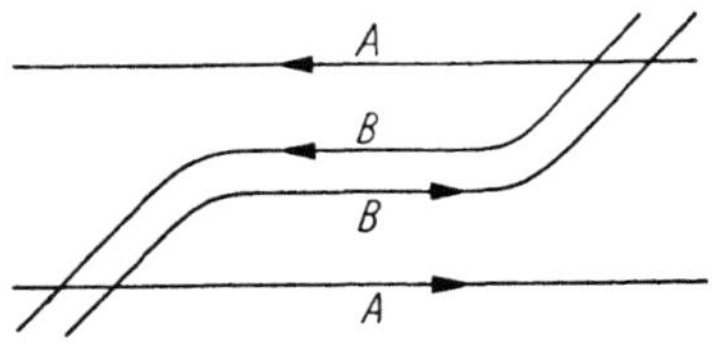

Abb. 144. Gewöhnlicher Richtungsbetrieb B, A, A, B

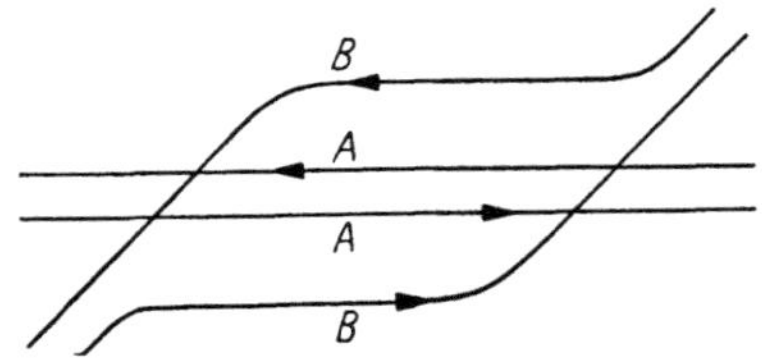

Abb. 145. Gewöhnlicher Richtungsbetrieb A, B, B, A

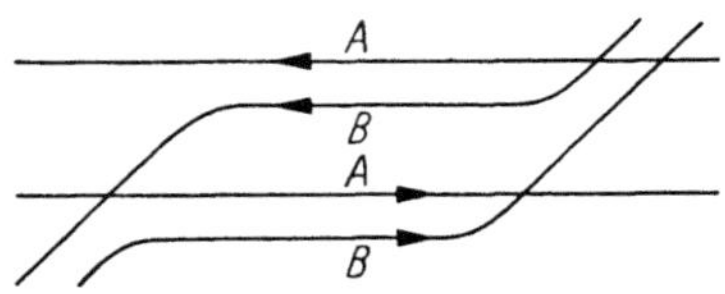

Abb. 146. Verschränkter Richtungsbetrieb A, B, A, B

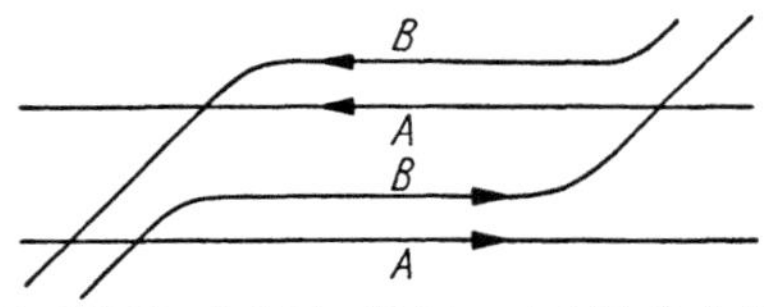

Abb. 147. Verschränkter Richtungsbetrieb B, A, B, A

finden. Die umgekehrte Anordnung zeigt Abb. 149. Jeder Zug fährt auf seinem Stammgleis ein. Die Eckverkehrszüge fahren von dem falschen Bahnsteig ab, die Kreuzung des anderen Streckengleises erfolgt aber in der Ausfahrt. Verkehrlich

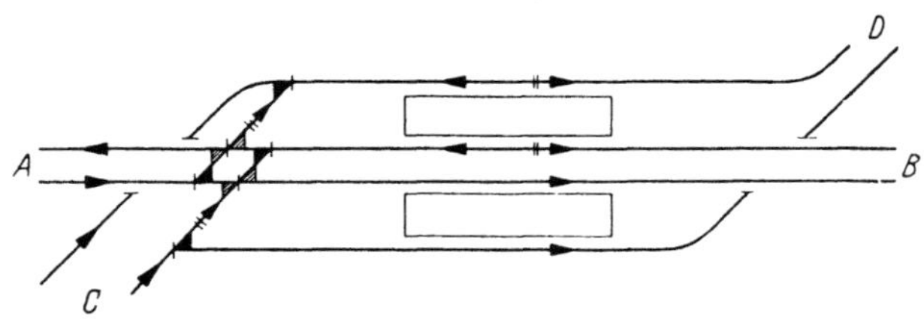

Abb. 148. Kreuzungsbahnhof mit Eckverkehr AC mit Übergang in der Einfahrt

ist diese Anordnung schlechter, betrieblich ist sie besser. Bei großen Bahnhöfen mit verwickelten Betriebsverhältnissen und starker Belastung ist den betrieblichen Rücksichten der Vorrang zu geben. In solchen Fällen verdient die Anord-

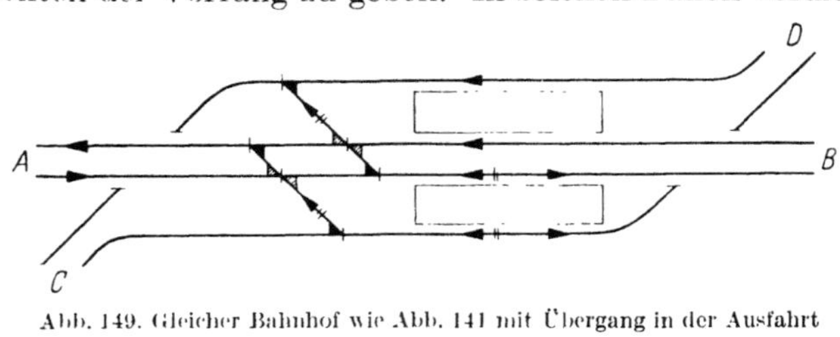

Abb. 149. Gleicher Bahnhof wie Abb. 141 mit Übergang in der Ausfahrt

nung nach Abb. 149 den Vorzug. Bei einfacheren Betriebsverhältnissen und bei Massenverkehr müssen die Verkehrswünsche in den Vordergrund treten. Dann ist Abb. 148 besser.

Die Eckverkehrszüge A—C können auch am anderen Bahnhofskopf auf die andere Strecke übergehen. Dabei sind wieder zwei verschiedene Anordnungen der Weichenstraßen denkbar. Bei der Anordnung nach Abb. 150 ziehen die Züge auf dem Ausfahrgleis vor und kreuzen beim Zurücksetzen die Einfahrt der anderen Strecke. Bei der Anordnung nach Abb. 151 müßten sie dagegen auf den Einfahrgleisen vorziehen, um an den Abfahrtsbahnsteig zu gelangen, was wegen den Betriebsgefahren nicht zulässig ist. Die Anordnungen nach Abb. 150 und 151 haben

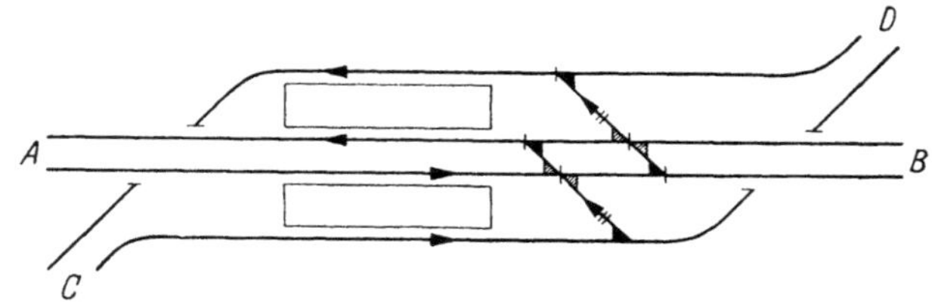

Abb. 150. Umsetzen der Eckverkehrszüge über die Ausfahrgleise

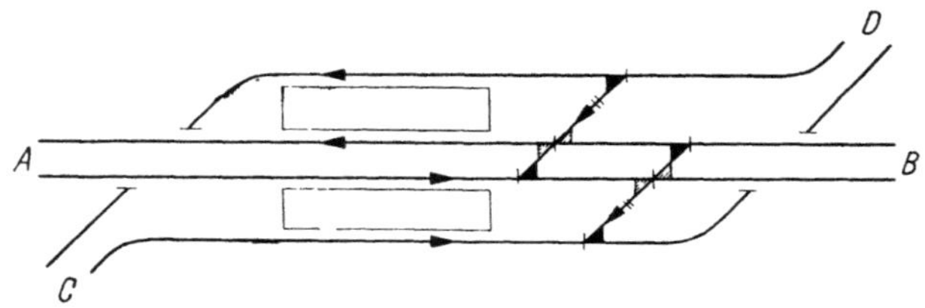

Abb. 151. Umsetzen der Eckverkehrszüge über die Einfahrgleise. Falsch!

den weiteren Nachteil, daß Ankunft und Abfahrt der Eckverkehrszüge auf verschieden Bahnsteigen erfolgen, wodurch der Aufenthalt erheblich verlängert wird. Auch muß das Verladen von Post und Gepäck während des Umsetzens unterbrochen werden.

Die in den Abb. 148—151 auftretenden Kreuzungen der Streckengleise der Gegenrichtung lassen sich dadurch leicht beseitigen, daß die eine Strecke im Bahnhof in Linksbetrieb gebracht wird. Der Übergang vom Rechtsbetrieb zum Linksbetrieb erfolgt mit Hilfe der Bauwerke an beiden Bahnhofsenden, die ohnehin nötig sind. Abb. 152 und 153 zeigen solche Bahnhöfe, bei denen die

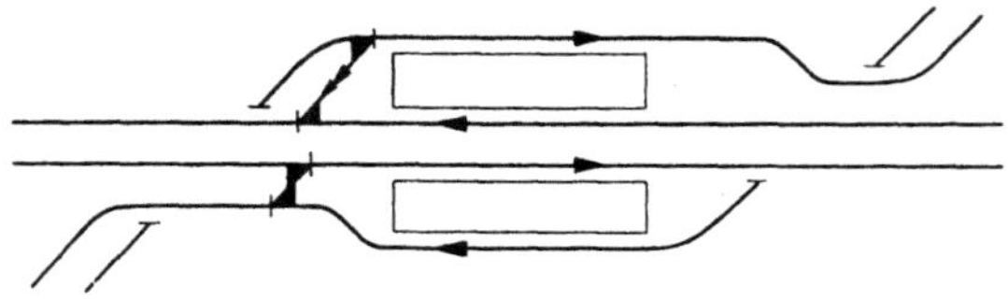

Abb. 152. Kreuzungsfreie Verbindung für den Eckverkehr mit Übergang bei der Ausfahrt

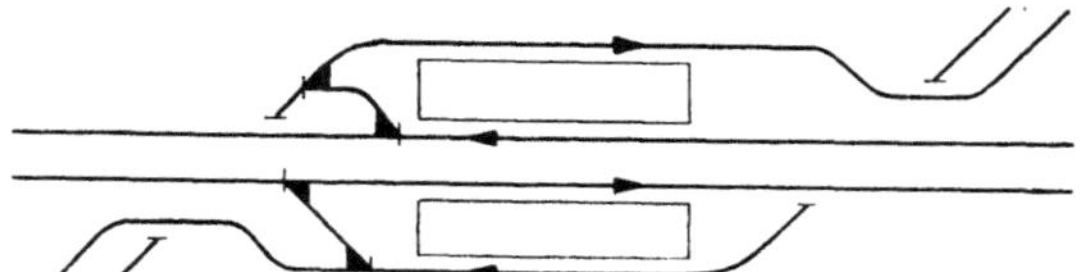

Abb. 153. Kreuzungsfreie Verbindung für den Eckverkehr mit Übergang bei der Einfahrt

Eckverkehrszüge das eine Mal erst bei der Ausfahrt auf die neue Strecke übergehen (Abb. 152) — betrieblich besser —, das andere Mal schon bei der Einfahrt (Abb. 153) — verkehrlich besser. Bei Verwendung von Innenbahnsteigen fällt der verkehrliche Unterschied kaum ins Gewicht, wohl aber bei Außenbahnsteigen.

Ähnliche Lösungen lassen sich auch erzielen, wenn der Rechtsbetrieb beibehalten, die eine Linie aber gespalten wird. (Abb. 154). Die beiden Verbindungsgleise der Eckverkehrszüge liegen nun zwischen dem Bahnhof und dem Bauwerk gleichfalls in Linksbetrieb. Die Spaltung einer Linie ist auch bei Linienbetrieb

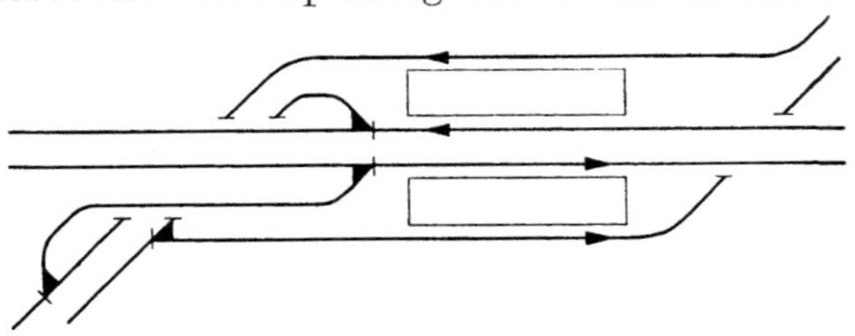

Abb. 154. Kreuzungsbahnhof im Richtungsbetrieb mit verdoppelter Ein- und Ausfahrt der einen Strecke für den Eckverkehr

denkbar. Dann ergibt sich z. B. die verkehrlich und betrieblich günstige Form der Abb. 155 mit der Aufspaltung der Einfahrt oder die ungünstige Lösung der Abb. 156 mit der Abfahrt von verschiedenen Bahnsteigen und der Aufspaltung der Ausfahrten. Dabei besteht die Gefahr von Flankenfahrten an der Vereinigungsweiche. Spaltungen der Einfahrten, die auch als verdoppelte Einfahrten

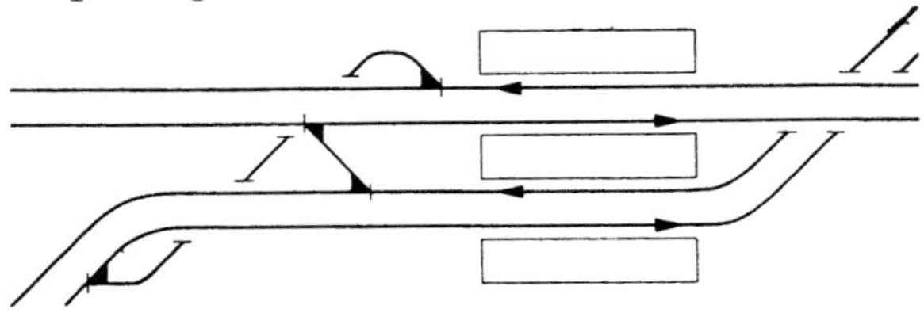

Abb. 155. Kreuzungsbahnhof im Linienbetrieb mit verdoppelter Einfahrt für den Eckverkehr

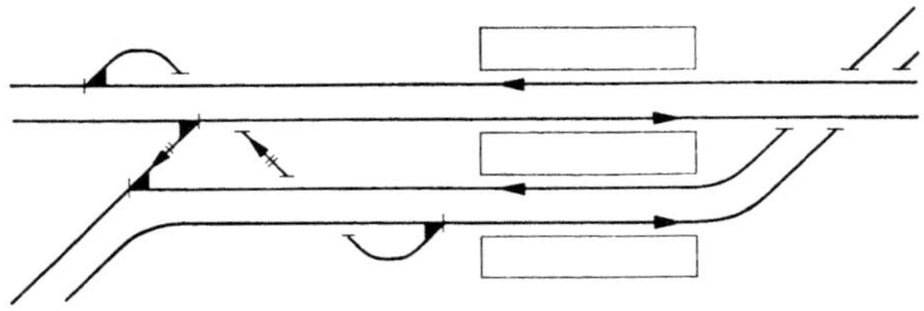

Abb. 156. Kreuzungsbahnhof im Linienbetrieb mit verdoppelter Ausfahrt für den Eckverkehr

bezeichnet werden, verdienen betrieblich den Vorrang vor einer Verdoppelung von Ausfahrten. Ähnliche Gleissysteme lassen sich auch aus den anderen Grundformen der Abb. 142—146 ableiten.

C. Gleissysteme größerer Bahnhöfe

Die eben angestellten Überlegungen zeigen, daß es schon für Bahnhöfe mit wenigen Gleisen eine große Zahl von verschiedenen Anordnungen gibt. Wird ein einziges Streckengleis mit einem anderen Gleis vertauscht, so entsteht ein Gleissystem mit einer anderen betrieblichen Leistung, ein Bahnhof mit einer anderen verkehrlichen Eignung und einer anderen bautechnischen Gestalt. Für den Bahnhof mit vier Streckengleisen gibt es die Grundformen der Abb. 142—146, also zwei Lösungen mit Linienbetrieb, zwei Lösungen mit Richtungsbetrieb und zwei Lösungen mit verschränktem Richtungsbetrieb. Wird die eine der beiden Strecken — vielleicht zur Verbesserung der Übergänge eines Eckverkehrs — in Linksbetrieb gebracht, so ergeben sich weitere 6 Gleissysteme. Erhält die andere Strecke Linksbetrieb, so ergeben sich wieder 6 Gleissysteme. Schließlich ist auch der Fall denkbar, daß beide Strecken aus besonderen Gründen in Linksbetrieb gebracht werden. So ergeben sich insgesamt 24 Gleissysteme.

Zunächst sollen nur Bahnhöfe mit reinem Rechtsbetrieb betrachtet werden, für die es bei zwei Strecken 6 Lösungen gibt. Tritt eine weitere zweigleisige Strecke oder auch eine zweigleisige Verbindung zum Abstellbahnhof hinzu, so können die beiden Gleise der dritten Strecke in der in Abb. 157 dargestellten Weise eingeschoben werden und es ergeben sich $6 \times (5 + 4 + 3 + 2 + 1) = 90$ mögliche Gleissysteme.

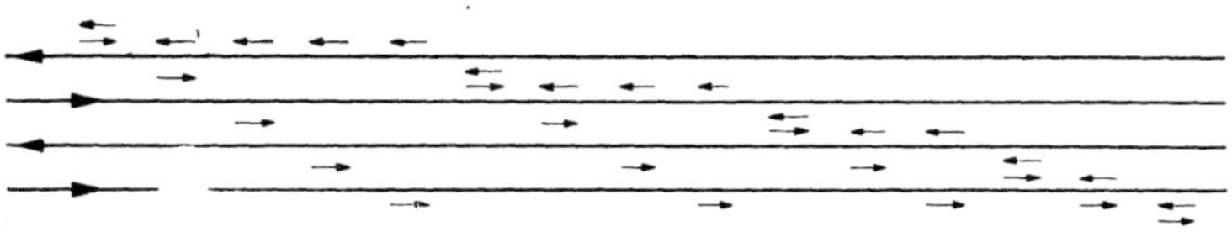

Abb. 157. Möglichkeiten für das Einfügen einer dritten zweigleisigen Strecke in ein System zweier zweigleisiger Strecken

Bei vier Strecken sind es entsprechend bereits

$$90 \times (7 + 6 + \ldots 1) = 2520 \text{ Systeme,}$$

bei fünf Strecken sind es

$$2520 \times (9 + 8 + \ldots 1) = 113400 \text{ Gleissysteme.}$$

Wird bei jeder Strecke auch der Linksbetrieb zugelassen, so ergibt sich eine wesentlich größere Zahl von Möglichkeiten, es sind nämlich denkbar

bei 2 zweigleisigen Strecken $2 \times 2 \times (3 + 2 + 1) = 24$ Syteme oder $(2 \times 2)!$
bei 3 zweigleisigen Strecken $2 \times 24 \times (5 + 4 + 3 + 2 + 1) = 720$ oder $(2 \times 3)!$
bei 4 zweigleisigen Strecken $2 \times 270 \times (7 + 6 + 5 + 4 + 3 + 2 + 1) = 40320$ oder $(2 \times 4)!$
bei 5 zweigleisigen Strecken $2 \times 40320 \times (9 + 8 + 7 + 6 + 5 + 4 + 3 + 2 + 1) = 3628800$ oder $(2 \times 5)!$

Die Zahl der theoretisch möglichen Systeme für Knotenbahnhöfe mit mehreren Strecken ist unübersehbar.

Wenn die Auswahl von vorn herein auf Systeme mit reinem Linien- oder reinem Richtungsbetrieb mit ausschließlichem Rechtsverkehr beschränkt wird, so gibt es je für Linien- oder für Richtungsbetrieb immer noch bei

2 Strecken A und B	=	2 Möglichkeiten: AB, BA,
3 Strecken $2 \times 3 = 3!$	=	6 Möglichkeiten: ABC, ACB, CAB, BAC, BCA, CBA.
4 Strecken $2 \times 3 \times 4 = 4!$	=	24 Möglichkeiten,
5 Strecken $2 \times 3 \times 4 \times 5 = 5!$	=	120 Möglichkeiten usw.

Die gleiche Zahl von Möglichkeiten ergibt sich auch, wenn an Stelle der Strecken im Linien- und Richtungsbetrieb einzelne Gleise betrachtet werden. Für einen Bahnhof mit 2, 3, 4 oder 5 Gleisen gibt es 2!, 3!, 4! oder 5! mögliche Gleissysteme.

Für den Hauptbahnhof Nürnberg mit 7 zweigleisigen Strecken oder 14 Hauptgleisen sind 14! = 87 Milliarden Gleissysteme denkbar, davon 7! = 5040 Möglichkeiten mit reinem Richtungs- und Rechtsbetrieb. Das Beurteilen einer solchen ungeheuren Zahl von Gleissystemen kann nicht dem Gefühl überlassen bleiben. Es sind Verfahren nötig, die mit Hilfe einfachster Rechenvorgänge gestatten, aus der unübersehbaren Menge rasch die betrieblich besten Lösungen herauszuschälen.

Sicher ist es nicht richtig, wenn der betrieblich günstigsten Form des Richtungsbetriebs von vorn herein der Vorzug gegeben wird. Oben wurde schon darauf hingewiesen, daß heute die Gesichtspunkte der Wirtschaftlichkeit und des Verkehrs in den Vordergrund getreten sind. Aber selbst wenn eine solche Einschränkung richtig wäre, gibt es eben für große Bahnhöfe nicht nur eine einzige Lösung mit Richtungsbetrieb, sondern eine Vielzahl. Die Untersuchungen für Umbauten der Bahnhöfe Köln, Hannover, Heilbronn, Nürnberg und Zürich[1] haben gezeigt, daß betrieblich hochwertige Anordnungen auch mit Linienbetrieb möglich sind.

[1] Siehe Verkehrsingenieurwesen, S. 102—116.

Der Linienbetrieb und gemischte Anordnungen — teils Richtungs-, teils Linienbetrieb — wurden manchmal ohne genauere Prüfung zu schlecht beurteilt. Sie verdienen aber schon deshalb die volle Aufmerksamkeit, weil der vollständige Umbau eines bestehenden Bahnhofs von Linienbetrieb auf Richtungsbetrieb oder umgekehrt kaum möglich ist. Bei den meisten Umbauten können schon wegen der hohen Kosten nur einzelne Verbesserungen vorgenommen werden. Die Untersuchungsmethoden sollen vor allem dazu dienen, rasch die schwachen Stellen der bestehenden Gleispläne herauszufinden und eine große Zahl von Varianten zu vergleichen.

a) Summenverfahren

Bei der überschlägigen Ermittlung der Leistungsfähigkeit eines Gleissystems kann von der Zeitdauer oder der Zahl der einzelnen Bewegungen ausgegangen werden, mit denen die Kreuzungen der Fahrstraßen belegt sind. Der einfachste Rechenvorgang ist die Addition. Deshalb wird oft versucht, die Leistungsfähigkeit von Kreuzungen durch die Summe der Besetzungszeiten auszudrücken. Wenn jeder Zug seine Fahrstraße für die gleiche Zeit t besetzt, so ist die Kreuzung nach Abb. 158 100 t besetzt. Das trifft auch dann noch zu, wenn in der einen Richtung nur 1 Zug verkehrt und in der anderen 99. Das Summenverfahren ergibt offensichtlich kein zutreffendes Bild, denn die beiden Belegungen der Kreuzung sind betrieblich durchaus nicht gleichwertig. Wenn in der einen Richtung nur noch wenige Züge verkehren, so wird sich die Leistung der Kreuzung immer mehr derjenigen der freien Strecke nähern.

Beim Vergleich der Fahrstraßen nach Abb. 158 und 159 wird das Verfahren widersinnig. In Abb. 159 ist jede Kreuzung 75 t besetzt, so daß der ganze Gleis-

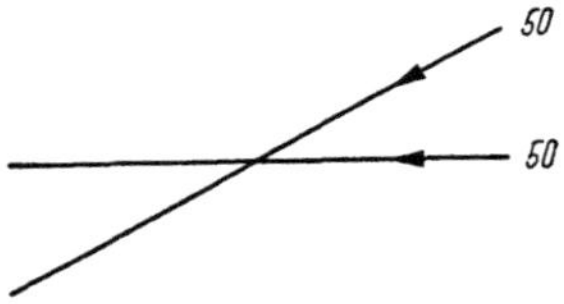

Abb. 158. Belegung einer Kreuzung

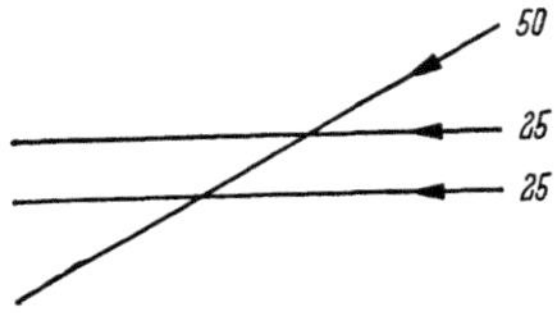

Abb. 159. Belegung von Fahrstraßen

kopf 150 t belegt ist. Tatsächlich ist aber die Gleisentwicklung mit der größeren Zahl von Kreuzungen und der höheren Summe bestimmt leistungsfähiger, weil Bewegungen auf den parallelen Gleisen gleichzeitig erfolgen können. Im günstigsten Fall können um 33% mehr Züge durchgebracht werden. Die praktische Leistungssteigerung hängt von der Gestaltung des Fahrplanes ab. Sie kann aber wegen der großen Zahl von Möglichkeiten nicht für jeden Fall berechnet werden.

b) Wertigkeitsverfahren

Die Wahrscheinlichkeitsrechnung führt zu einem anderen Verfahren. Im ersten Fall können im ungünstigsten Fall die 50 Züge der einen Richtung jeweils gleichzeitig mit den 50 Zügen der anderen Richtung eintreffen. Die Wahrscheinlichkeit, daß sich die Züge behindern, wird durch das Produkt der Zugzahlen ausgedrückt: $50 \times 50 = 2500$.

Verkehrt in der einen Richtung nur noch 1 Zug, so sinkt die Wahrscheinlichkeit auf $1 \times 99 = 99$. Diese Zahlen entsprechen eher den tatsächlichen betrieblichen Verhältnissen, die bei den verschiedenen Belegungen entstehen können. Der Rechenvorgang ist einfach, denn es sind nur für jeden Schnittpunkt die beiden Zugzahlen miteinander zu multiplizieren und die Produkte zu addieren.

Bei dem Gleisbild nach Abb. 159 ergibt sich für die beiden Kreuzungen ein Wert von je 1250, zusammen 2500, oder genau so viel wie bei Abb. 158. Solang auf den beiden parallelen Gleisen nicht gleichzeitig Fahrten ausgeführt werden, ist dieses Ergebnis sinnvoll. Es braucht dann auch nicht gefragt zu werden, wie viele parallele Gleise zur Verfügung stehen. Mit zunehmender Zugdichte werden aber immer häufiger gleichzeitige Fahrten ausgeführt. Die infolgedessen eintretende Steigerung der Leistung kann mit diesem Verfahren nicht erfaßt werden, sondern es gibt immer nur den ungünstigsten Fall wieder. Diese Frage hat Dr. Rapp genauer untersucht. Immerhin ergibt sich beim Wertigkeitsverfahren kein Widerspruch.

Das Verfahren gibt einen gut brauchbaren Maßstab. Es bietet den großen Vorteil, daß der Rechenvorgang einfach ist und rasch nachgeprüft werden kann. Die Auswirkungen einer Änderung in der Belegung der Gleise sind sofort zu erkennen. Die schwachen Punkte eines Bahnhofs fallen sofort durch hohe Wertigkeiten auf. Die Schnelligkeit der Berechnung ist bei der großen Zahl zu untersuchender Anordnungen entscheidend.

Es hat keinen Sinn, eine durchschnittliche Wertigkeit aller Kreuzungen eines Bahnhofs festzustellen. Die Zahl der Kreuzungen läßt sich leicht vermehren, wenn eingleisige Verbindungen in zweigleisige verwandelt werden. Der Durchschnittswert würde dadurch sinken, ohne daß eine Verbesserung des Systems einzutreten braucht. Auch die Gesamtwertigkeit eines Systems ist keine absolute Größe. Bei Schnellbahnen gibt es zum Beispiel Kreuzungen, die mit 120 Zügen/Tag in jeder Fahrtrichtung belegt sind, also eine Wertigkeit von 14400 haben und dabei einwandfrei arbeiten. Dagegen gibt es Bahnhöfe mit einer Gesamtwertigkeit von weniger als 5000, die an dauernden Betriebsschwierigkeiten leiden. Zulässig ist lediglich der Vergleich zwischen verschiedenen Lösungen für den gleichen Bahnhof. Damit genügt das Verfahren aber als Hilfsmittel, um für einen bestimmten Bahnhof rasch die betrieblich besten Anordnungen herauszufinden.

Das Ergebnis einer Untersuchung nach dem Wertigkeitsverfahren kann nicht *richtig* sein. Die geometrische Gestalt des Gleisplans kommt nicht zur Geltung. Praktisch ist es aber von erheblicher Bedeutung, ob beispielsweise eine Lokomotive oder ein Zug zwischen zwei Kreuzungen abgestellt werden und warten können, bis die folgende Kreuzung frei wird oder ob beide Kreuzungen ohne Anhalten überfahren werden müssen. Die Wahrscheinlichkeitsrechnung erfaßt auch nur den ungünstigsten Fall. Die gegenseitige Behinderung der Fahrten wird aber durch die Fahrplanbearbeitung von vorn herein beseitigt oder wenigstens weitgehend eingeschränkt. So kann das Wertigkeitsverfahren zwar wertvolle Hinweise geben, aber nicht als genauer Maßstab dienen.

Das Verfahren kann dadurch verbessert werden, daß den Zügen ein bestimmter Wert beigegeben wird, z. B. Reisezüge 10, Güterzüge 5, Leerzüge 3, einzeln fahrende Lokomotiven 1. Die Kreuzung zweier Reisezüge wird dann mit 100 bewertet, die Kreuzung zweier Güterzüge mit 25, die Kreuzung zweier Lokomotiven mit 1. Die Bewertungsziffern sind willkürlich gewählt, sie heben aber hervor, welche Zugbewegungen gegen Störungen am empfindlichsten sind. Auch für die unterschiedliche betriebliche Beurteilung von Einfahrten und Ausfahrten können bestimmte Werte eingeführt werden. Aus diesen Angaben geht schon hervor, daß das Wertigkeitsverfahren auch auf alle regelmäßigen Leer-, Rangier- und Lokomotivfahrten ausgedehnt werden sollte. Sollte das Gesamtergebnis der Wertigkeitsberechnung nur durch diese Zahlen zu Gunsten einer bestimmten Lösung ausschlagen, so sind die betrachteten Gleissysteme nahezu gleichwertig. Für die endgültige Auswahl muß dann ein wirklich zuverlässiges Verfahren benützt werden, also der graphische Fahrplan. Nach dem gegenwärtigen Stand der Entwicklung kommt die Verwendung elektronischer Rechenmaschinen für die Behandlung dieser Fragen noch nicht in Betracht.

c) Fahrplanuntersuchungen

Jeder Bahnhof ist ein vierdimensionales Gebilde. Zu den drei Dimensionen des Raumes kommt die vierte Dimension der Zeit. Auf einem Blatt Papier mit seinen zwei Ebenen kann immer nur ein Teil zur Darstellung gelangen. Die räumliche Gestalt eines Bahnhofs kann im Lageplan (Länge und Breite), im Längsprofil (Länge und Höhe) oder im Querschnitt (Breite und Höhe) dargestellt werden. Die Betriebsabläufe können nur mit der Dimension Zeit abgebildet werden. Dafür werden benutzt:

Bildfahrpläne für Strecken oder einzelne wichtige Gleise, z. B. Verbindungen zwischen Personen- und Abstellbahnhöfen, auf denen Zeit und Länge (Weg) dargestellt sind.

Gleisbelegungs- oder -besetzungspläne, auf denen die Zeit und die Breite — der Querschnitt eines Bahnhofs oder einer Gleisgruppe — dargestellt sind. Muster dieser beiden Arten von Zeichnungen brauchen nicht beigefügt zu werden, weil sie einfach und allgemein gebräuchlich sind. Es spielt dabei keine Rolle, daß bei manchen Eisenbahnverwaltungen die Zeit waagrecht und die Gleise senkrecht aufgetragen werden und bei anderen Bahnen umgekehrt verfahren wird.

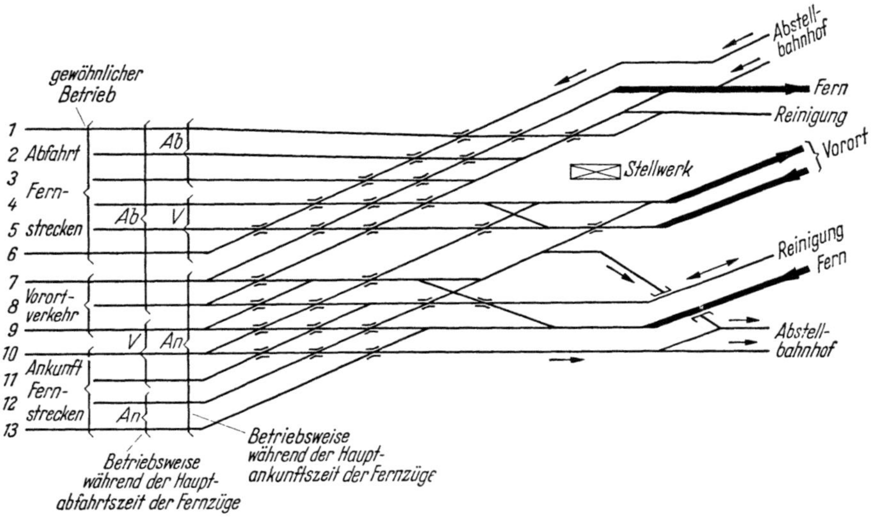

Abb. 160. Zufahrt zu einem Pariser Bahnhof mit wechselndem Betrieb (nach Bendtsen)

Wenn also nach der groben Ausscheidung durch das Wertigkeitsverfahren eine kleine Gruppe von guten Lösungen übrig geblieben ist, muß die endgültige Auswahl mit Hilfe von Bildfahrplänen oder Belegungsplänen getroffen werden. Diese brauchen nicht für alle 24 Stunden des Tages aufgestellt zu werden. Es genügt ein Ausschnitt für etwa 3—4 am stärksten belastete Stunden, meist am späten Nachmittag. Dabei ist aber an den nötigen Spielraum für eine weitere Verkehrszunahme und für Sonderzüge zu denken.

In schwierigen Fällen ist es notwendig, die Berechnungen über eine längere Zeit auszudehnen und für verschiedene Betriebslagen durchzuführen. Ein Beispiel zeigt Abb. 160 mit der Zufahrt eines großen Pariser Bahnhofs mit wechselndem Betrieb. Je nach dem Verkehrsanfall stehen für Ankunft und Abfahrt der Fernzüge mehr oder weniger Gleise zur Verfügung. Die Vorortzüge werden zu den einzelnen Tageszeiten auf verschiedenen Gleisen abgefertigt. Mehrere Weichenstraßen sind nötig, um die Bahnsteiggleise abwechselnd mit den Fern- und Verbindungsgleisen zusammenschalten zu können.

Die Gleisverbindungen an den beiden Köpfen des Hauptbahnhofes Köln (Abb. 161) wirken dem gegenüber recht bescheiden, obwohl auch hier die mittleren Gleise des richtungsweise betriebenen Bahnhofs je nach Bedarf der einen oder der anderen Richtung zugeteilt werden können. Die Fälle, in denen mehr als zwei

Weichenstraßen wirklich berechtigt sind, sind sehr selten. In Köln haben die Bahnsteige doppelte Zugänge. Zwischen allen Personenbahnsteigen liegen Gepäckbahnsteige. Die Gleisentwicklung gegen den Rhein hin liegt in einem engen Bogen und ist sehr gedrängt.

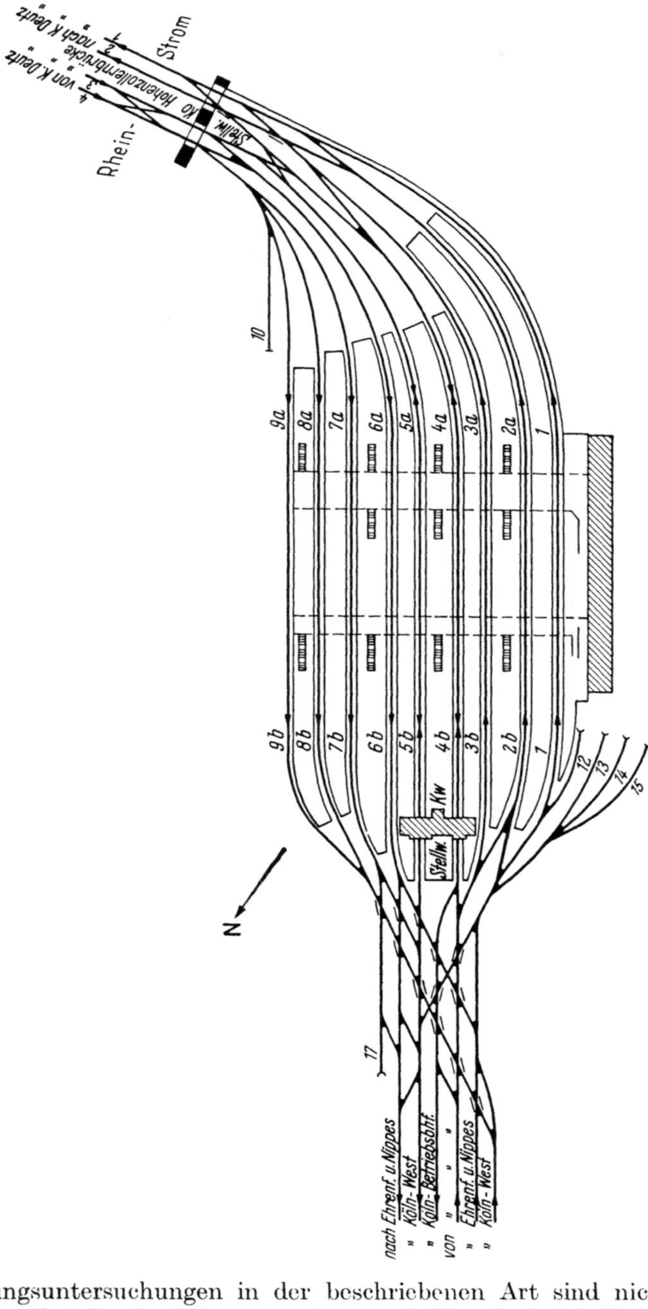

Abb. 161. Köln Hauptbahnhof

Leistungsuntersuchungen in der beschriebenen Art sind nicht nur für die Bahnhöfe selbst durchzuführen, sondern auch für schwierige Gleisverflechtungen (Abb. 162). Aus den Berechnungen und dem Bildfahrplan ergibt sich dann, welche Kreuzungen schienengleich zugelassen werden dürfen und wie viele schienenfreie

Überwerfungen notwendig sind. Infolge der Fortschritte der Sicherungstechnik werden die schienengleichen Anlagen immer leistungsfähiger. Bei den neuen Gleisentwicklungen kann deshalb auf manches Bauwerk verzichtet werden, soweit nicht Bedenken wegen der Betriebssicherheit bestehen.

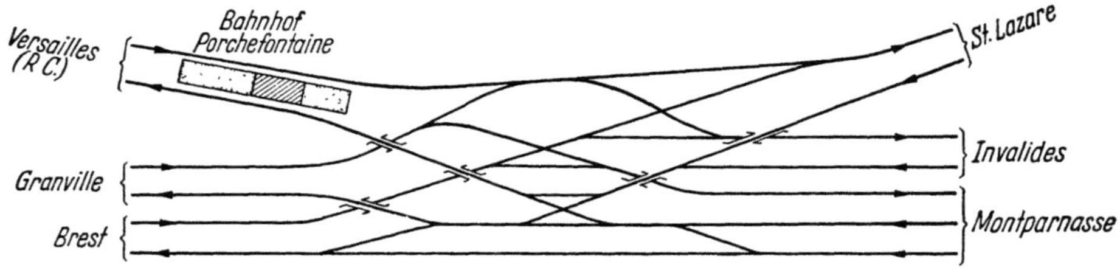

Abb. 162. Gleisverflechtung in der Nähe von Paris (nach Bendtsen)

D. Betriebliche Bedingungen

Zur Durchführung des Betriebes sind Gleise und Gleisverbindungen aber auch Sicherungsanlagen, Nachrichtenmittel und verschiedene andere Einrichtungen erforderlich. Die Gleise eines Personenbahnhofs gliedern sich in Haupt- und Nebengleise.

a) Nebengleise

Die Nebengleise sind nicht Nebensache! An wichtigen Nebengleisen sind zu nennen:

Durchlauf- oder Verkehrsgleise, von denen die größeren Personenbahnhöfe zwei haben sollten. Sie durchziehen den Bahnhof in seiner ganzen Länge und sind an den beiden Bahnhofsköpfen mit den übrigen Gleisen verbunden. Sie gehen oft in die Verbindungsgleise zum Abstellbahnhof oder in Ausziehgleise über.

Wendegleise für Züge, die eine kurze Wendezeit haben und deshalb nicht zum Abstellbahnhof fahren können. Die Wendegleise müssen zuglang sein. Bei Triebwagen- oder Pendelzugverkehr genügt ein einseitiger Anschluß. Die Wendegleise sind ein wirksames Mittel, um die Bahnsteiggleise gut ausnützen, also ihrer Zahl nach beschränken zu können.

Wartegleise dienen zum vorübergehenden Aufstellen beginnender Züge, die wegen großer Entfernung des Abstellbahnhofs oder starker Belastung der Verbindungsgleise frühzeitig in die Nähe des Personenbahnhofs gebracht werden müssen, um von hier aus pünktlich an die Bahnsteige vorrücken zu können.

Abstellgleise für einzelne Wagen, nämlich für Verstärkungs-, Speise-, Schlaf-, Kurs-, Pack-, Eilgut- und Postwagen, die den in den Bahnsteiggleisen stehenden Zügen entnommen oder beigegeben werden sollen. Die Gleise können kurz sein und stumpf endigen. Sie werden deshalb am besten an den Enden der Bahnsteige untergebracht. Sie erleichtern und beschleunigen den Rangierdienst in den Bahnsteiggleisen, tragen also ebenfalls zu deren besserer Ausnützung bei. Für einzelne dieser Gleise ist die Ausstattung mit einer Bahnsteigkante in Form eines kurzen Zungenbahnsteigs erwünscht, so daß sie zum Ein- und Ausladen von Post und Gepäck oder auch zum Ein- und Aussteigen dienen können.

Ladegleise für den Gepäck- und Expreßgutverkehr werden nur unter besonderen Verhältnissen erforderlich; vielfach genügen dafür Stumpfgleise. Besondere Ladegleise für den Postverkehr sind dagegen oft notwendig, damit die den Zügen entnommenen und mitzugebenden Postwagen ent- und beladen werden können. Die Ladegleise sind gut mit den Abfertigungsräumen zu verbinden. Die Ladegleise für den Eilgutverkehr werden später behandelt.

Lokomotivgleise für kurz wendende und Wechsellokomotiven. Bei Dampfbetrieb können auch Wasserkran, Ausschlackgrube und Kohlenversorgung notwendig sein.

Wichtig ist ein guter Anschluß der Nebengleise. Bei jedem Gleis ist zu überlegen, ob es stumpf endigen darf oder zweiseitig angeschlossen sein muß. Nebengleise, die nur von einem Hauptgleis aus zugänglich sind, von den Durchlauf- und Ausziehgleisen aber nur mittels schwieriger Sägebewegungen erreicht werden können, haben nur beschränkten Nutzen.

b) Hauptgleise

Die wichtigsten Hauptgleise sind die Bahnsteiggleise. An weiteren Hauptgleisen sind die Hauptgütergleise zu nennen, die unter Umständen durch den Personenbahnhof durchzuführen sind. Gelegentlich sind auf kleinen Bahnhöfen auch besondere Durchfahrgleise für Fernzüge anzuordnen, wenn eine größere Zahl von Zügen den Bahnhof regelmäßig ohne Halt durchfährt und nur Vorortzüge anhalten. Durch solche Durchfahrgleise kann die Leistungsfähigkeit einer Strecke spürbar gesteigert werden, so daß ein mehrgleisiger Ausbau hinausgeschoben oder vermieden werden kann.

Auf den Bahnsteiggleisen halten die Personenzüge und gelegentlich auch Eilgüterzüge zum Ein- und Aussteigen bzw. Ein- und Ausladen. Sie bilden einen Teil der durchgehenden Streckengleise. Dabei können zu einem Streckengleis mehrere Bahnsteiggleise gehören.

Die Anordnung der Bahnsteiggleise ist für die gesamte Durchbildung des Bahnhofs maßgebend; ihre Leistungsfähigkeit bestimmt die Leistungsfähigkeit des ganzen Bahnhofs. Die Bau- und Betriebskosten der Bahnsteiggleise liegen besonders hoch, Erweiterungen und Umgestaltungen sind häufig sehr schwierig. Die große Bedeutung darf nicht dazu verleiten, daß in einem Personenbahnhof nur noch Bahnsteiggleise, Bahnsteige und deren Ausstattung beachtet, die übrigen Teile aber vernachlässigt werden. Nicht derjenige Bahnhof ist der beste, der am meisten Bahnsteiggleise aufweist. Erst durch die richtige Anordnung der Bahnsteiggleise und ihrer Verbindungen, durch reichliche Ausstattung mit Nebengleisen und durch sorgfältigstes Durchdenken der Rangierbewegungen gelingt es, eine in allen Teilen gleichmäßig beanspruchte und daher wirtschaftliche Anlage zu entwickeln.

Das Bahnsteiggleis ist der Aufstellplatz der Züge. Die Zahl der Aufstellplätze muß der größten Zahl von Zügen entsprechen, die gleichzeitig in dem Bahnhof stehen müssen. Dabei muß der Aufenthalt an der Bahnsteigkante durch einen betriebs- oder verkehrstechnischen Zweck begründet sein. Allgemein ist zu sagen: Je weniger Bahnsteiggleise, desto besser. Ein Bahnsteiggleis beansprucht mit der zugehörigen Bahnsteighälfte etwa 4000 qm Grundfläche. Mit jedem weiteren Bahnsteiggleis wird die Breite und Länge der Bahnhofsköpfe vergrößert. Zugleich leidet die Übersichtlichkeit. Die Abfertigung, das Umsteigen und Umladen werden erschwert. Für die Bemessung der Bahnsteiganlagen gelten folgende Grundsätze:

Für jedes Streckengleis, von dem Züge in den Bahnhof einlaufen, muß mindestens ein Bahnsteiggleis vorhanden sein. Bei Durchgangsbahnhöfen muß also die Zahl der Bahnsteiggleise mindestens so groß sein wie die Zahl der Streckengleise. was sich auch schon daraus ergibt, daß die Bahnsteiggleise Teile der durchgehenden Streckengleise sind. In bestimmten Fällen sind Vermehrungen über diese Zahl hinaus notwendig oder erwünscht. Bei eingleisigen Strecken müssen alle wichtigeren Bahnhöfe zwei Bahnsteiggleise erhalten, jedoch genügen manchmal zwei Bahnsteiggleise für zwei eingleisige Strecken.

Für Überholungen (und Überlappungen) müssen die erforderlichen Überholungsgleise vorgesehen werden.

Wenn eine Strecke mit mehreren selbständigen Verkehrsarten belegt ist, so ist unter Umständen für jeden dieser Verkehre ein besonderer Satz von je zwei Bahnsteiggleisen erforderlich. Oft ist es erwünscht, besondere Verkehrsarten (Markt-, Ausflugs-, Rennverkehr) auf besonderen Bahnsteigen abzufertigen, wofür natürlich auch besondere Bahnsteiggleise notwendig werden. Bei Anlagen in Kopfform kann die geringe Leistungsfähigkeit zu einer Vermehrung der Bahnsteiggleise zwingen. Sie werden nachstehend aber nicht berücksichtigt.

Auch Verminderungen sind in manchen Fällen zulässig, etwa dann, wenn die Zahl der Streckengleise das Bedürfnis erheblich übersteigt. Die mögliche Erhöhung der Leistung durch Elektrifizierung, selbsttätige Sicherungsanlagen, Teilauflösung der Fahrstraßen, Zugüberwachung auf der Strecke und Betriebsüberwachung im Bahnhof kann gleichfalls dazu führen.

Die Leistungsfähigkeit der Bahnsteiggleise kann für einen Tag oder eine Stunde angegeben werden. Meist ist die Stundenleistung die wichtigere Zahl. Die dichteste Zugfolge und die Stundenleistung betragen auf einem Bahnsteiggleis bei gewöhnlichen Verhältnissen ungefähr

bei Straßenbahnen	30 sek. und 120 Züge/h,
bei elektrischen Schnellbahnen	90 sek. und 40 Züge/h,
bei Vorortverkehr	3 Min. und 20 Züge/h,
bei Fernverkehr	10 Min. und 6 Züge/h.

Je nach den örtlichen Verhältnissen beträgt die Tagesleistung eines Bahnsteiggleises etwa das 6—12-fache der größten Stundenleistung. Ein Bahnsteiggleis kann auf elektrischen Schnellbahnen (Berliner Stadtbahn bis 1945) täglich bis zu 500 Züge aufnehmen, bei reinem Fernverkehr in den großen Knotenpunktsbahnhöfen 30—60 Züge. — Die Leistungen hängen auch von der Tageszeit (Tag, Dämmerung, Nacht), von der Jahreszeit (Witterung), vom Gleisplan und von den Sicherungsanlagen ab.

Die Zeiten des Fernverkehrs werden nicht durch das langsamere Ein- und Aussteigen der Reisenden bestimmt, sondern durch die Zeit für das Ein- und Ausladen des Gepäcks, das bei stark belasteten Zügen 6 Minuten lang dauern kann. Schnelltriebwagen und bestimmte Schnellzüge, ebenso aber auch Berufszüge befördern deshalb keine Post oder Gepäck. Kurze Aufenthaltszeiten sind das billigste Mittel zur Senkung der Betriebskosten und unmittelbar auch der Baukosten. Der stillstehende Zug kostet Geld.

Zu der reinen Aufenthaltszeit des Zuges am Bahnsteig kommen als Belegungszeit noch etwa 2 Minuten für die Zeit von der Freigabe der Einfahrt bis zum Stillstand des Zuges und $1\frac{1}{2}$ Minuten für die Zeit von der Abfahrt des Zuges bis zur Auflösung der Fahrstraße hinzu. Durch Teilauflösung der Fahrstraßen können diese Zeiten für einzelne Abschnitte der Gleisanlage verkürzt werden. Bei Bahnhöfen empfiehlt es sich, neben der Gleisbelegung auch die Zeiten für die verschiedenen verkehrlichen und betrieblichen Vorgänge aufzuzeichnen.

Die vorstehend genannten Zeiten können eine Verlängerung erfahren, wenn der Bahnhof einen ungewöhnlich starken Personen-, Gepäck- und Postverkehr aufweist oder wenn der Umsteigeverkehr besonders stark ist. Ebenso kann die Leistungsfähigkeit aus betrieblichen Gründen herabgesetzt werden, wenn Lokomotiven zu wechseln oder Wagen ein- und auszusetzen sind. Andererseits hängt die Leistungsfähigkeit auch von der sicherungstechnischen Einrichtung des Bahnhofs ab, z. B. Ausstattung mit neuzeitlichen Sicherungsanlagen, Unterteilung der Bahnsteiggleise in isolierte Abschnitte. Durch eine betriebliche Unterteilung der Bahnsteiggleise kann die Leistungsfähigkeit bei kurzen Zügen wesentlich erhöht werden (Beispiel Frankfurt/Main Hbf.)

Wird verlangt, daß eine Bahnsteiganlage für eine Verkehrssteigerung um beispielsweise 30% entworfen wird, so darf nicht einfach die Zahl der Bahnsteiggleise um 30% erhöht werden. Ein Teil des Mehrverkehrs wird durch stärkere

Besetzung der Züge aufgefangen, ein anderer Teil durch eine Verlängerung der Züge. Für die übrige Verkehrssteigerung wird der Fahrplan nicht gleichmäßig verdichtet werden, sondern zunächst werden in die Fahrplanlücken der ruhigeren Tagesstunden neue Züge eingelegt werden. Ein Bahnhof wird für eine um 30% höhere Leistung also vielleicht kein einziges weiteres Gleis benötigen (vgl. Abb. 163).

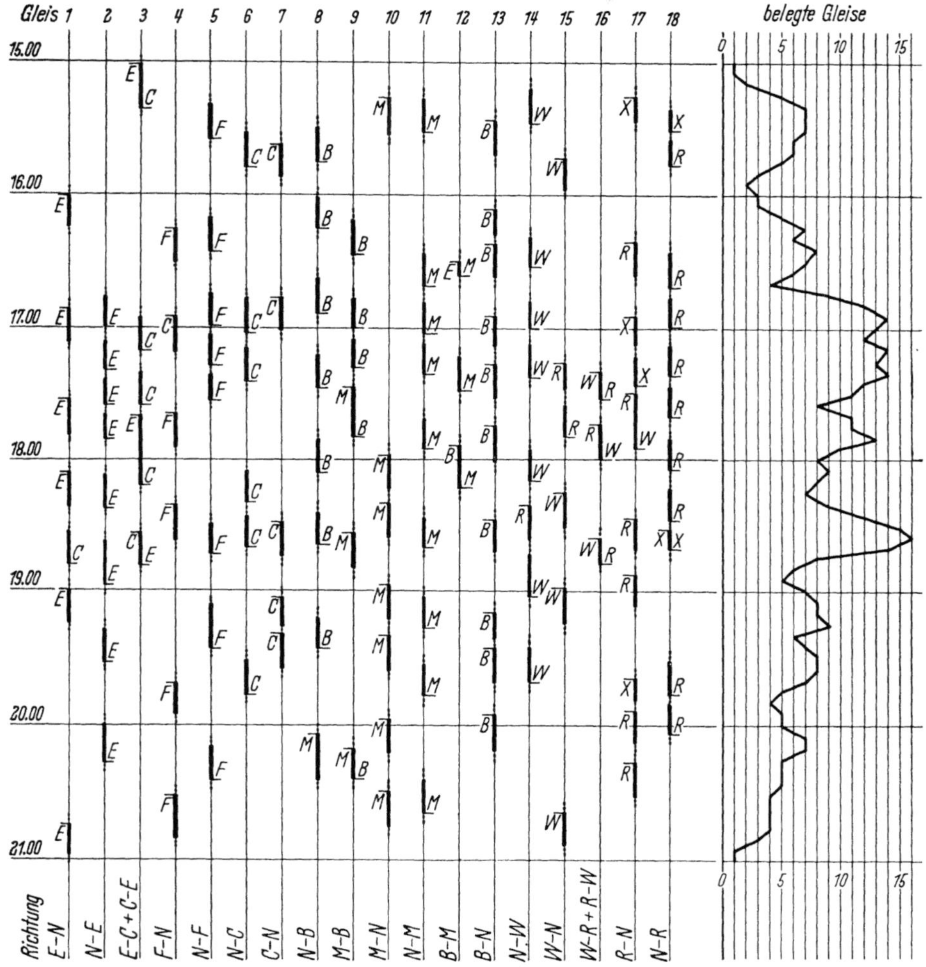

Abb. 163. Gleisbelegung eines großen Bahnhofs. Die „Ganglinie" der Gesamtbelegung zeigt, welche große Leistungssteigerung noch möglich ist

Bei einem großen Entwurf konnte sogar nachgewiesen werden, daß bei weiterer Verdichtung der Zugfolge bis zu einem starren Fahrplan mit weniger Gleisen ausgekommen werden kann, weil die Anschlußzüge aus den verschiedenen Richtungen nicht mehr alle gleichzeitig eintreffen müssen.

Die Länge der Bahnsteiggleise muß der Länge der Züge entsprechen. Die folgenden Maße sind gebräuchlich:

Straßenbahn, einfache Haltestellen	30—40 m
Straßenbahn, Doppelhaltestellen	60—80 m
Schnellbahn mit 8-Wagen-Zügen	180 m,
Fernbahnen	350 m und mehr.

Für Schnellzüge auf wichtigen Strecken sind anzunehmen:

15 Schnellzugwagen (60 Achsen) je 22 m lang =	330 m
Spielraum	10 m
Gesamte Wagenzuglänge	340 m
Dazu 2 Lokomotiven	55 m
insgesamt	395 m

Diese Länge kann in verschiedener Weise vorgehalten werden, nämlich:

Nutzbare Bahnsteiglänge 395 m, Gleislänge 395 m,

oder wenn die Lokomotiven außerhalb der Bahnsteigkante stehen, bei Benutzung des Gleises in beiden Richtungen

Bahnsteiglänge 340 m, Gleislänge 450 m,

oder bei Benutzung des Gleises nur in einer Richtung

Bahnsteiglänge 340 m, Gleislänge 395 m.

Diese großen Abmessungen sollten wegen der Baukosten der Bahnhöfe und den langen Rangierwegen nur einzelnen Gleisen gegeben werden, denn es wird wohl kaum vorkommen, daß auf allen Gleisen eines Bahnhofs gleichzeitig Züge größter Länge einfahren. Bei einem stark belasteten, großen Fernbahnhof wird es richtig sein, etwa $\frac{1}{3}$ der Bahnsteiggleise für eine Zuglänge ohne Lokomotiven von 340 m, $\frac{1}{3}$ für 300 m und $\frac{1}{3}$ für 250 m zu bemessen.

Die Anordnung verschieden langer Bahnsteige hat den Nachteil, daß sich die Bahnsteige nicht vertreten können. Die Freiheit im Fahrplanaufbau wird dadurch eingeengt.

Bei Verwendung von Triebwagenzügen geht für Lokomotiven keine Nutzlänge mehr verloren. Die volle Bahnsteiglänge von 395 m wird Nutzlänge. Diese Länge wird für Mitteleuropa endgültig das Höchstmaß für ganze Züge bedeuten, weil die meisten großen Bahnhöfe nicht mehr erweitert werden können. Wenige, lange Züge sind sicher betriebswirtschaftlich vorteilhafter als eine größere Zahl kurzer Einheiten. Mit ihnen kann die Eisenbahn im Wettbewerb mit den anderen Verkehrsmitteln aber nur schwer bestehen. Sie darf nicht nur einzelne, sehr schnelle Verbindungen herstellen, sondern muß häufige Reisegelegenheiten anbieten. In dieser Beziehung sind die niederländischen Eisenbahnen vorbildlich, die schon seit den Dreißiger Jahren im ganzen Land starre Fahrpläne eingeführt haben. Baulich entsprechen einem solchen Betrieb verhältnismäßig bescheidene Bahnsteiganlagen, aber recht große Abstellbahnhöfe.

E. Verkehrliche und bauliche Bedingungen

a) Bahnsteige

Nach ihrer Lage werden Außen- und Innenbahnsteige und bei Kopfbahnhöfen Kopf- und Zungenbahnsteige unterschieden. Personenbahnsteige dienen für das Ein- und Aussteigen der Reisenden, Gepäckbahnsteige zum Ein- und Ausladen von Reisegepäck, Post, Expreßgut und Eilstückgut. Die genannten Güter können auch am Personenbahnsteig verladen werden.

Besondere Gepäckbahnsteige sind nicht notwendig, sie können aber bei stärkerem Ladeverkehr auf großen Bahnhöfen erwünscht sein, um die Behinderung der Reisenden durch die Gepäckkarren zu vermeiden. Die Gepäckbahnsteige haben aber doch so große Nachteile, daß es verfehlt wäre, alle Bahnsteiggleise eines Fernbahnhofes mit Gepäckbahnsteigen auszustatten. Die Nachteile bestehen darin, daß die Breite der Gesamtanlagen vergrößert wird, der Flächenverbrauch steigt und die Länge der Weichenköpfe wächst. Dadurch werden die Bau- und Betriebskosten erhöht. Bei knapper Entwicklungslänge wird vielleicht

Für Schnellzüge auf wichtigen Strecken sind anzunehmen:

15 Schnellzugwagen (60 Achsen) je 22 m lang =	330 m
Spielraum	10 m
Gesamte Wagenzuglänge	340 m
Dazu 2 Lokomotiven	55 m
insgesamt	395 m

Diese Länge kann in verschiedener Weise vorgehalten werden, nämlich:

Nutzbare Bahnsteiglänge 395 m, Gleislänge 395 m,

oder wenn die Lokomotiven außerhalb der Bahnsteigkante stehen, bei Benutzung des Gleises in beiden Richtungen

Bahnsteiglänge 340 m, Gleislänge 450 m,

oder bei Benutzung des Gleises nur in einer Richtung

Bahnsteiglänge 340 m, Gleislänge 395 m.

Diese großen Abmessungen sollten wegen der Baukosten der Bahnhöfe und den langen Rangierwegen nur einzelnen Gleisen gegeben werden, denn es wird wohl kaum vorkommen, daß auf allen Gleisen eines Bahnhofs gleichzeitig Züge größter Länge einfahren. Bei einem stark belasteten, großen Fernbahnhof wird es richtig sein, etwa $\frac{1}{3}$ der Bahnsteiggleise für eine Zuglänge ohne Lokomotiven von 340 m, $\frac{1}{3}$ für 300 m und $\frac{1}{3}$ für 250 m zu bemessen.

Die Anordnung verschieden langer Bahnsteige hat den Nachteil, daß sich die Bahnsteige nicht vertreten können. Die Freiheit im Fahrplanaufbau wird dadurch eingeengt.

Bei Verwendung von Triebwagenzügen geht für Lokomotiven keine Nutzlänge mehr verloren. Die volle Bahnsteiglänge von 395 m wird Nutzlänge. Diese Länge wird für Mitteleuropa endgültig das Höchstmaß für ganze Züge bedeuten, weil die meisten großen Bahnhöfe nicht mehr erweitert werden können. Wenige, lange Züge sind sicher betriebswirtschaftlich vorteilhafter als eine größere Zahl kurzer Einheiten. Mit ihnen kann die Eisenbahn im Wettbewerb mit den anderen Verkehrsmitteln aber nur schwer bestehen. Sie darf nicht nur einzelne, sehr schnelle Verbindungen herstellen, sondern muß häufige Reisegelegenheiten anbieten. In dieser Beziehung sind die niederländischen Eisenbahnen vorbildlich, die schon seit den Dreißiger Jahren im ganzen Land starre Fahrpläne eingeführt haben. Baulich entsprechen einem solchen Betrieb verhältnismäßig bescheidene Bahnsteiganlagen, aber recht große Abstellbahnhöfe.

E. Verkehrliche und bauliche Bedingungen

a) Bahnsteige

Nach ihrer Lage werden Außen- und Innenbahnsteige und bei Kopfbahnhöfen Kopf- und Zungenbahnsteige unterschieden. Personenbahnsteige dienen für das Ein- und Aussteigen der Reisenden, Gepäckbahnsteige zum Ein- und Ausladen von Reisegepäck, Post, Expreßgut und Eilstückgut. Die genannten Güter können auch am Personenbahnsteig verladen werden.

Besondere Gepäckbahnsteige sind nicht notwendig, sie können aber bei stärkerem Ladeverkehr auf großen Bahnhöfen erwünscht sein, um die Behinderung der Reisenden durch die Gepäckkarren zu vermeiden. Die Gepäckbahnsteige haben aber doch so große Nachteile, daß es verfehlt wäre, alle Bahnsteiggleise eines Fernbahnhofes mit Gepäckbahnsteigen auszustatten. Die Nachteile bestehen darin, daß die Breite der Gesamtanlagen vergrößert wird, der Flächenverbrauch steigt und die Länge der Weichenköpfe wächst. Dadurch werden die Bau- und Betriebskosten erhöht. Bei knapper Entwicklungslänge wird vielleicht der Gleisachse bis zum gegenüberliegenden Rand gemessen, sollte für Reisende im Fernverkehr 6,00 m, bei Schnell- und Vorortbahnen 5,00 m (= 3,30 m Nutzbreite), für Gepäck 4,50 m betragen.

Die Bahnsteige werden leider verschieden hoch angelegt. Die Wagentreppen müssen deshalb unter ganz verschiedenen Verhältnissen verwendbar sein. In Mitteleuropa sind Bahnsteighöhen von 0, 23, 25, 38, 43 und 76 cm über SO für Fernbahnen besonders häufig. Bei Schnell- und Vorortbahnen wird der Bahnsteig auf die Höhe des Wagenbodens ungefähr 1,00 m über SO gelegt. Niedrige Bahnsteige sind im Bau billig. Sie sind für den Querverkehr der Gepäckkarren über die Gleise hinweg bequem. Für die Reisenden sind sie aber nicht angenehm. Schon bei der Straßenbahn ist das Einsteigen von einer 14 cm hohen Insel leichter als von der Straßenhöhe aus. Die Bahnsteighöhe wird auch durch den Fahrzeugbau beeinflußt. Eine Vereinheitlichung wäre sehr erwünscht, scheitert aber an den Kosten. Für Neuanlagen dürften sich 38 cm empfehlen, weil für schnellfahrende Züge eine tiefe Schwerpunktslage erforderlich ist.

Die Bahnsteig-Oberflächen erhalten Querneigungen von 1½%—4%, am besten vom Gleis weg nach der Bahnsteigmitte hin fallend. Dort ist für eine Entwässerung zu sorgen. — Feste Gegenstände müssen bis zu einer Höhe von 3,05 m über SO mindestens 3,00 m von der Gleisachse entfernt sein.

b) Zugänge der Bahnsteige

Die Zugänge müssen eine so große Leistungsfähigkeit haben, daß beim Zu- und Abfließen der Reisenden im Massenverkehr keine Stockungen auftreten. Die Bahnsteigtreppen sind so zu bemessen, daß die Reisenden in angemessener Zeit den Bahnsteig verlassen können. Bei einer Schnellbahn steht dafür nur die Zeit bis zum Eintreffen des nächsten Zuges zur Verfügung, auf wichtigen Strecken also nur 1½ Min. Die größte Belastung der Treppenanlagen tritt gewöhnlich bei der Ankunft vollbesetzter Züge auf, weil alle Reisenden gleichzeitig aussteigen und den Bahnsteig zu verlassen wünschen. Bei der Abfahrt verteilt sich der Zustrom der Reisenden gewöhnlich über einen längeren Zeitraum. Besondere Spitzen sind jedoch bei Bahnhöfen in nächster Nähe von Sportplätzen oder Versammlungshallen zu erwarten. Deshalb sollte ein gewisser Schutzabstand zwischen solchen Anlagen und den Bahnhöfen nicht unterschritten werden, der schon eine gewisse Verteilung der Menschenmenge bewirkt.

Die Leistungsfähigkeit der Treppen ist zu berechnen. Die Menschen bewegen sich mit etwa 1,0 m/sek. abwärts und mit 0,8 m/sek. aufwärts. Auf einem 60 cm breiten — mannsbreiten — Streifen der Treppe bewegen sich also 50—60 Personen/Min. abwärts und 40—50 Personen/Min. aufwärts. Eine einspurige Rolltreppe kann 60 Personen/Min. befördern, eine zweispurige 120 Personen/Min. Ihre Geschwindigkeit beträgt 0,4—0,6 m/sek. Das Bestreben geht dahin, die Treppen mit 0,7—0,75 m/sek. laufen zu lassen.

Feste Treppen dürfen nicht zu schmal sein. Für Bahnhöfe sollte eine Mindestbreite von 2,50 m gewählt werden, für Zugänge von Straßenbahnhaltestellen mindestens 1,50 m. Die übliche Breite ist 4,00 m. Breiten von mehr als 8,00 m sind ungewöhnlich. Nach 8—10 Stufen sind Treppenabsätze von 1,50 m Länge einzuschalten. Die Treppenneigung sollte nicht über 15/33 cm hinausgehen, bei starkem Verkehr ist ein Verhältnis von 13/37 cm zu empfehlen. Für Rolltreppen bietet die Industrie verschiedene Ausführungen an. Abb. 164 gibt gebräuchliche Maße ein- und zweispuriger Rolltreppen an. — Auf dem Bahnsteig muß zwischen Treppe und Kante eine Mindestbreite von 1,50 m eingehalten werden, um eine Gefährdung der Reisenden zu vermeiden.

Mit Vorteil werden die Treppen durch Rampen ersetzt. Rampen werden von den Reisenden geschätzt. Leider sind sie wegen ihrer großen Länge nur schwer unterzubringen. Die zulässige Steigung beträgt 16%, 10% sollten aber in der

Regel nicht überschritten werden. Rollteppiche überwinden Steigungen bis zu 15%. Für die Bemessung der Rampen ist mit Geschwindigkeiten der Fußgänger von 1,0 m/sek. abwärts und 0,9 m/sek. aufwärts zu rechnen.

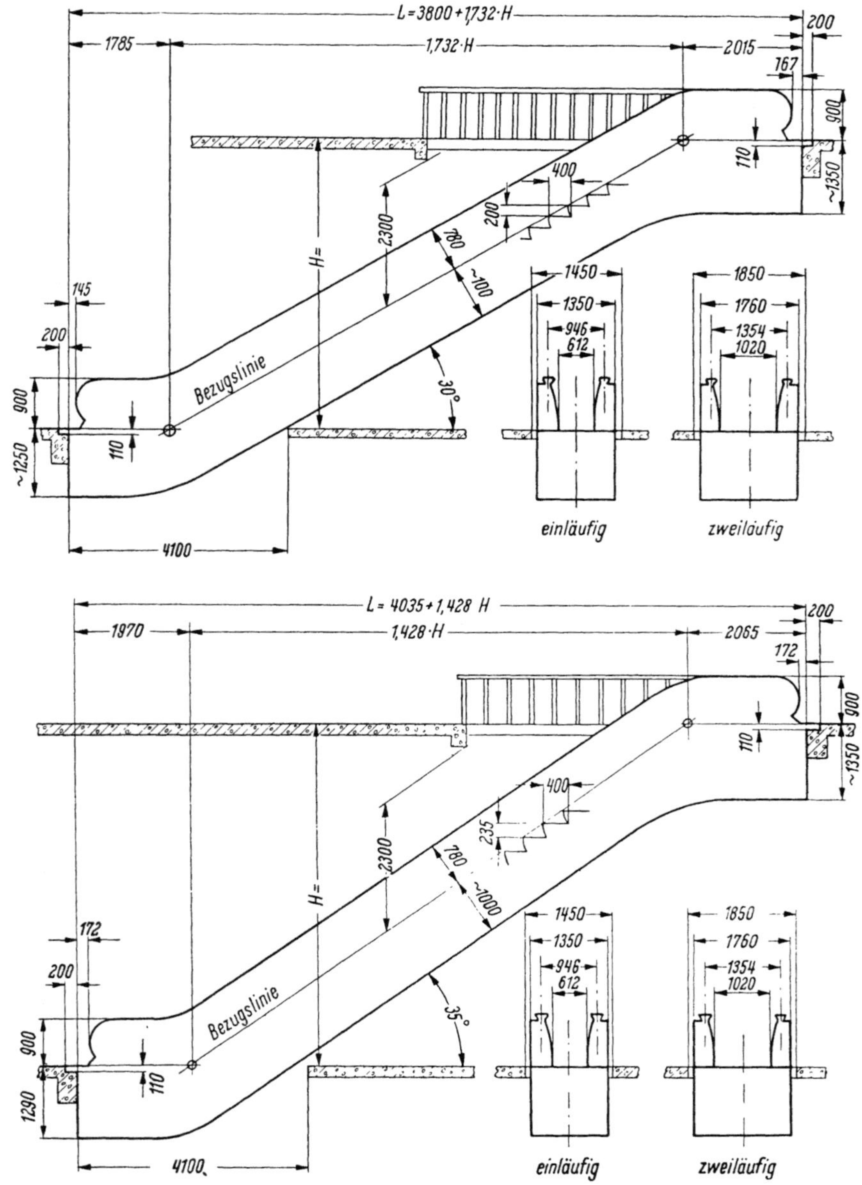

Abb. 164. Längs- und Querschnitte von Rolltreppen (nach Schindler, Luzern)

Die Bahnsteigtunnel erhalten gewöhnlich eine lichte Weite von 2,50—4,00 m, bei starkem Verkehr bis zu 15 m. Die lichte Höhe soll 2,50 m betragen. Sie kann bei beengten Verhältnissen auf 2,20 m herabgesetzt werden. Eine größere Höhe ist an sich erwünscht, bedingt aber längere und höhere Treppen. Gepäcktunnel sind gewöhnlich 4—6 m breit und 2,50 m hoch. Die Schächte von Gepäckaufzügen haben meistens ein Grundmaß von 2,50 × 3 m.

Bahnsteigsperren werden in Österreich, der Schweiz und anderen Ländern nicht verwendet. Unter einfachen Verhältnissen sollte auf sie allgemein verzichtet werden. Im Massenverkehr von Schnell- und Vorortbahnen sind sie aber unerläßlich. Die Zahl der Bahnsteigsperren ist so groß zu wählen, daß auch bei stärkstem Zu- und Abgang von Reisenden keine Stockungen auftreten. Die Leistung eines Durchlasses beträgt im Fernverkehr 15—20 Personen/Min. Im Nahverkehr werden folgende Leistungen erreicht:

Reisende je Minute	Einzelkarten	Zeitkarten
Zugang	25	50
Abgang	50	60

Diese Zeiten werden von den Tarifen und Fahrscheinformen stark beeinflußt, sind also durch örtliche Beobachtungen nachzuprüfen.

Auch die Zahl der Fahrkartenschalter ist nach dem Verkehrsanfall zu bemessen. Im Durchschnitt werden im Fernverkehr 6 Fahrkarten/Min., im Nahverkehr 10 Fahrkarten/Min. verkauft. Auch hier sind die genauen Zeiten durch Beobachtung an Ort und Stelle zu ermitteln. Die Breite eines Fahrkartenschalters beträgt 1,80—2,00 m, die Tiefe 4—5 m. Vor dem Fahrkartenschalter muß genügend Platz für die wartenden Reisenden sein. Zum Abstellen des Gepäcks ist ein niedriger Drängeltisch zweckmäßig, der zugleich Zu- und Abgang trennt. Fahrkartenausgabe und Sperre werden gewöhnlich im Empfangsgebäude untergebracht.

c) Empfangsgebäude

Die Empfangsgebäude werden in der Schweiz und in Österreich Aufnahmegebäude genannt. Die Gebäude können in Gleishöhe, in Hochlage über den Gleisen oder in Tieflage mit dem Erdgeschoß in Höhe der Bahnsteigtunnel errichtet werden. Im Grundriß können sie bei Kopfbahnhöfen vor Kopf, an den Seiten oder hufeisenförmig und bei Durchgangsbahnhöfen auf einer oder beiden Seiten angelegt werden.

Die Hoch- oder Tieflage bietet bei Durchgangsbahnhöfen den Vorteil, daß die Reisenden zwischen der Straße und den Gleisen nur einmal Treppen steigen müssen. Liegt das Gebäude in Gleishöhe, so können bei Kopfbahnhöfen alle Gleise und bei Durchgangsbahnhöfen die beiden äußersten Gleise ebenerdig ohne Treppensteigen erreicht werden, alle anderen Gleise der Durchgangsbahnhöfe sind aber nur unter Benützung von zwei Treppen zu erreichen. Eine Lage des Empfangsgebäudes zwischen den Gleisen (Inselbahnhof) kommt für Neuanlagen nicht mehr in Betracht, weil die Gleisanlagen dadurch zu breit und die Weichenstraßen zu lang werden, weil die Bahnhofsvorplätze zu schmal sind und weil Erweiterungsmöglichkeiten fehlen.

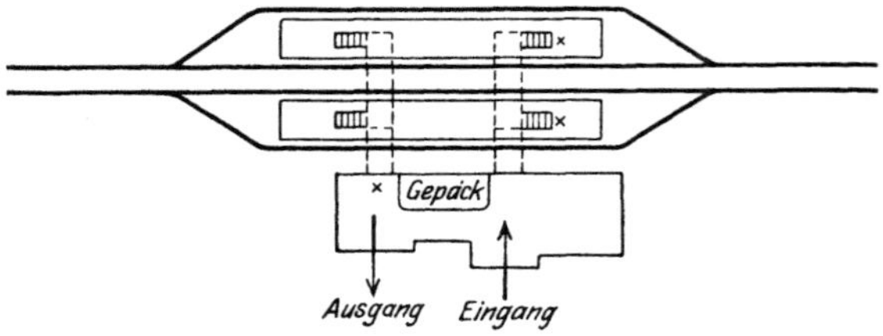

Abb. 165. Bahnhof mit getrenntem Zu- und Abgang

Der wichtigste Grundsatz für den Entwurf von Empfangsgebäuden ist, daß die Wege der Reisenden und Güter so kurz, klar und übersichtlich wie möglich sein müssen. Das bedeutet, daß verlorene Steigungen für Reisende und Güter zu vermeiden sind. Richtungsänderungen sind nicht erwünscht, weil sie das Zurechtfinden erschweren. Die Verkehrsströme der ankommenden und der abfahrenden Reisenden und ebenso die Wege der Reisenden und der Güter sollen sich nicht überschneiden Die Trennung der Reisenden läßt sich gemäß Abb. 165 dadurch vollkommen erreichen, daß zwei Bahnsteigtunnel angeordnet werden. Sollen unaufmerksame Reisende vor irrtümlicher Benutzung den Tunnel bewahrt werden, so müssen die Eingangssperren an den durch Kreuze bezeichneten Stellen auf den Bahnsteigen, die Ausgangssperren im Empfangsgebäude untergebracht werden. Der Gepäckverkehr liegt im Empfangsgebäude dann am besten in der Mitte zwischen Eingang und Ausgang. Beispiele für große Bahnhöfe mit zwei getrennten Tunneln für Ankunft und Abfahrt sind Den Haag HS, Nürnberg und Augsburg. Gepäckhalle und Handgepäckaufbewahrung liegen dort folgerichtig zwischen den beiden Durchgängen. Die Führung der Reisenden bereitet aber doch Schwierigkeiten, weshalb ein breiter Tunnel für Eingang und Ausgang zusammen vorzuziehen ist. Diese Lösung ist auch billiger. Die Zahl der Sperreschaffner ist kleiner. Der gemeinschaftliche Tunnel kann durch eine Längsschranke geteilt werden. Er muß dann aber erheblich breiter werden, weil er auf der einen Seite den größten ankommenden und auf der anderen Seite den größten abgehenden Verkehr durchlassen muß. Fehlt die Schranke, so wird der größere Teil der Tunnelbreite einmal von der einen, das andere Mal von der anderen Richtung benutzt. Auch bei einer Lösung nach Abb. 166 lassen sich Gegenströmungen vermeiden. Diese Form wird aber kaum angewandt werden können, weil die Reisenden zu Umwegen außerhalb des Bahnhofs gezwungen werden und eine zweckmäßige Unterbringung der Handgepäckaufbewahrung kaum möglich ist. Die in Abb. 165 angedeutete Form mit je einem Eingangs- und Ausgangstunnel erfordert folgerichtig, daß die einheitliche Gepäckhalle zwischen Ein-

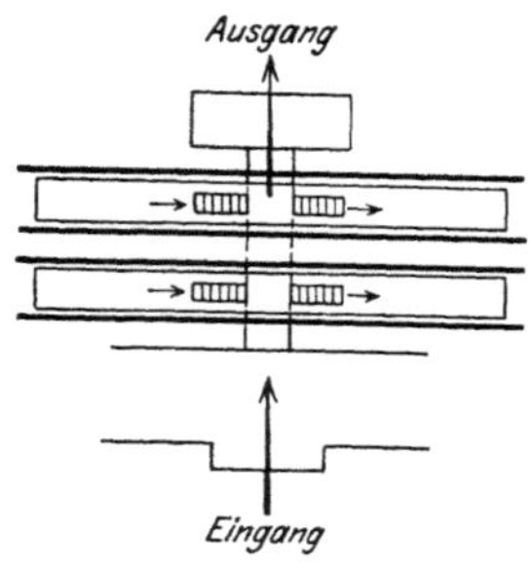

Abb. 166. Ein- und Ausgang auf beiden Seiten eines Bahnhofs

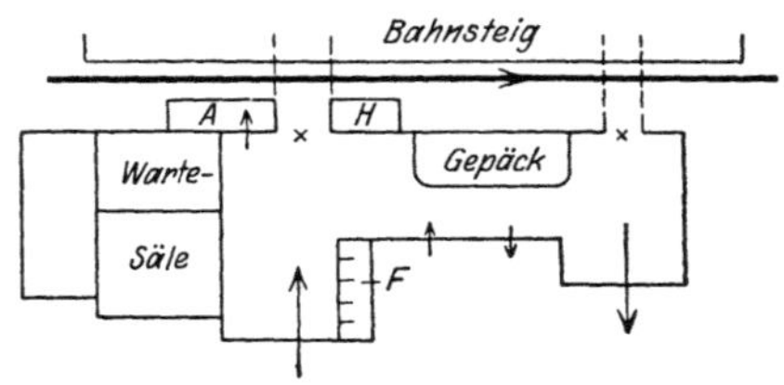

Abb. 167. Aufnahmegebäude für getrennten Zu- und Abgang, Ausgang ausnahmsweise links

und Ausgang gelegt wird, was bei entsprechender Ergänzung durch die Wartesäle zu der in Abb. 167 skizzierten Grundrißlösung führt. Sie ist etwas abgeändert bei dem Bahnhof Straßburg gewählt. Der dargestellte Linksbetrieb für den Fußgängerverkehr kann für die Platzgestaltung gelegentlich Vorteile bieten, z. B. beim Bahnhof Ludwigsburg/Württ.

Trotz der beschriebenen Vorzüge ist die Grundform mit gesondertem Ein- und Ausgang bei den meisten neueren Bahnhöfen nicht angewandt worden, denn die Anordnung folgerichtig angelegter Bahnsteigsperren führt zu Schwierigkeiten. Die Bedienung der Sperren wird teuer. Die Umsteigenden haben große Umwege zu machen und müssen unter Umständen zweimal die Sperre durchschreiten. Für das Handgepäck kann keine allseitig befriedigende Lage gefunden werden, desgleichen nicht für die Aborte. Wenn sich im Lauf der Zeit die scharfe Trennung in Zu- und Abgang nicht aufrechterhalten läßt, so wendet sich der Verkehr dem ihm günstiger gelegenen Tunnel zu, der fast immer der Eingangstunnel als *Haupttunnel* sein wird, während der andere als *Nebentunnel* verödet.

All diese Schwierigkeiten und Unzulänglichkeiten lassen sich vermeiden, wenn nur ein einziger, dafür aber reichlich breiter Tunnel angelegt wird. So entsteht eine klare, einfache und übersichtliche Gesamtanlage, die den Reisenden das Zurechtfinden erleichtert. Damit hat man bei so bedeutenden Bahnhöfen wie Karlsruhe, Ulm und Bern gute Erfahrungen gemacht. Die Grundform nur mit einem Tunnel (Abb. 168) kann als die zweckmäßigste Lösung bezeichnet werden.

Beim Betreten des Empfangsgebäudes wollen die Reisenden als erstes ihre Fahrkarten kaufen. In den Ländern mit Rechtsverkehr muß die Fahrkartenausgabe deshalb rechts liegen. Bei der in Abb. 168 skizzierten Grundform liegt auch die Gepäckabfertigung rechts, die der Reisende beim Aufgeben von Reisegepäck als nächstes aufsucht. Rechts von den Sperren liegt daneben noch die Handgepäckaufbewahrung, damit beide in den ruhigen Tagesstunden von einem einzigen Mann bedient werden können. Auf der anderen Seite der Sperre liegen die Abortan-

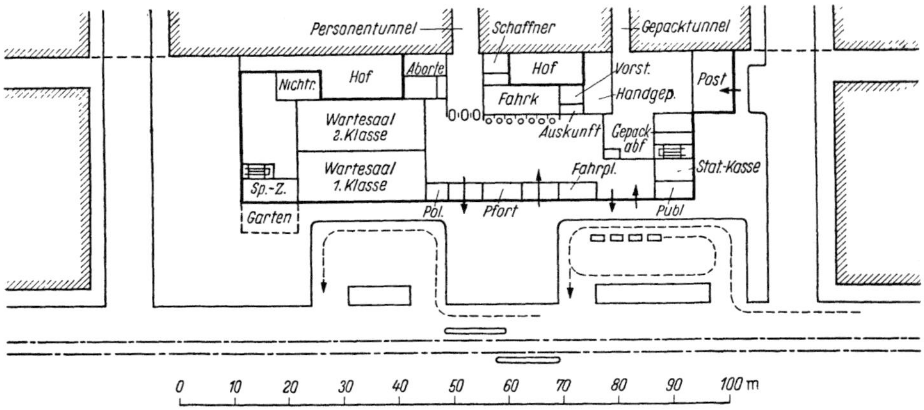

Abb. 168. Übliche Grundrißform mit Breitenhalle (nach W. Müller)

lagen. Gegenüber der Fahrkartenausgabe sind Wartesäle untergebracht. Erwünscht ist für die Gepäckabfertigung ein eigener Zugang von der Straße, der von den Gepäckträgern benutzt wird. Dadurch wird die Eingangshalle entlastet.

Die Gepäckannahme liegt rechts in der Nähe der Fahrkartenschalter. Sie ist mit der Gepäckausgabe zu einer einheitlichen Anlage zusammengefaßt. Beide werden höchstens durch einen Gepäcktisch oder durch leichte Gitter unterteilt, um den ankommenden und abgehenden Verkehr zu trennen. Nach den Bahnsteigen hin muß sich der Gepäcktunnel anschließen. Es läßt sich nicht vermeiden, daß die ankommenden Reisenden, die ihr Gepäck abholen wollen, den Weg der abfahrenden Reisenden kreuzen. Dieser Nachteil fällt aber deshalb nicht ins Gewicht, weil es sich nur um verhältnismäßig wenige Reisende handelt.

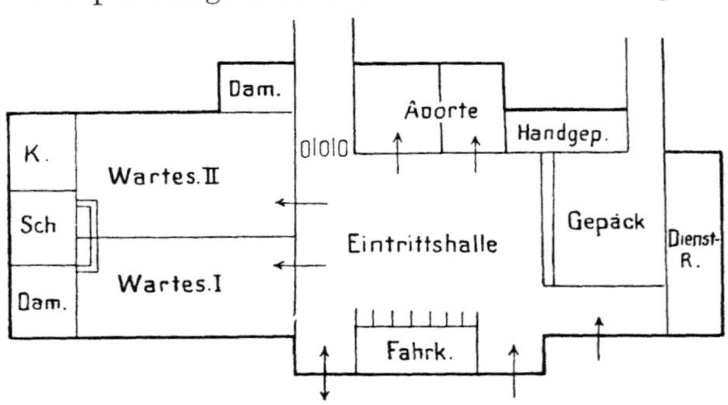

Abb. 170. Empfangsgebäude mit Fahrkartenausgabe an der Eintrittsseite

Die Wartesäle sind verschieden anzuordnen, je nachdem, ob Warteräume mit und ohne Wirtschaftsbetrieb getrennt oder vereinigt sind.

Das Empfangsgebäude wird unsymmetrisch. Bahnsteigtunnel, Sperre und Ausgang liegen in einer Achse, der Eingang ist versetzt und führt in die rechts gelegene Eintrittshalle. — Gut gelungen ist der Grundriß des neuen Empfangsgebäudes Davos-Platz (Abb. 169), einer kleinen Anlage, die aber schon deutlich die Unsymmetrie zeigt.

Eine Anordnung der Fahrkartenausgabe an der Rückwand der Eintrittshalle gemäß Abb. 170 ist unübersichtlich. Diese Form findet sich beim Bahnhof Basel SBB. Auch eine Lage in der Mitte der Eintrittshalle gemäß Abb. 171 ist

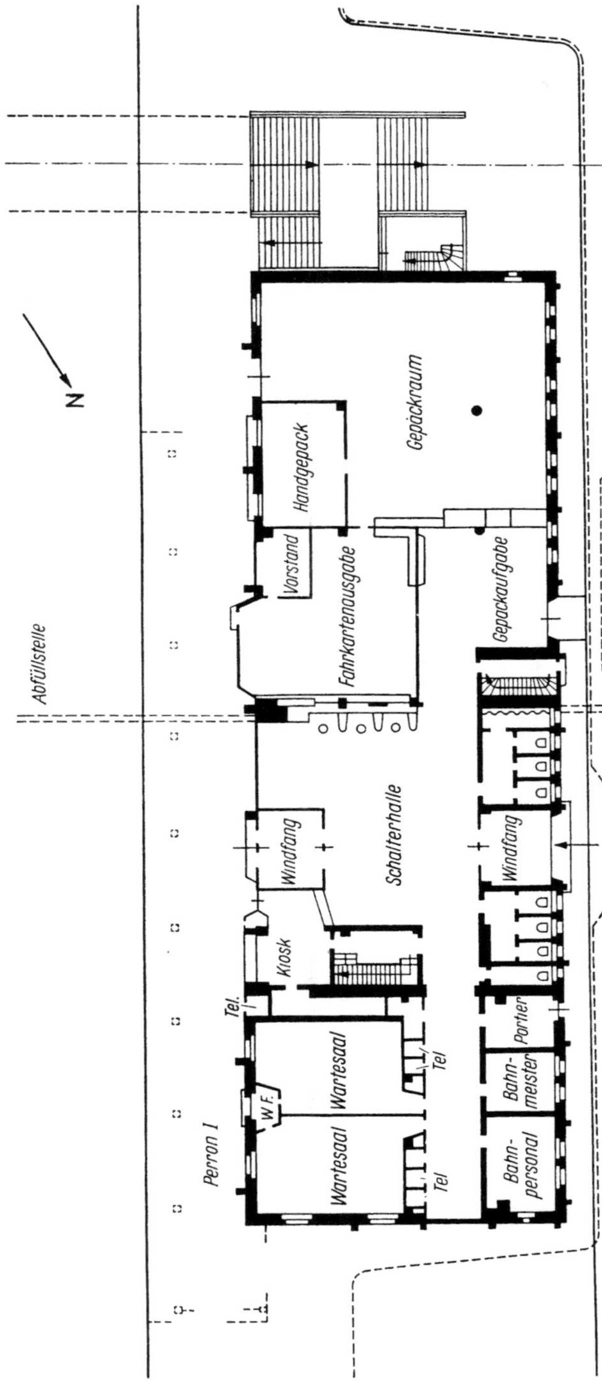

Abb. 169. Kleines neues Empfangsgebäude in Davos-Platz (nach Rhätische Bahn, Chur)

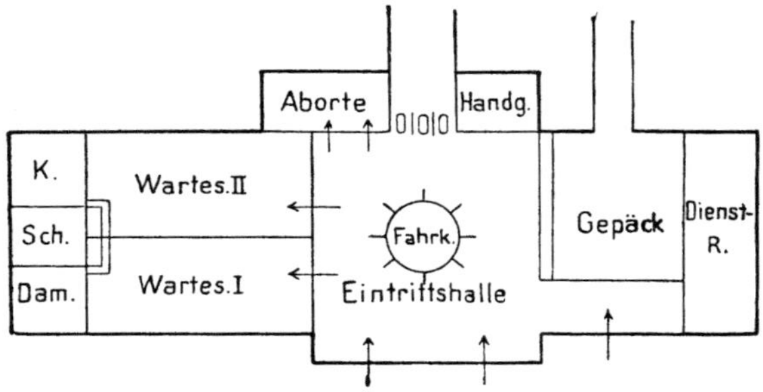

Abb. 171. Schlechte Anordnung der Fahrkahrtenausgabe

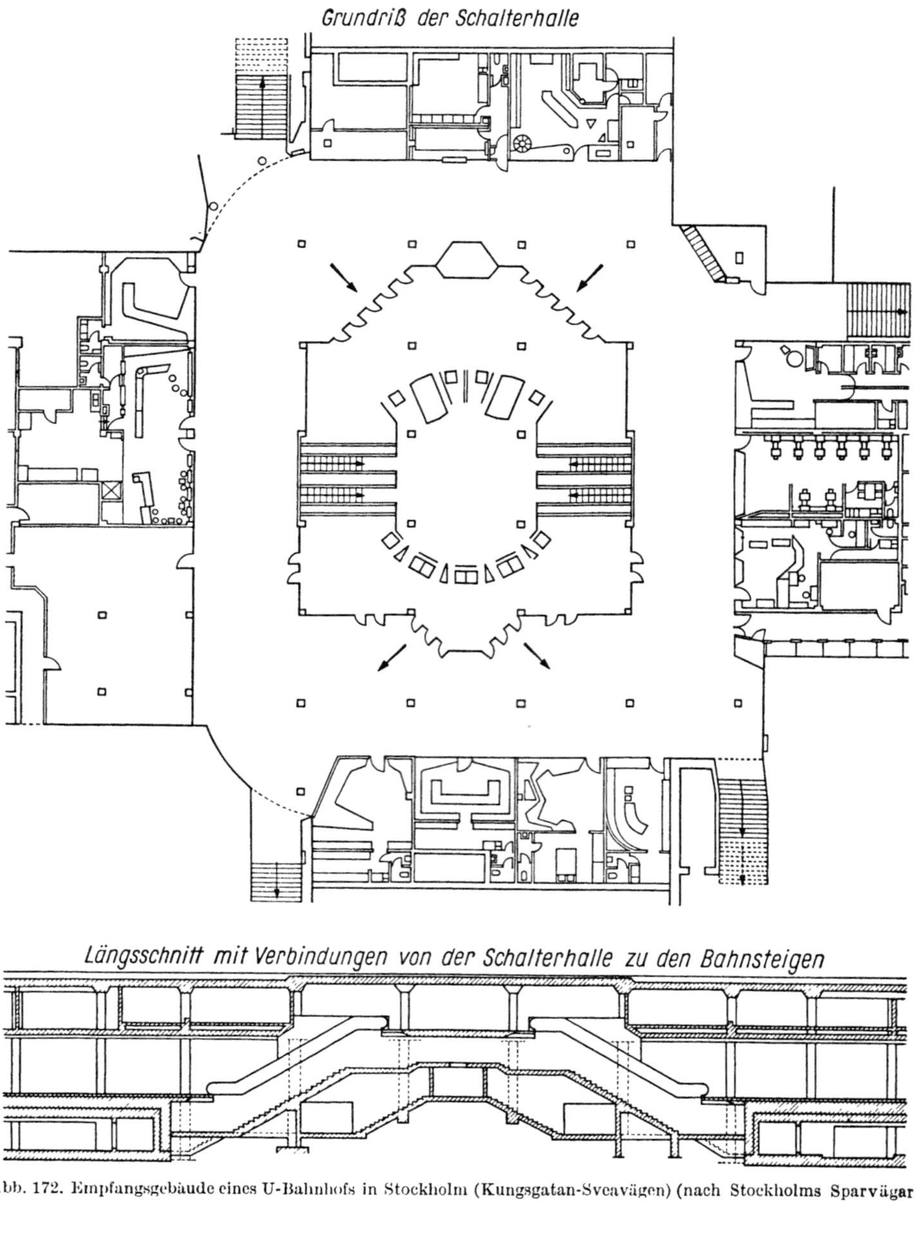

Abb. 172. Empfangsgebäude eines U-Bahnhofs in Stockholm (Kungsgatan-Sveavägen) (nach Stockholms Sparvägar)

gewöhnlich nicht zu empfehlen, weil die Übersicht gestört ist und die Reisenden zu Umwegen gezwungen werden. Bei einer solchen Lage können die Fahrkartenschalter auch nur schlecht mit Licht und Luft versehen werden. Eine sehr gedrängte, zweckmäßige Form hat aber ein neuer Bahnhof der Stockholmer Untergrundbahn erhalten (Abb. 172), bei dem die Fahrgäste in der Mitte der Halle die Rolltreppen erreichen.

Bei größeren Bahnhöfen mit zahlreichen Schaltern müssen die Reisenden an allen Fahrkartenschaltern entlang gehen und unnötig weite Wege zurücklegen. Solche in die Tiefe entwickelten Hallen (Tiefenhallen, Abb. 173) bezeichnen die Franzosen mit Recht als „halle des pas perdus“. Beispiele sind die Schalterhallen vieler Durchgangsbahnhöfe und der Kopfbahnhöfe München, Stuttgart und Frankfurt, auch Zürich. Bei größeren Bahnhöfen kommt deshalb ausschließlich die Breitenhalle in Frage. Eine vorbildliche Lösung mit kürzesten Wegen

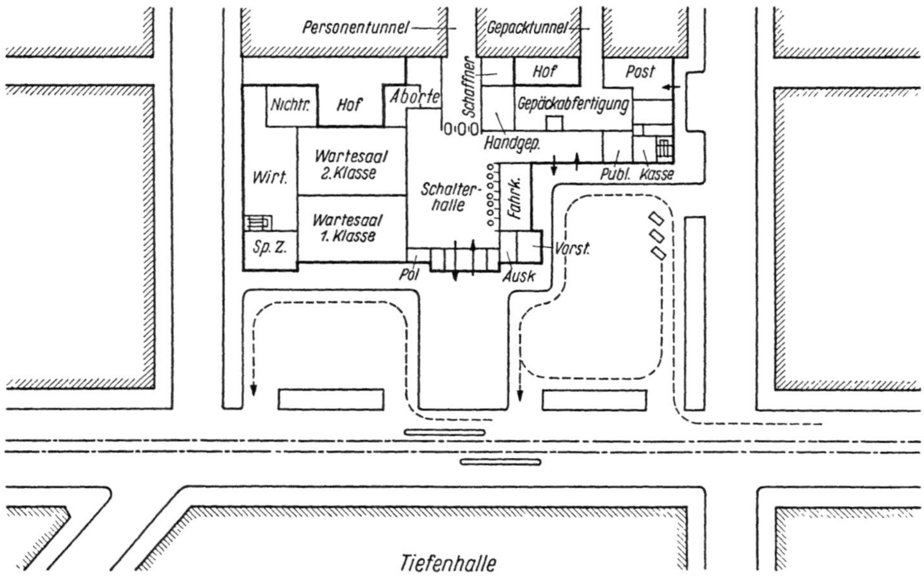

Abb. 173. Empfangsgebäude mit Tiefenhalle (nach W. Müller)

ist der neue Bahnhof Pforzheim (Abb. 174). Auch der neue Bahnhof Bochum (Abb. 175) ist zweckmäßig. Allerdings greift der Vorbau zu weit in den Bahnhofsplatz ein; er behindert die Übersicht und verlängert die Wege.

Eine glückliche Anordnung auf einem sehr schwierigen Grundriß zeigt der Entwurf für den Umbau des Hauptbahnhofs Bern (Abb. 176). Bei diesen neuzeitlichen Bahnhöfen tritt die Repräsentation zugunsten der Zweckmäßigkeit in den Hintergrund.

Leider werden die Erkenntnisse des Bahnhofsbaues beim Bau neuer Flughäfen noch kaum berücksichtigt. Das neue Empfangsgebäude des Flugplatzes Zürich-Kloten erhielt eine „halle des pas perdus“ mit sehr langen Wegen für die Reisenden und das Gepäck. Die Entwicklung der Flughöfe in 2 Ebenen, die in den letzten Jahren in zahlreichen Fällen angewandt wurde, bringt für die Bewegungen der Reisenden, des Gepäcks und der Zubringerfahrzeuge erhebliche Nachteile mit sich. Bei einem Bahnhof auf dem teuren Boden im Herzen einer Stadt hätte die Unterbringung von Ankunft und Abfahrt in zwei Ebenen noch eher eine Berechtigung, wenn sich damit brauchbare Lösungen finden ließen.

Wegen weiterer Einzelheiten über Empfangsgebäude darf auf die Bücher von Röttcher, „Empfangsgebäude der Personenbahnhöfe“ und Spröggel, „Hochbauten der Eisenbahn“ verwiesen werden.

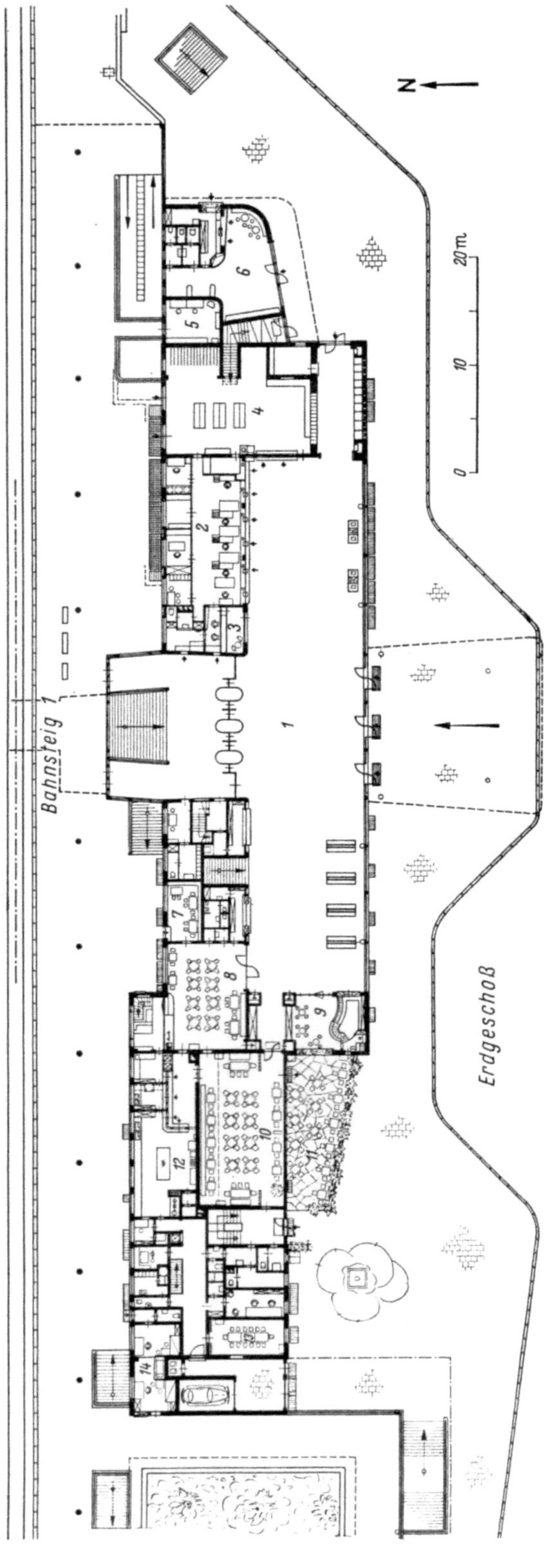

Abb. 174. Neues Empfangsgebäude in Pforzheim (nach Reichsbahndirektion Stuttgart)

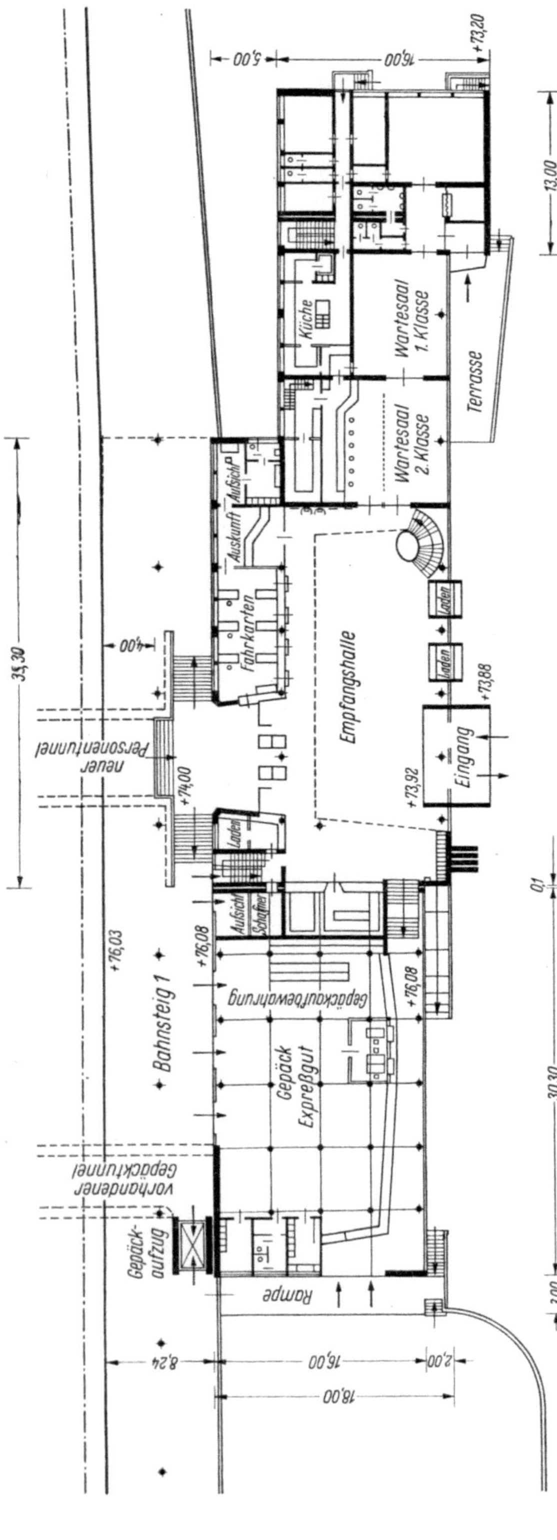

Abb. 175. Neues Empfangsgebäude in Bochum (nach Reichsbahndirektion Essen/Ruhr)

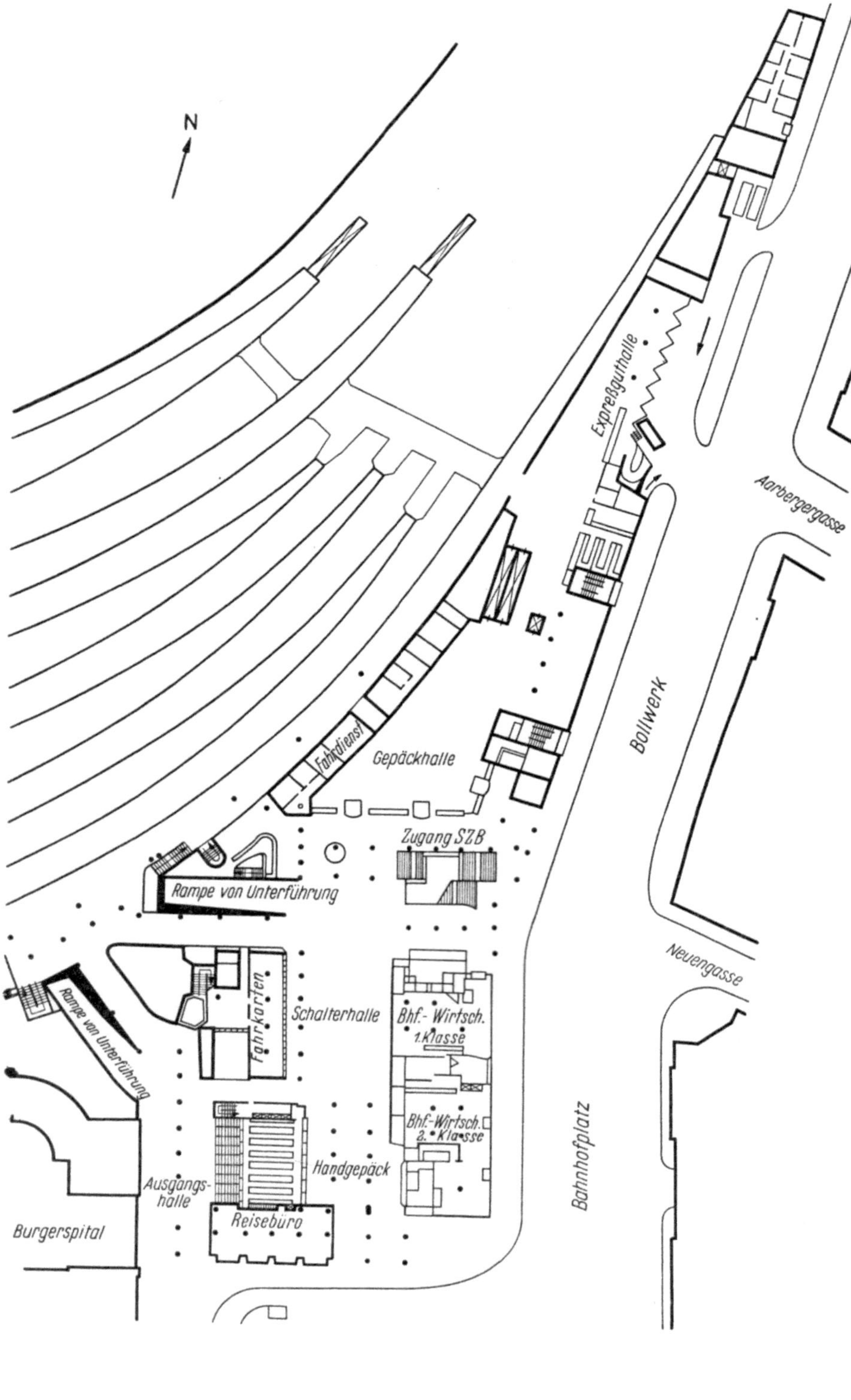

Abb. 176. Grundriß des geplanten Empfangsgebäudes Bern (nach Generaldirektion Schweiz. Bundesbahnen)

d) Bahnhofsplätze

Der Bahnhofsentwurf darf sich nicht auf das Bahngelände beschränken, sondern muß auch den Bahnhofsplatz einbeziehen.

Der Bahnhofsplatz hat die Aufgabe eines Umschlagplatzes zwischen der Bahn und den verschiedenen innenstädtischen Verkehrsmitteln. Der Übergangsverkehr zwischen Eisenbahn und Stadt ist bei größeren Bahnhöfen so stark, daß der Bahnhofsvorplatz von allem übrigen Verkehr nach Möglichkeit frei zu halten ist. Sonst kann er seiner wichtigen Aufgabe nicht genügen. Bahnhofsplätze sollen deshalb nicht im Zuge von Durchgangsstraßen liegen. Unter Umständen können Plätze an Durchgangsstraßen dadurch verbessert werden, daß der Durchgangsverkehr auf andere Straßen abgeleitet oder in die zweite Ebene verwiesen wird, wie vor dem neuen Bahnhof Rotterdam (Abb. 182).

Der starke Strom der ankommenden Reisenden muß sich nach dem Verlassen des Empfangsgebäudes auflösen und in die verschiedenen Richtungen verteilen können. Die abfahrenden Reisenden treffen sich bei gutem Wetter im Freien vor dem Empfangsgebäude. Dafür ist vor den Ein- und Ausgang eine Fußgängerzunge von recht erheblicher Länge und Breite zu legen. Durch die Zunge wird der Platz gegliedert. Beiderseits der Zunge entstehen Buchten. Die rechts, auf der Seite der Gepäckabfertigung gelegene Bucht wird für die Anfahrt der Fahrzeuge mit Reisegepäck und Expreßgut verwendet. Die Fahrzeuge müssen bis an das Gebäude, am besten sogar bis an die Abfertigung heranfahren können. Deshalb sollte der Vorplatz nicht viel tiefer liegen als der Schaltervorraum im Gebäude.

Die links, vor den Warteräumen gelegene Bucht dient als Anfahrt für Privatwagen und Taxi. Die Taxi müssen so aufgestellt werden, daß sich der erste abfahrbereite Wagen möglichst nahe beim Ausgang des Gebäudes befindet. Wenn genügend Raum zur Verfügung steht, können auch Parkplätze angelegt werden.

Der Bedarf an Abstellgelegenheiten ist sehr groß, besonders an Fernbahnhöfen, ebenso aber auch an Vorortbahnhöfen von Großstädten, in denen die Verkehrsnot allmählich den Übergang zum gebrochenen Verkehr erzwingt. Der Bedarf an Parkständen richtet sich nach der Größe des Einzugsgebietes. Als Faustregel gilt, daß an einem Hauptbahnhof Abstellraum für 1,5% der in der Stadt beheimateten Personenwagen vorzusehen ist, wobei 0,1% auf Taxi entfallen. Dazu kommen noch Abstellflächen für Last- und Lieferwagen. Die Parkgelegenheiten sollen nicht weiter als 300 m vom Empfangsgebäude entfernt liegen. In den 1,5% ist auch ein kleiner Anteil für die Bahnhofsgaststätten, Hotels und Geschäfte am Bahnhofsplatz enthalten.

Für den Massenverkehr der Reisenden ist die Lage der Haltestellen der öffentlichen Verkehrsmittel besonders wichtig. Früher wurde empfohlen, die Straßenbahngleise über die Fußgängerzunge zu führen, so daß sie in dem Straßenquerschnitt vor dem Empfangsgebäude einseitig liegen. Zweifellos hat diese Lage für die Fahrgäste der Straßenbahn große Vorteile. Der Übergang der Straßenbahnen aus der Mittellage in die Seitenlage stört aber den übrigen Verkehrsfluß stark. Bekannt sind die Schwierigkeiten an den Knotenpunkten beiderseits des Hauptbahnhofes Frankfurt/Main. Im allgemeinen wird es sich empfehlen, die Straßenbahn in der Mittellage zu belassen und lieber die Fußgänger unter Signaldeckung oder auf einem Zebrastreifen ebenerdig die Straße überschreiten zu lassen. Die Fußgängerunterführung muß als Notlösung bezeichnet werden, wenn sie nicht unmittelbar an einen Bahnsteigtunnel anschließt, weil die Fußgänger — besonders alte Leute, Gehbehinderte und Mütter mit Kinderwagen — das Treppensteigen und das Begehen von Tunneln scheuen. Die Unterführung am Bahnhof Genf wird kaum benutzt, diejenige am Bahnhof Basel SBB als unmittelbare Fortsetzung des Bahnsteigtunnels ist gut, in Stuttgart und Hagen/Westf. wird die Benutzung durch Abschrankungen erzwungen, in München und Augsburg wird der Tunnel von vielen auf nahe gelegenen, höhengleichen Übergängen mit Signalen umgangen.

Durchlaufende städtische Buslinien müssen ihre Haltestellen auf beiden Seiten der Straße behalten. Endende Stadt- und Fernlinien können Halteinseln in der rechten Bucht vor dem Empfangsgebäude erhalten, soweit diese durch die Gepäckfahrzeuge nicht ausgenützt wird.

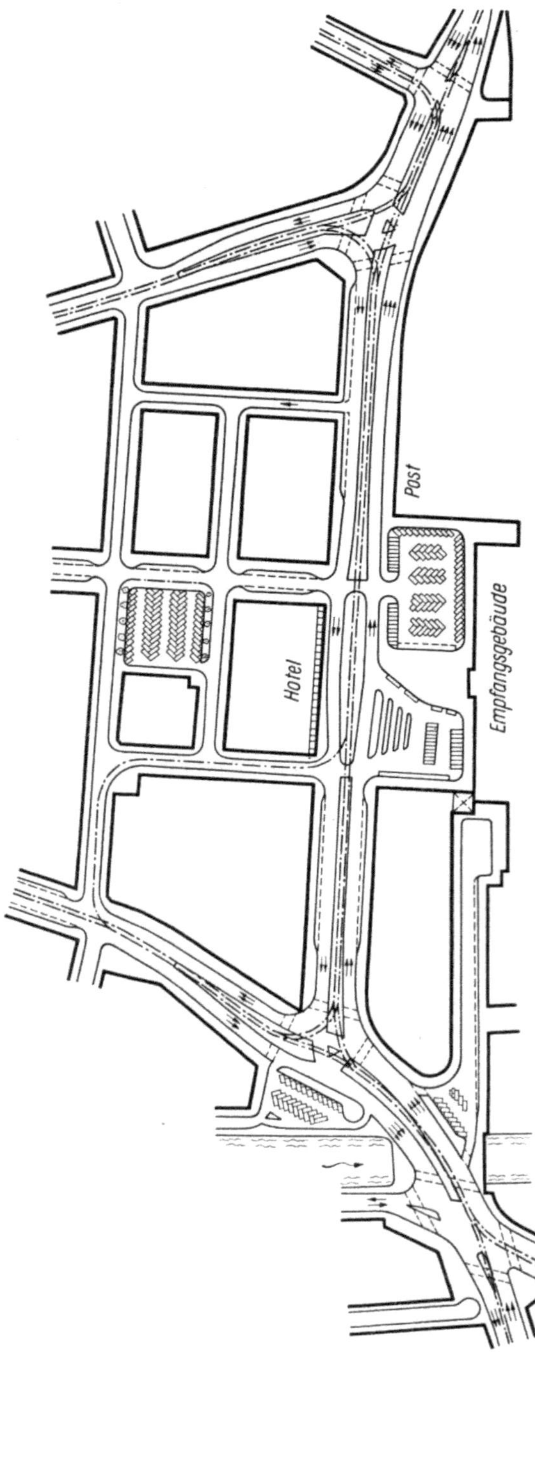

Abb. 177. Bahnhofsplatz in Hagen/Westfalen

Die verschiedenen Verkehrsmittel werden am besten fächerförmig um den Bahnhofsausgang herum angeordnet, damit der ankommende Reisende sofort die verschiedenen Fußgängerverbindungen und Fahrgelegenheiten übersieht. Beispiele dafür sind der neue Bahnhofsplatz in Hagen (Abb. 177) mit Fußgängerunterführung von der Mittelzunge aus und der Entwurf für den Bahnhofsplatz in Wanne-Eickel (Abb. 178), bei dem die Straßenbahn bereits bei einem in der Nähe gelegenen Straßenknoten in die Seitenlage übergeht. In Recklinghausen (Abb. 179) haben die örtlichen Verhältnisse zu einer abweichenden Lösung geführt. Die Haltestellen der Straßenbahn und der Autobusse mußten wegen der vorhandenen Bebauung senkrecht zum Empfangsgebäude geteilt werden. Die Wege der Fahrgäste sind recht weit. Die Grünanlage zwischen Eisenbahn und Stadtkern konnte weitgehend geschont werden.

Früher wurden aus architektonischen Gründen oft eine oder mehrere Hauptstraßen auf den Haupteingang des Bahnhofsgebäudes ausgerichtet. Verkehrstechnisch entstehen dadurch vor dem Gebäude T-Kreuzungen

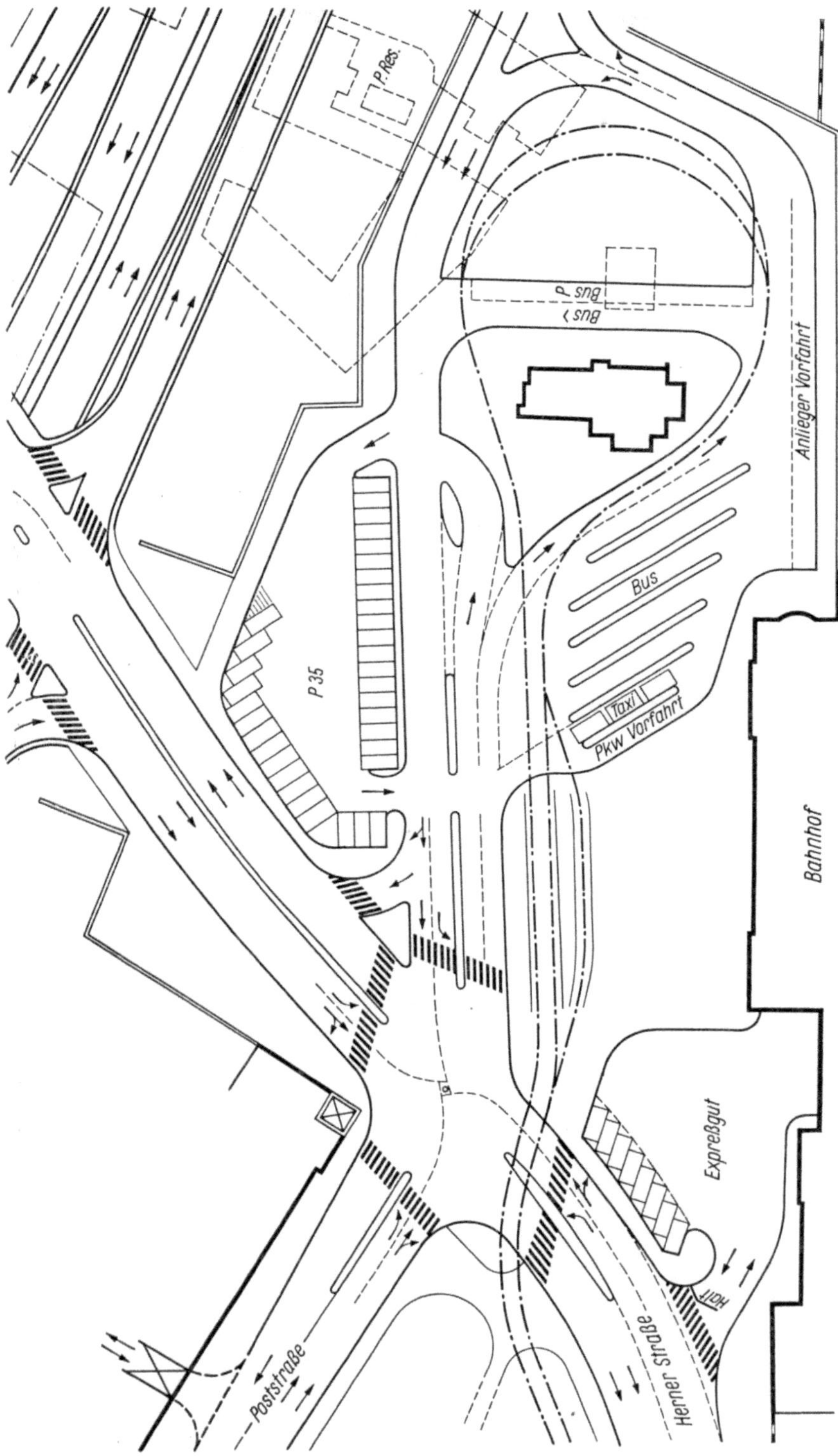

Abb. 178. Bahnhofsplatz in Wanne-Eickel mit Straßenbahn in Seitenlage (Entwurf)

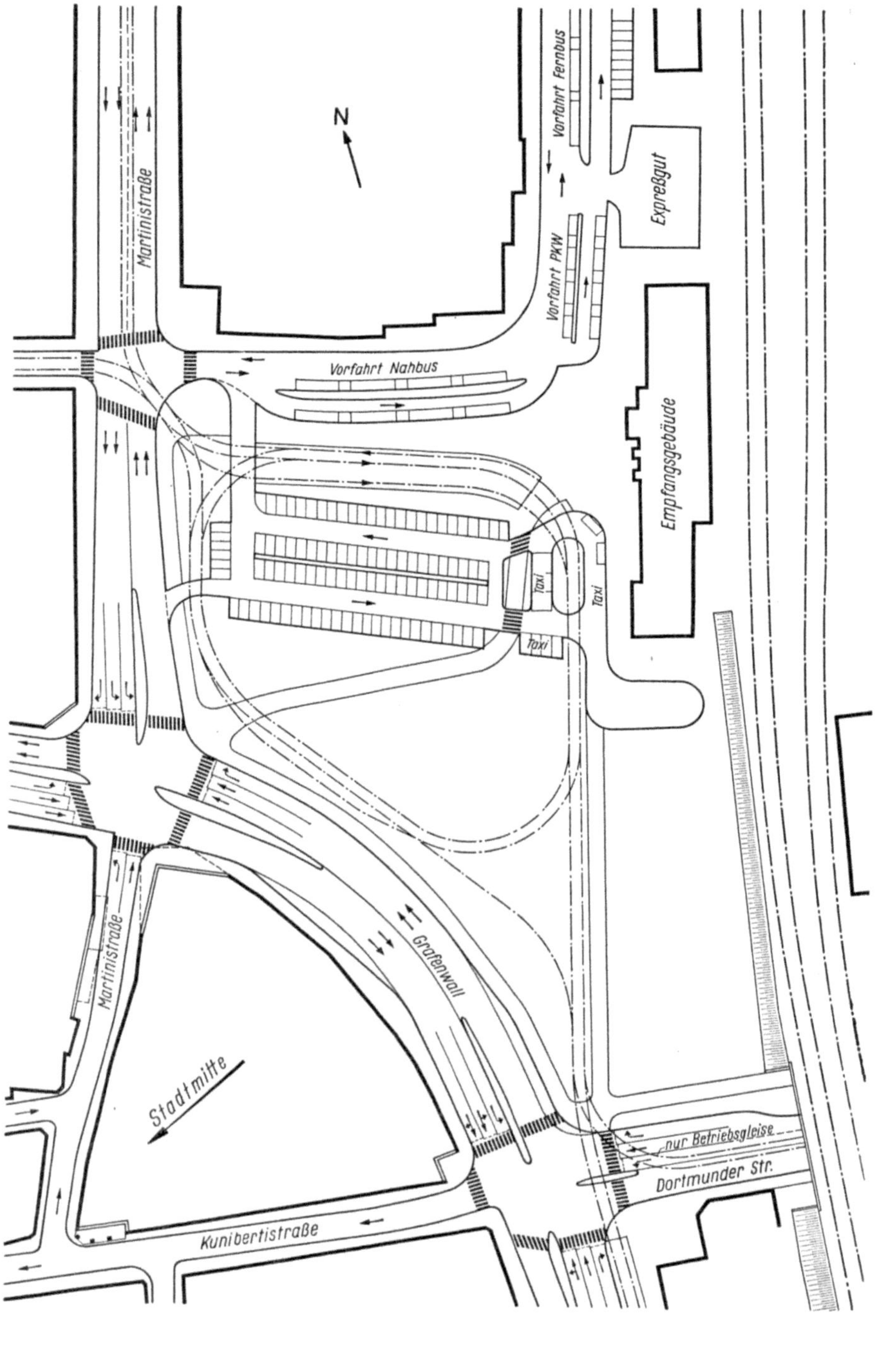

Abb. 179. Bahnhofsplatz in Recklinghausen, Haltestellen des öffentlichen Verkehrs senkrecht zum Gebäude (Entwurf)

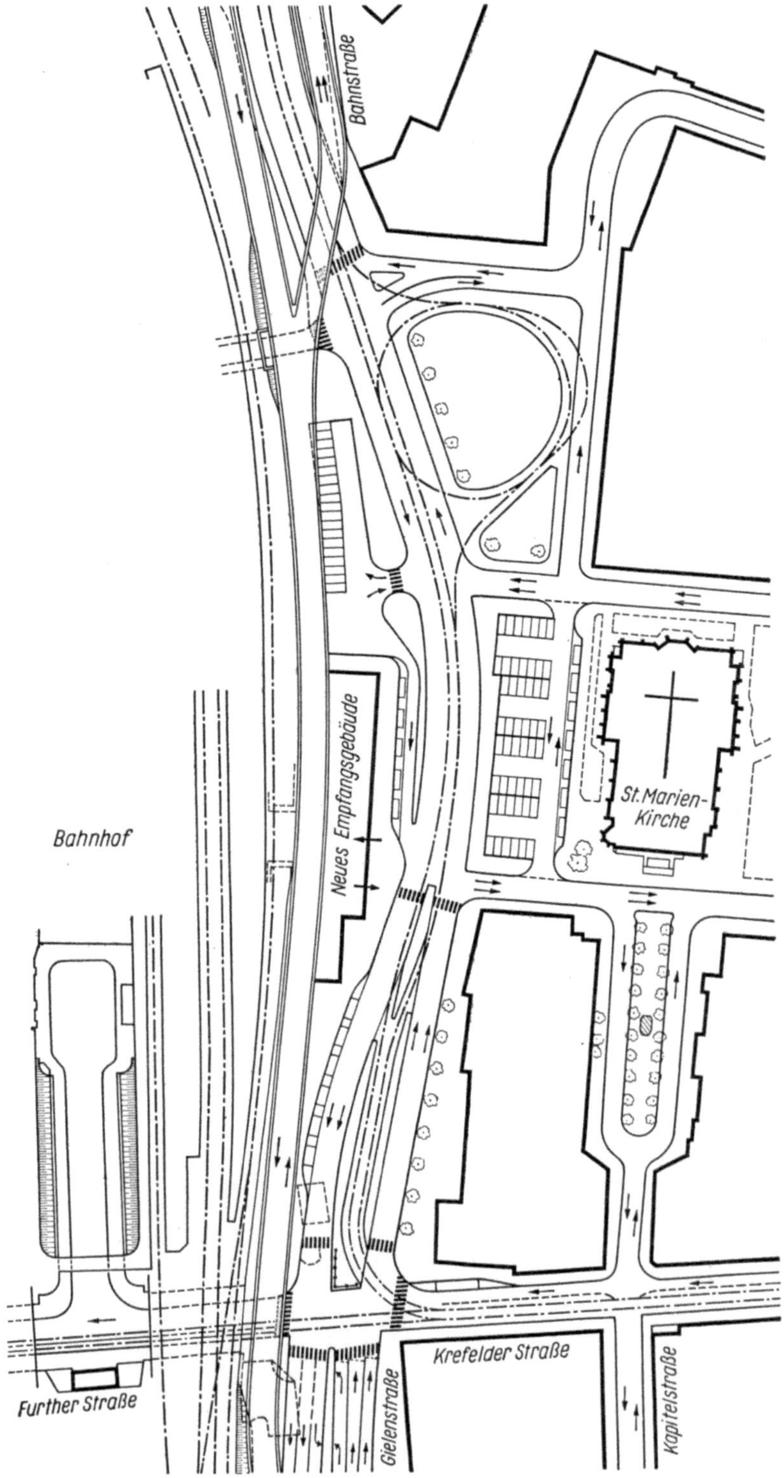

Abb. 180. Bahnhofsplatz Neuss mit Anwendung der 2. Ebene (Entwurf)

oder Sternplätze, die verkehrstechnisch immer ungünstig sind, aber wegen der Bebauung nur mit hohem Aufwand beseitigt werden können. Beispiele solcher unglücklicher Straßenführungen finden sich in großer Zahl:

Achsenstraßen: Bremen, Elberfeld, Bonn, Saarbrücken, Mannheim, Stuttgart (2 Achsen), Augsburg, Freiburg im Breisgau, Zürich und Biel.

Sternplätze: Hannover, Düsseldorf, Frankfurt am Main, Mainz, Karlsruhe und Mailand.

Die Verbesserung solcher Verhältnisse ist im allgemeinen sehr schwierig. Bei der Umgestaltung eines Inselbahnhofes in Neuß muß z. B. der Bau einer Hochstraße in Höhe der Gleise über dem neuen, seitlich liegenden Empfangsgebäude ins Auge gefaßt werden, um den Durchgangsverkehr von dem neuen, schmalen

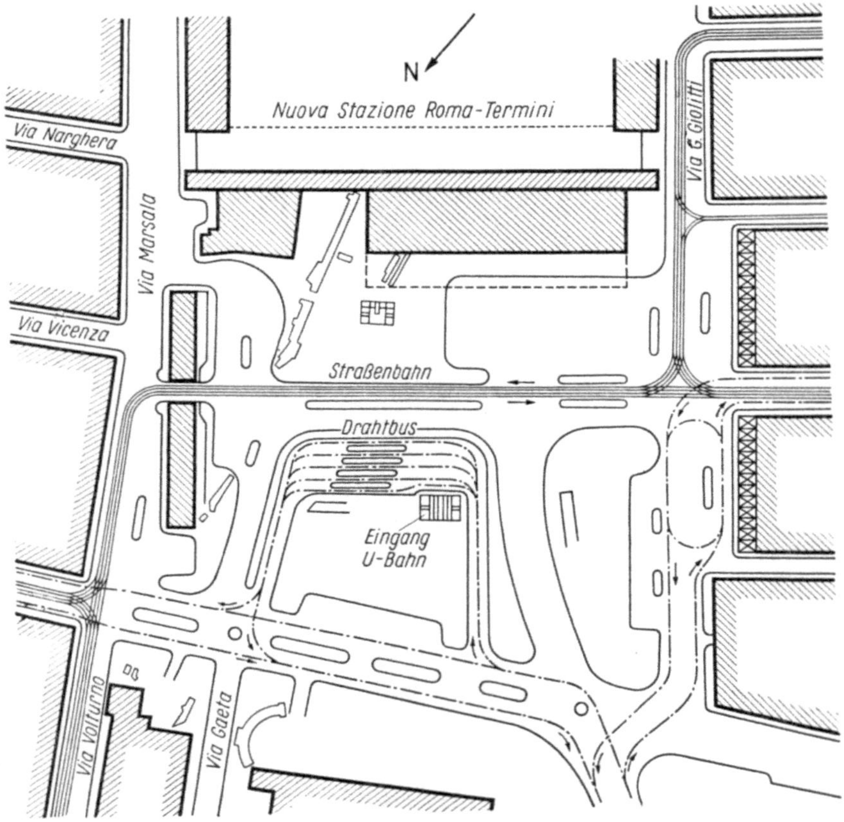

Abb. 181. Bahnhofsplatz Rom

Bahnhofsplatz fernzuhalten (Abb. 180). Die Bedeutung einer verkehrsgerechten Gestaltung der Bahnhofsplätze wird wohl am klarsten durch die Gegenüberstellung der beiden, erst im letzten Jahrzehnt entstandenen Vorplätze von Rom (Abb. 181) und Rotterdam (Abb. 182). Der Bahnhofsplatz von Rotterdam zeichnet sich durch straffe Gliederung, kurze Wege und gute Übersicht aus.

e) Hoch- oder Tieflage

Die alte Streitfrage, ob die Hoch- oder die Tieflage von Bahnhöfen günstiger sei, läßt sich zunächst dahin beantworten, daß die vorhandene Lage der Bahnhöfe sich nur noch in den seltensten Fällen ändern läßt und ebenso wie das Gleissystem — Linienbetrieb oder Richtungsbetrieb — als gegeben hingenommen werden muß. Selbst die unbefriedigende, höhengleiche Lage von Eisenbahnstrecken in größeren Städten, wie z. B. in Bonn oder Hanau kann wegen der außerordentlich hohen Kosten kaum mehr beseitigt werden, jedenfalls nicht mit wirtschaftlich vertretbarem Aufwand. Bei der Verkehrssanierung in Baden (Schweiz) bleibt der Bahnhof aus wirtschaftlichen und betrieblichen Gründen unberührt und es wird nur die anschließende Strecke abgesenkt.

Bei einem Bahnhof in Straßenhöhe werden die Reisenden immer zu zweimaligem Treppensteigen gezwungen, außer bei Kopfbahnhöfen und beim ersten Gleis von Durchgangsbahnhöfen. Betrieblich entstehen durch die höhengleiche Lage

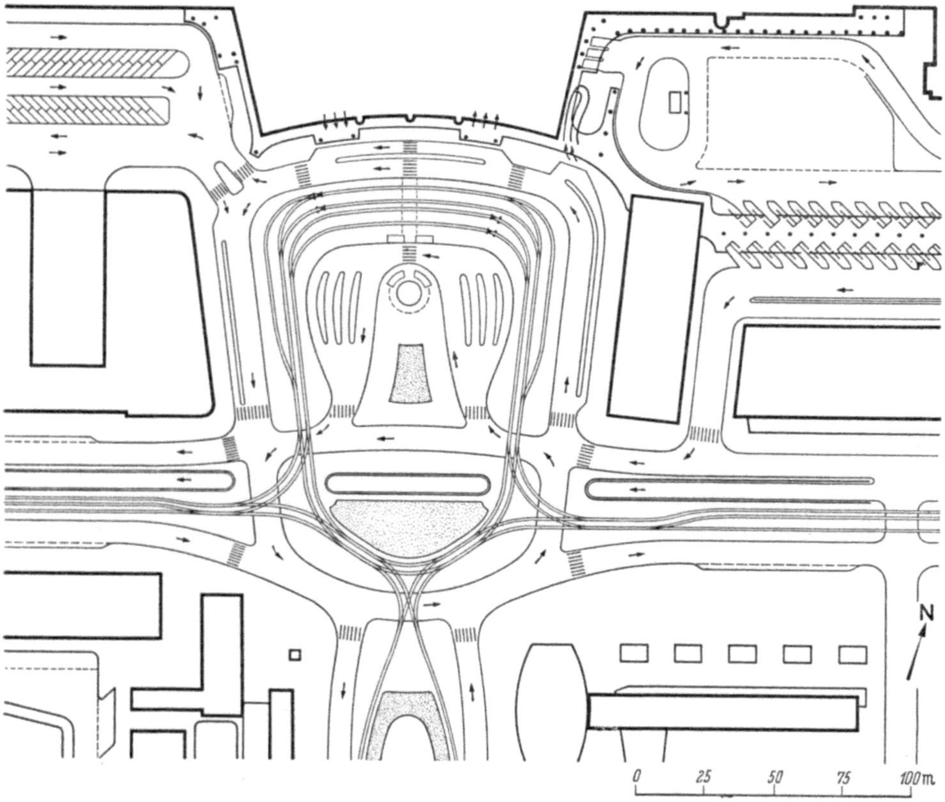

Abb. 182. Bahnhofsplatz Rotterdam, verkehrstechnisch und architektonisch gut gegliedert

Kreuzungen mit dem Straßenverkehr, die eine ständige Gefahr bedeuten. Höhengleiche Bahnhöfe haben unter anderem die folgenden Städte:

Kopfform: Oslo, Gotenburg, Malmö, London, Paris, Kassel, Frankfurt am Main, Wiesbaden, Ludwigshafen, München, Kempten/Allg., Lindau, Zürich, Luzern, Venedig, Florenz, Rom, Madrid, Belgrad, Istanbul.

Durchgangsform: Mainz, Mannheim, Ulm, Augsburg, Regensburg, Freiburg im Breisgau, Basel SBB, Bern, Winterthur, St. Gallen und Chur.

Die Hochlage der Eisenbahn ist betrieblich erwünscht, weil die Sicht auf Strecke und Signale nicht beeinträchtigt wird. Verkehrlich hat sie den Vorteil, daß Reisende und Gepäck nur etwa 3 m Höhe überwinden müssen, gegen rund 6 m bei Tieflage. Auch die Baukosten sind gewöhnlich geringer. Für das Stadtbild ist die Tieflage selbstverständlich günstiger. Die hohen Bahndämme oder Stützmauern sehen häßlich aus. Sie wirken als eine Trennung und zerreissen das Stadtgefüge. In vielen Städten ist das Viertel *hinter der Bahn* wirtschaftlich stark benachteiligt. Am besten lassen sich die verschiedenen Möglichkeiten in Berlin vergleichen. Die Stadtbahn durchschneidet die ganze Stadt von Osten nach Westen und liegt zum großen Teil auf den bekannten *Stadtbahnbögen*. Der westliche Teil des Ringes liegt im Einschnitt und fällt im Stadtbild viel weniger auf. Die Linienführung des Tunnels der Nord-Süd-S-Bahn ist in der Stadt kaum festzustellen. Der Tunnel ist die teuerste Lösung. Trotzdem wurden bei Neubauten und Entwürfen Tunnel bevorzugt, z. B. bei der Beseitigung der alten höhengleichen Einführung der Gotthardbahn in Zürich, bei der Verbindung zwischen dem Nord- und Südbahnhof Brüssel, bei den geplanten Verbindungen zwischen München Hbf. und Ostbahnhof und zwischen Oslo West und Ost.

Wichtige Bahnhöfe haben folgende Lage:

Hochlage:

Kopfform: Stuttgart, Friedrichshafen-Hafenbahnhof, Wien West, Wien-Süd/Ost, Mailand.
Durchgangsform: Hannover, Dortmund, Bochum, Essen, Duisburg, Düsseldorf, Köln, Gent, Halle/Saale, Nürnberg, Karlsruhe, Saarbrücken, Straßburg, Basel Badischer Bahnhof, Genf, Lyon, Innsbruck, Linz/Donau.

Tieflage:

Kopfform: Neapel, Neuyork Grand Central.
Durchgangsform: Kopenhagen, Hamburg Hbf., Darmstadt, Heidelberg, Genua.

IV. Abstellbahnhöfe

Der Abstellbahnhof ist der eigentliche Endpunkt des Zuglaufes. Nur wenige Züge — vor allem im Nah- und Vorortverkehr — wenden kurz, d. h. sie fahren wieder auf die Strecke hinaus, ohne den Abstellbahnhof zu berühren. In den Abstellanlagen wird der Hauptteil der Betriebsvorgänge für den Personenverkehr abgewickelt. Die Anlagen dienen zum Aufstellen der angekommenen Personenzüge und zu ihrer Vorbereitung auf die nächste Fahrt. Dazu gehört das Auflösen und Neubilden der Züge, das Abstellen der Züge und Wagen zwischen den Fahrten, das Reinigen, Nachsehen und Heizen der Wagen, die Versorgung mit Wasser, Wäsche und anderen Ausrüstungsgegenständen, die Vornahme kleiner Ausbesserungen und die Vermittlung des Verkehrs mit den Post-, Eilgut- und Ortsgüterbahnhöfen. Für jeden dieser Vorgänge sind in einem größeren Bahnhof besondere Einrichtungen nötig.

Die Zusammensetzung der Personenzüge wird für jeden Fahrplanabschnitt in einem Zugbildungsplan festgelegt. Er gibt an, aus welchen Wagen jeder Zug besteht, an welcher Stelle die Wagen im Zug stehen und welche sonstigen Bedingungen bezüglich Achsenzahl, Bremsen usw. zu beachten sind. Der Wagensatz des Zuges besteht je nach dem Lauf der einzelnen Wagen aus:

Stammwagen, die die ganze vom Zug durchfahrene Strecke zurücklegen,
Verstärkungswagen, die nur auf Teilstrecken eingestellt werden, und
Kurswagen, die auf andere Züge übergehen.

Ist die von einem Zug durchfahrende Strecke klein, so kann der gleiche Wagensatz an einem Tag mehrere Male hin und her fahren oder pendeln. Das geschieht in ausgedehntem Maße im Stadt- und Vorortverkehr. Ist die Strecke länger, so kann der Wagensatz vielleicht nur einmal am Tag verkehren. Bei ganz großen Entfernungen kann der Wagensatz erst nach mehreren Tagen zum Heimatbahnhof zurückkehren. Deshalb können mit dem gleichen Wagensatz mehrere Züge oder nur ein Zug gefahren werden, oder für einen Zug werden sogar mehrere Wagensätze gebraucht. Aus dem Zugbildungsplan ist zu berechnen, wie viele Wagen der verschiedenen Arten, Klassen, Bauart und Ausrüstung jedem Abstellbahnhof zugeteilt werden müssen, damit er die im regelmäßigen Verkehr benötigten Wagensätze bereitstellen kann. Der Lauf der einzelnen Wagen wird in einem Wagenumlaufplan festgelegt. Aus diesem Plan ist vor allem zu ersehen, welchen Weg die Kurswagen nehmen, wenn sie von Zug zu Zug übergehen. Außer dem festen Bestand an Wagen braucht der Abstellbahnhof noch einen Wagenvorrat, aus dem er schadhafte und untersuchungspflichtige Wagen ersetzt und namentlich die Züge bei Bedarf verstärkt und Sonderzüge bildet.

A. Allgemeines

a) Lage des Abstellbahnhofs

Abstellanlagen sind in allen Bahnhöfen erforderlich, in denen Züge enden und beginnen. Die Abstellanlagen sind deshalb nach Bedeutung, Umfang und Ausstattung sehr verschieden. Sie können aus nur einem oder wenigen Gleisen bestehen und unmittelbar bei den Personenbahnhöfen liegen, sie können sich aber auch zu großen, selbständigen Bahnhöfen entwickeln, die von dem zugehörigen Personenbahnhof getrennt sind und mit ihm durch besondere Verbindungsgleise verbunden werden. Die größeren, mehr oder weniger selbständigen Anlagen werden als Abstellbahnhöfe bezeichnet. Die kleineren Abstellanlagen wurden bereits bei den Personenbahnhöfen besprochen.

Eigentliche Abstellbahnhöfe sind dort nötig, wo eine größere Zahl von Zügen endet und beginnt, also an den Knotenpunkten und in Großstädten, an den Endpunkten der Strecken in Häfen, im Gebirge oder bei der Berührung mit Bahnen anderer Spurweite. Zu den Bahnhöfen, an denen regelmäßig ein Teil der Züge endet, gehören auch die Zwischenbahnhöfe, auf denen die Verkehrsstärke bedeutend abnimmt oder eine bestimmte Verkehrsart endet, also der Vorortverkehr von Großstädten oder Bezirksverkehr der Industriegebiete. Vorortzüge sollen nicht in der Stadt abgestellt werden, sondern an den äußeren Endpunkten des Netzes, weil das Gelände dort billiger ist und weil frühmorgens der Verkehr zuerst in Richtung Stadt einsetzt und abends zuletzt in Richtung Vorort ausläuft.

Große Abstellbahnhöfe sind insbesondere für Stadt- und Schnellbahnen nötig, deren Zugzahl hoch ist. Auf diesen Bahnhöfen müssen alle Züge in der nächtlichen Betriebspause gleichzeitig aufgestellt und gleichzeitig für die nächste Fahrt am Morgen hergerichtet werden. Die Verkehrsverhältnisse sind aber einfacher, so daß die Anlagen auch baulich in verschiedenen Beziehungen einfacher sind als bei den Abstellbahnhöfen der Fernbahnen.

Die Abstellbahnhöfe liegen gewöhnlich in 1—5 km Entfernung vom Hauptbahnhof. Die größte Entfernung hat der Abstellbahnhof der New York Central Station in Neu York mit 9 km. Eine kurze Entfernung ist aus wirtschaftlichen und betrieblichen Gründen erwünscht, weil unnötige Fahrleistungen der Leerzüge vermieden werden, so daß die Umlaufzeiten der Wagen und Lokomotiven und die Dienstzeiten der Mannschaft verkürzt werden. Eine große Entfernung vom Hauptbahnhof empfiehlt sich aus wirtschaftlichen, bautechnischen und städtebaulichen Gründen. Die Grunderwerbskosten sind in größerer Entfernung von der Stadt geringer. Die große Fläche stört weniger als in einer dicht besiedelten Gegend. Lärm und Schmutz werden von Wohngebieten ferngehalten. Der Betrieb fordert also eine möglichst kurze Entfernung, die baulichen Überlegungen sprechen dagegen für eine größere Entfernung. Wirtschaftlich ist diejenige Lösung die beste, bei der die Summe der Bau- und Betriebskosten (letztere kapitalisiert) am kleinsten wird. Gegebenenfalls können die Leerfahrten vom Hauptbahnhof bis zu einem kurz vor dem Abstellbahnhof gelegenen Zwischenbahnhof noch für Reisende ausgenützt werden.

Theoretisch richtig wird der Abstellbahnhof mit 2 Gleisen im Linksbetrieb (sofern die Bahn Rechtsbetrieb hat) mit dem Personenbahnhof verbunden (vgl. Abb. 97 und 98).

Echte Durchgangsbahnhöfe brauchen auf jeder Seite einen Abstellbahnhof. Wenn sie nur einen Abstellbahnhof erhalten können, werden sie für die andere Richtung zu sogenannten *verkappten Kopfbahnhöfen*, weil die Züge aus dieser Richtung Kopf machen müssen, um den Abstellbahnhof zu erreichen. Zwei Abstellbahnhöfe finden sich z. B. bei der Berliner Stadtbahn und bei der Brüsseler Verbindungsbahn (Abb. 183).

Bei Durchgangsbahnhöfen mit endenden Zügen verkümmert meist der eine Abstellbahnhof zu einer Gruppe von Abstellgleisen, da alle wichtigen Dienste aus betrieblichen Gründen in dem anderen Abstellbahnhof zusammengefaßt werden, z. B. in Nürnberg oder in Kopenhagen (Abb. 184), wo die Abstellanlagen für die Fernzüge und die S-Bahn-Züge getrennt sind. Die Leerzüge können durch die Zuglokomotive überführt werden, doch wird der Lokomotivhof nur an die Hauptabstellanlage angeschlossen. In der Nebenanlage sind vielleicht Einrichtungen für kurz wendende Lokomotiven vorzusehen.

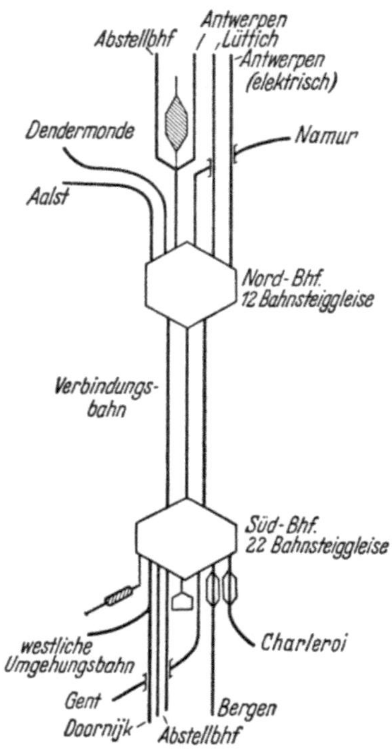

Abb. 183. Verbindungsbahn Brüssel mit 2 Abstellbahnhöfen

Bei kleineren Durchgangsbahnhöfen wird auf den zweiten Abstellbahnhof oft verzichtet, um Personal und Fahrzeuge zusammenzufassen und wirtschaftlicher verwenden zu können. Wenn ein großer Personenbahnhof tatsächlich zwei vollwertige Abstellbahnhöfe erhält, so sind diese unsymmetrisch anzuschließen (Abb. 185 und 186).

Kopfbahnhöfe haben nur einen Abstellbahnhof. Wenn der Abstellbahnhof auch als Kopfbahnhof ausgebildet wird, ergibt sich eine doppelte Kopflage, z. B. in Stuttgart (Abb. 187).

Bei Anschlußbahnhöfen wird der Abstellbahnhof am besten in der Verlängerung der endigenden Linien angeordnet, damit die Kopfform verschwindet. Vielfach ist eine Zersplitterung der Abstellanlagen aus Platzgründen unumgänglich, insbesondere bei Linienbetrieb. Vielfach wurden die Restflächen, die bei Bahnhofserweiterungen an verschiedenen Stellen übrig blieben, mit Abstellgleisen ausgenützt. Daß dabei keine zweckmäßigen Anlagen entstehen konnten, versteht sich von selbst. Ein Beispiel dafür ist der Hauptbahnhof Zürich (Abb. 188).

Die Abstellgruppen wurden auch manchmal auseinandergerissen, weil der Bahnhof von verschiedenen Gesellschaften, in verschiedener Betriebsweise oder Spurweite betrieben wird. All diese Anlagen sind betrieblich sehr aufwendig.

Vom Personenbahnhof her gesehen bietet allerdings eine aufgespaltene Anlage den Vorzug, daß die Züge nah abgestellt werden können. Zwischen den Hauptgleisen steht wegen der breiten Bahnsteige Raum zur Verfügung, auch wenn keine besonderen Flächen für spätere Erweiterungen frei gehalten werden. Sobald mehr als eine Strecke selbständig in den Haupt-

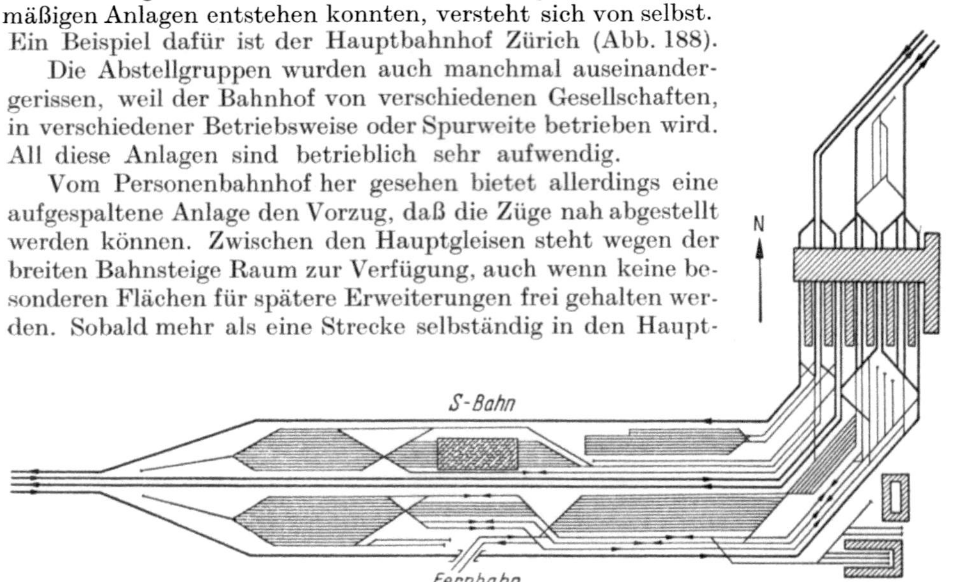

Abb. 184. Kopenhagen Hbf. mit Abstellbahnhöfen nur auf einer Seite (nach Bendtsen)

bahnhof eingeführt wird, ergeben sich unerwünschte Kreuzungen der Verbindungsgleise zum Abstellbahnhof mit den Hauptgleisen, die bei der verteilten Anordnung der Abstellgleise wenig Bedeutung haben. Die Weichenstraßen lassen sich nur durch Überwerfungen beseitigen. Das lohnt sich aber erst bei größeren Anlagen, bei denen dann der Abstellbahnhof mit Vorteil seitlich angelegt wird. Für die schienenfreien Kreuzungen ist aber eine gewisse Entwicklungslänge nötig, so daß die Abstellanlage vom Personenbahnhof abrückt.

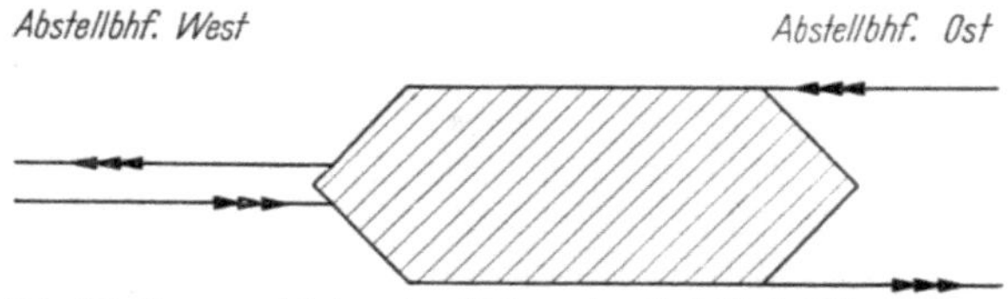

Abb. 185. Unsymmetrischer Anschluß zweier Abstellbahnhöfe an einen Durchgangsbahnhof, auf der einen Seite innen, auf der anderen außen

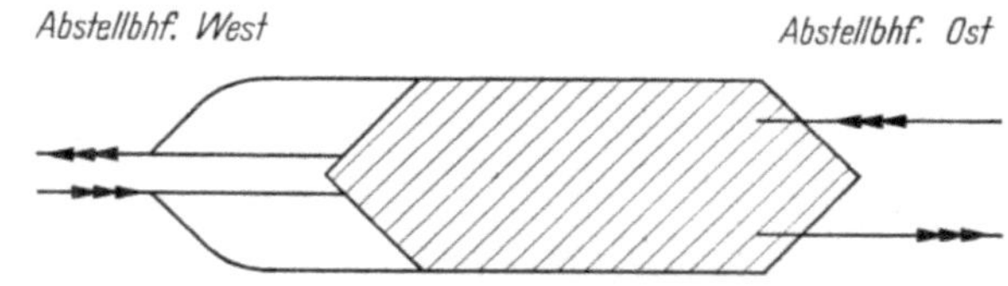

Abb. 186. Unsymmetrischer Anschluß der Abstellbahnhöfe bei einem sehr großen Bahnhof

Die Verbindungsgleise für die Leerzüge sind mit mäßigen Steigungen anzulegen, die nur wenig über die maßgebende Steigung der befahrenen Strecke hinausgehen sollen. Lokomotivgleise können dagegen sehr starke Neigungen von bis $40^0/_{00}$ erhalten, besonders wenn sie nur abwärts befahren werden.

Je weiter die Abstellanlage vom Personenbahnhof entfernt liegt, desto mehr gewinnen die Warte- und Wendegleise im Personenbahnhof für Lokomotiven, einzelne Wagen und ganze Züge an Bedeutung. Post- und Eilgutwagen werden dann im Personenbahnhof ein- und auszusetzen sein, weil der Post- und Eilgutbahnhof meistens in der Stadt liegt.

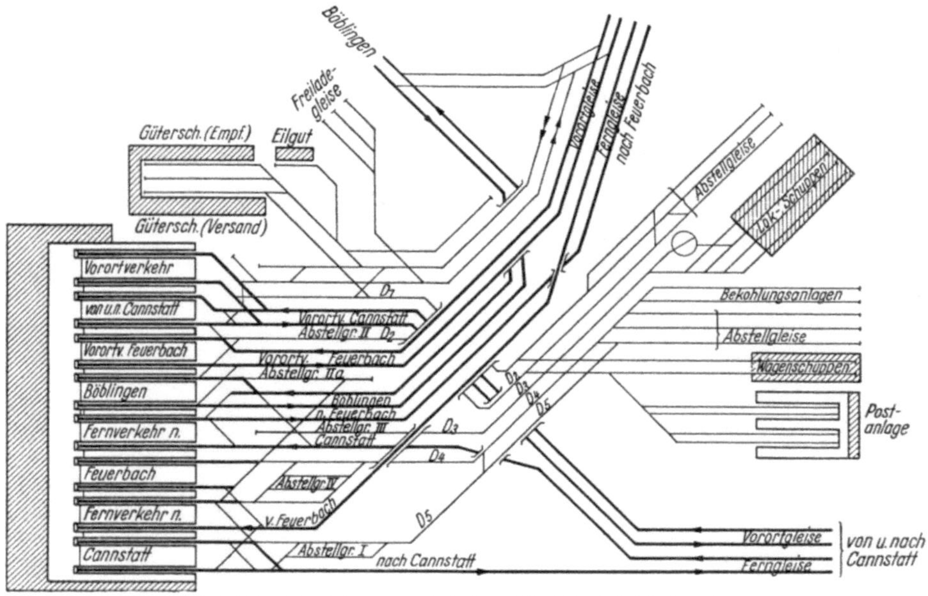

Abb. 187. Stuttgart, Personenbahnhof und Abstellbahnhof in Kopfform

b) Aufgaben

Die verschiedenen Aufgaben des Abstellbahnhofs werden am besten anhand der Abb. 189 erläutert. Dabei wird von dem üblichen Fall ausgegangen, daß jedem Zug ein Gegenzug entspricht.

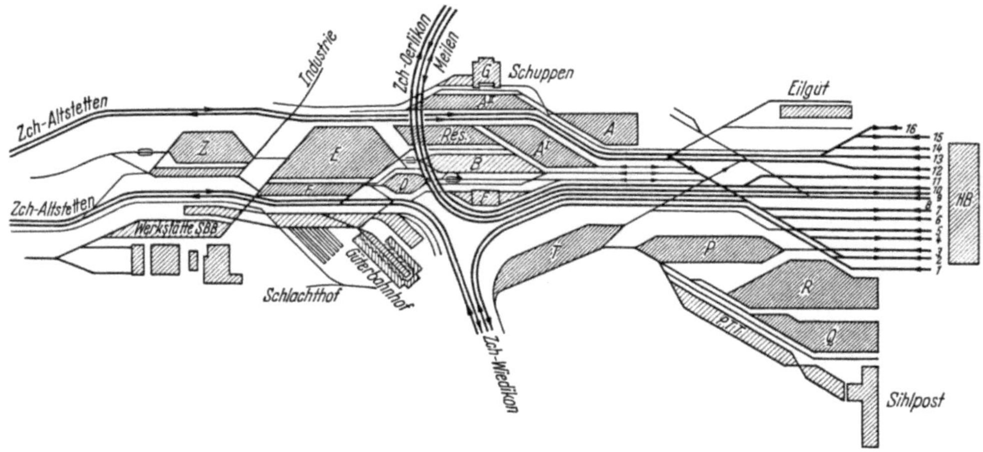

Abb. 188 Zürich mit mehreren kleinen Abstellgruppen, sowie Verschiebebahnhof in ungünstiger Lage

Der Leerzug muß vom Personenbahnhof über die Verbindungsgleise zum Abstellbahnhof fahren. Diese Fahrt ist noch ein Teil des Zuglaufes, der sein eigentliches Ende erst im Abstellbahnhof findet. Deshalb ist für eine gute Verbindung Personenbahnhof-Abstellbahnhof zu sorgen, für die bei stärkerer Belegung Fahrpläne aufzustellen sind.

Der ankommende Wagensatz muß aufgestellt werden. Dafür sind Ankunftsgleise erforderlich.

Dann müssen diejenigen Wagen aus dem Zug herausgenommen werden, die einer besonderen Behandlung bedürfen, also nach bestimmten Bahnhofsteilen überführt werden müssen. Das gilt für Post- und Eilgutwagen, die ausgeladen

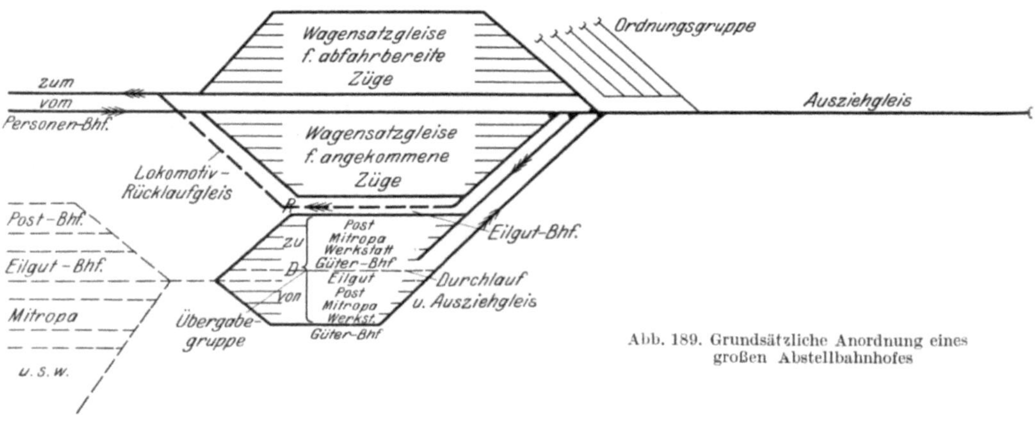

Abb. 189. Grundsätzliche Anordnung eines großen Abstellbahnhofes

werden müssen, für Speise- und Schlafwagen, die neu ausgerüstet werden müssen, und für schadhafte Wagen. Zum Aussetzen dieser Wagen zieht der Zug auf ein Ausziehgleis vor. Das Auflösen des Zuges erfolgt in einer Ordnungsgruppe. Von dort aus werden die ankommenden Post-, Eilgut-, Schlaf- und Speisewagen in Aufstellgleise für angekommene Wagen dieser verschiedenen Gattungen überführt.

Für jede Wagengattung gibt es Aufstellgleise für angekommene und für abfahrbereite Wagen mit Verbindungen zu den betreffenden Bahnhofsteilen also z. B. Aufstellgleise für Postwagen mit Verbindungsgleisen von und nach dem Postbahnhof.

Die Personenwagen müssen gereinigt und mit Wasser, Wäsche usw. versorgt werden. Das geschieht im Freien oder in geschlossenen Wagenschuppen. Die Wagen müssen vom Ausziehgleis aus dorthin gebracht werden. Dann wird der Gegenzug gebildet. Dazu müssen die Wagen in der Ordnungsgruppe richtig zusammengestellt werden. Die für den Gegenzug bestimmten Eilgut-, Speise-, Schlafwagen usw. müssen beigegeben und aus den entsprechenden Aufstellgleisen für abfahrbereite Post-, Eilgut-, Schlafwagen usw. herangeholt werden.

Schließlich muß der fertige Wagensatz zur Abfahrt bereitgestellt werden. Dafür sind Abfahrtgleise erforderlich.

Aus dieser Darstellung ergibt sich, daß im Abstellbahnhof ein Kreislauf der Wagensätze stattfindet. Diesen Gedanken muß man beim Entwerfen im Auge

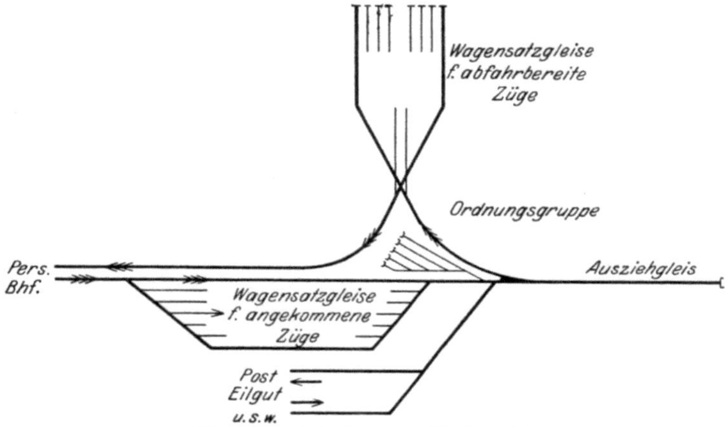

Abb. 190. Abstellbahnhof mit Wendedreieck

behalten; dann ergibt sich von selbst die richtige Anordnung. Da im Reisezugverkehr jeder Zug im allgemeinen einen Gegenzug hat, so ergibt sich eine einfache Lösung dann, wenn der Bahnhof nach Abb. 190 als Wendedreieck oder nach Abb. 191 als Schleifenbahnhof ausgebildet wird. Beide Formen sind im allgemeinen nur für städtische Bahnen und für Bahnen mit kleinem Halbmesser zulässig, weil sie sehr viel Fläche brauchen. Bei den Entwürfen für den Umbau der Berliner Bahnanlagen in den Dreißiger Jahren und später für Stuttgart war die Schleifen form auch für große Abstellbahnhöfe von Fernbahnhöfen vorgesehen.

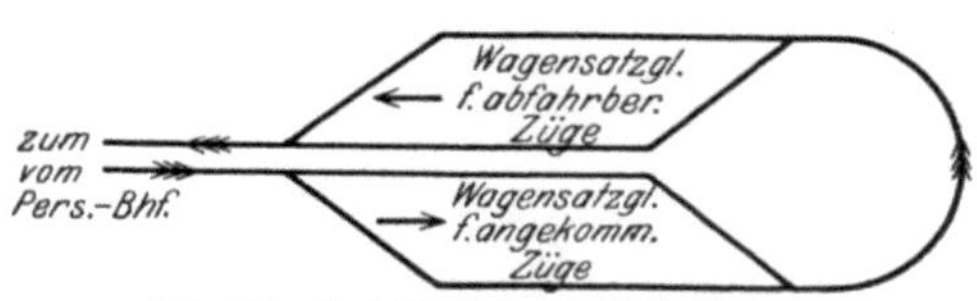

Abb. 191. Abstellbahnhof in Schleifenform

Ein weiterer wichtiger Grundsatz für den Bau von Abstellbahnhöfen ist, daß sie erweiterungsfähig sein müssen. Wenn die Zahl der Züge auf der Strecke steigt, so sind als erstes die Abstellbahnhöfe zu erweitern, in denen diese Züge abgestellt werden müssen. Die Strecke und der Personenbahnhof müssen erst viel später erweitert werden. Oft stößt die Erweiterung auf Schwierigkeiten, weil die Abstellbahnhöfe zwischen den Hauptgleisen oder am Rand der Innenstädte noch innerhalb der Bebauung liegen.

Die Form des Abstellbahnhofs wird im allgemeinen von den umfangreichsten Bauteilen, nämlich den Wagensatzgleisen und den Wagenschuppen bestimmt. Die Wagensatzgleise sollten immer zweiseitig angeschlossen werden, bei den Wagenschuppen kommt ein stumpfer Anschluß in Betracht. Im Sinne des erwähnten Kreislaufes werden aber auch Wagenschuppen oft zweiseitig angeschlossen (Abb. 192), denn die angekommenen Wagen müssen alle durch die Reinigung und Wartung hindurch zu den Wagensatzgleisen der abfahrbereiten Züge laufen. Der dargestellte Gleisplan hat aber eine recht große Breite, eine ungünstige Weichenanordnung und zu große Unterschiede in den Längen der Gleise. Diese Nachteile lassen sich bei einer Anordnung nach Abb. 193 vermeiden.

Der zweiseitig angeschlossene Schuppen bietet den betrieblichen Vorteil, daß die Bewegungen zwischen den Wagensatzgleisen und den Schuppen bequem und schnell vor sich gehen. Diesem Vorteil stehen gewisse bauliche Nachteile gegenüber, die bei einseitigem Anschluß des Wagenschuppens vermieden werden. Der

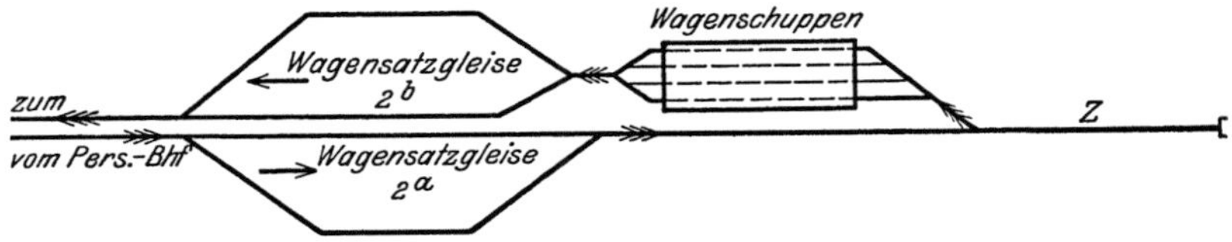

Abb. 193. Bessere Flächenausnützung im Abstellbahnhof

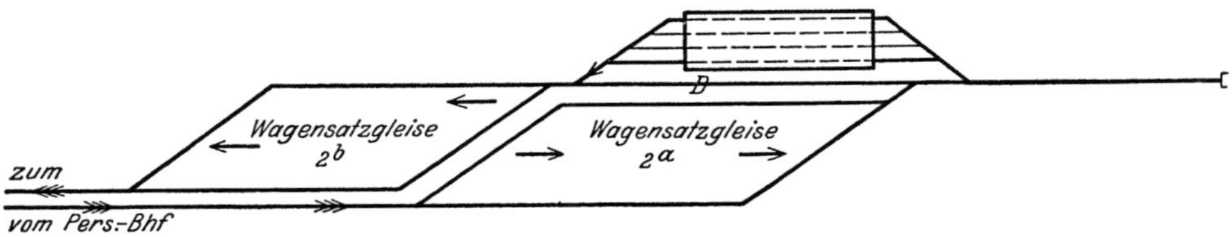

Abb. 192. Einseitige Lage des Wagenschuppens

Gleisplan wird einfacher. Das Ein- und Ausfahren der Züge erfolgt langsamer, so daß die im Schuppen Arbeitenden weniger gefährdet werden. Ein stumpf angeschlossener Schuppen läßt sich leichter heizen, weil kein Durchzug entsteht. Nebenräume lassen sich leichter anschließen, z. B. Aufenthaltsräume der Arbeiter, Werkstatträume. Auch kann ein Straßenanschluß zum Schuppen bequemer hergestellt werden. Hier bestehen also Gegensätze zwischen den baulichen und den betrieblichen Gesichtspunkten.

B. Lokomotiveinsatz

Beim Entwurf eines Abstellbahnhofs ist sofort zu überlegen, wieviele Lokomotiven gleichzeitig bei stärksten Verkehr arbeiten sollen. Jede Lokomotive braucht eine eigene Gleisgruppe, wenn sie ohne Behinderung der anderen Maschinen arbeiten soll. Der Bahnhof muß also in eine entsprechend große Zahl von selbständigen, voneinander unabhängigen Rangiergruppen gegliedert werden. An Lokomotiven sind erforderlich:

a) Schlepplokomotiven

die die Leerzüge von und zum Personenbahnhof überführen. Sie verkehren auf den Verbindungsgleisen. Wie in einem Kopfbahnhof ist der Rücklauf dieser Lokomotiven zu beachten, soweit sie Züge in die Wagensatzgleise gebracht haben. Dafür ist das in Abb. 189 dargestellte Rücklaufgleis erforderlich. Durch die Verwendung der Schlepplokomotiven können zwar Arbeitsstunden der hochwertigen Streckenmaschinen gespart werden, dafür werden aber die Verbindungsgleise zusätzlich belastet. Die richtige Lösung hängt davon ab, wie groß der bauliche und betriebliche Aufwand bei der einen oder anderen Betriebsweise insgesamt wird. Werden die Leerzüge von ihren Zuglokomotiven zum und vom Personenbahnhof überführt, was bei richtig angelegten Durchgangsbahnhöfen oft geschieht, so müssen die Fahrten der Lokomotiven zwischen den Wagensatzgleisen und dem Lokomotivbahnhof bequem ausführbar sein. Auf den Verbindungsgleisen müssen auch einzelne Wagen z. B. Post-, Eilgut- und Verstärkungswagen überführt werden. Daher ist an einen besonders guten Anschluß der verschiedenen Bahnhofsteile, auch des Post- und des Eilgutbahnhofs, an die Verbindungsgleise zu denken.

b) Ordnungslokomotiven

welche die Züge auflösen, umordnen und neu bilden und die Sonderwagen ein- und aussetzen. Für kleine und mittlere Bahnhöfe reicht eine Lokomotive aus, die auf dem den ganzen Bahnhof beherrschenden Hauptausziehgleis arbeitet. Bei großen Bahnhöfen ist ein zweites selbständiges Ausziehgleis erforderlich, auf dem eine weitere Lokomotive arbeitet, welche in der Vorratsgruppe Sonderzüge bildet. Wenn bei sehr großen Bahnhöfen noch eine dritte Ordnungslokomotive erforderlich werden sollte, so kann das für sie notwendige dritte Ausziehgleis durch Gliederung der Wagensatzgleise in zwei, für die Rangierarbeiten selbständige Gruppen geschaffen werden. Dann ist natürlich auch eine besondere Ordnungsgruppe erforderlich. Zur Vermeidung von Behinderungen, die zwischen den verschiedenen Rangierlokomotiven kaum zu vermeiden sind, kann das dritte Ausziehgleis auch neben die Verbindungsgleise gelegt werden. Dann werden die Wagensatzgleise von beiden Enden angefaßt.

Einerseits sollen die selbständigen Rangiergruppen großzügig entworfen werden, damit die verschiedenen Ordnungslokomotiven unabhängig arbeiten können, andererseits aber soll zu ruhigen Tageszeiten eine einzige Lokomotive alle Gruppen bedienen, um die anfallenden Aufgaben mit möglichst kleinem Personalaufwand bewältigen zu können. Auch auf diese Möglichkeit ist bei der Entwicklung des Gleisplanes zu achten.

c) Bedienungslokomotiven

welche die besonderen Anlagen bedienen, die an den Abstellbahnhof und den Personenbahnhof angeschlossen sind. Die Zahl der notwendigen Bedienungslokomotiven hängt weitgehend von der Anordnung der verschiedenen Sondergleise ab. Sie ist mit Hilfe eines Rangierarbeitsplanes festzustellen, der gleichzeitig mit der Bearbeitung des Gleisplanes aufzustellen ist. Auch hier zeigt sich, daß der Ingenieur sich bei der Entwurfsarbeit nicht mehr allein auf bautechnische oder auch betriebliche Überlegungen beschränken kann, sondern daß die Wirtschaftlichkeit einer geplanten Anlage von Anfang an eine entscheidende Rolle spielt.

In einem Gleisplan nach Abb. 189 ist darauf zu achten, daß das Übergabegleis zu den Sonderanlagen nicht als Ausziehgleis mißbraucht wird. Dafür ist ein besonderes Durchlauf- und Ausziehgleis vorgesehen. Neben der oben erwähnten Gliederung in selbständige Gruppen sind für ein wirtschaftliches Arbeiten eines Abstellbahnhofes gut angelegte Durchlaufgleise notwendig. In erster Linie sollen die Verbindungsgleise zum Personenbahnhof möglichst kreuzungsfrei geführt werden. Andere wichtige Verbindungen führen zum Güterbahnhof und zum Lokomotivbahnhof. Ein Durchlaufgleispaar soll durch den ganzen Abstellbahnhof durchgeführt werden, von den Verbindungsgleisen bis zum Hauptausziehgleis. An dieses Gleispaar sind alle wichtigen Gruppen anzuschließen. Die beiden Gleise werden am besten parallel geführt, damit die Anlage übersichtlich bleibt und alle Anschlüsse gewährleistet werden können. Liegt die Lokomotivbehandlungsanlage unmittelbar hinter dem Abstellbahnhof, so ist bei starkem Verkehr ein zweites Durchlaufgleispaar für Lokomotiven vorzusehen. Dem günstigsten Anschluß der Lokomotivanlagen an die verschiedenen Gleisgruppen ist besondere Aufmerksamkeit zu schenken.

C. Die einzelnen Gruppen

Eine klare Trennung der Aufgaben ist oft nicht möglich, weil einzelne Teile ganz verschiedenen Zwecken dienen, wie z. B. die sogenannte Übergabegruppe.

a) Abstellgleise

Die Zahl der Abstellgleise oder Wagensatzgleise ergibt sich aus dem Gleisbesetzungsplan (Abb. 194). Ob die Stunden auf der senkrechten oder auf der waagrechten Achse angeschrieben werden, hängt nur von den Gewohnheiten bei der betreffenden Eisenbahnverwaltung ab. Der Gleisbesetzungsplan ist für die Jahreszeit des stärksten Verkehrs, im allgemeinen für die Sommerreisezeit, aufzustellen. Die Stunde mit der größten Zahl belegter Gleise ist für den Ausbau maßgebend.

Als Faustregel gilt, daß als Spitzenbelastung ungefähr 40% der den Bahnhof anlaufenden Züge im Abstellbahnhof untergebracht werden müssen. Dieser Wert gilt aber nur für Fernbahnen.

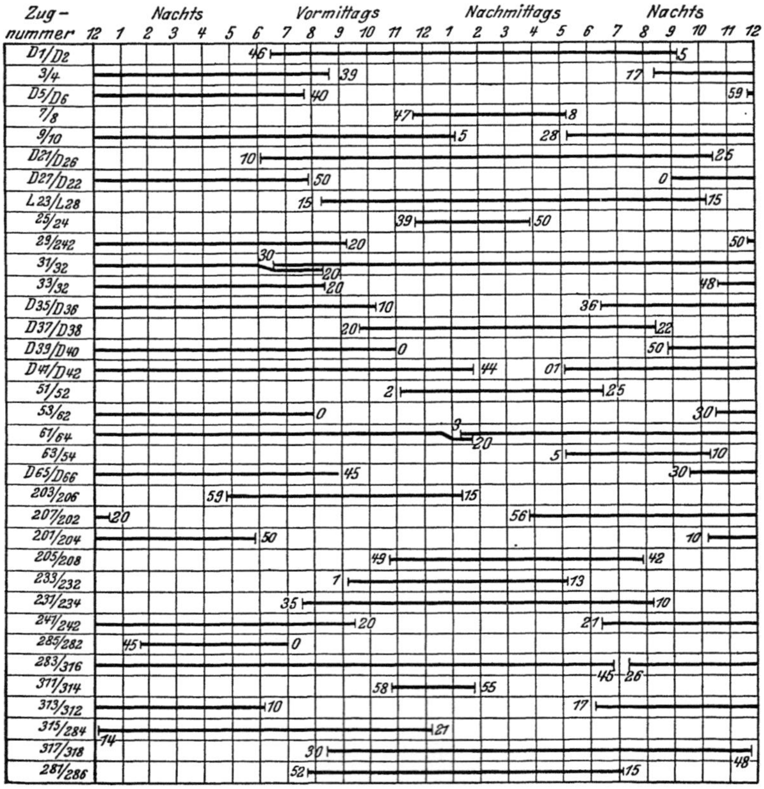

Abb. 194. Gleisbesetzungsplan für einen Abstellbahnhof

Die Entfernung des Abstellbahnhofs vom Personenbahnhof ist von wesentlicher Bedeutung. Bei großer Entfernung kann die Leistungsfähigkeit der Zuführungsgleise maßgebend werden. Die Aufenthaltszeit der Züge im Abstellbahnhof wird dann kürzer, der Gleisbedarf also niedriger ausfallen. Die Züge werden eine Zeit lang in Wartegleisen in nächster Nähe der Bahnsteige aufgestellt. Die Wartegleise gleichen den Anfall von Zügen von und zum Personenbahnhof zu den Spitzenzeiten aus und liegen bei der Einfahrt in die Verbindungsgleise. Je weiter der Abstellbahnhof entfernt ist, desto besser muß der Personenbahnhof mit Wartegleisen und Abstellgleisen für besondere Zwecke (Postwagen, Eilgutwagen, Speisewagen usw.) ausgestattet sein.

Die gesamte erforderliche Abstellgleislänge ist auf einer zusammenhängenden Fläche unterzubringen, die vollständig ausgenützt werden soll. Größere freie Räume zwischen den Gleisgruppen sind verloren; sie verteuern den Grunderwerb und verursachen nur zusätzliche Instandhaltungskosten. Die Länge der einzelnen

Gleise richtet sich einerseits nach den abzustellenden Zügen, von denen die längsten 270—350 m messen, je nachdem, ob die Sonderwagen schon vorher abgetrennt wurden, andererseits nach der zur Verfügung stehenden Fläche. Gleise von weniger als 100 m Länge sind unwirtschaftlich, weil sich der Aufwand für die Weichen an Raum und Geld nicht mehr lohnt. In der Regel soll auf jedem Gleis 1 Zug abgestellt werden; unter Umständen können aber auf 1 Gleis mehrere kurze Züge untergebracht werden, besonders bei Zügen des Vorortverkehrs.

Bisher wurde der übersichtlichen Darstellung wegen nur von Ankunfts- und Abfahrtsgruppen gesprochen. Bei vollkommener Trennung wäre aber eine bedeutend größere Zahl von Gleisen notwendig, weil jede Gruppe für die größte Zahl von Zügen zu bemessen wäre. Anzustreben ist eine Zusammenfassung nach Abb. 195.

Eine vollständige Vertretbarkeit zwischen Ankunfts- und Abfahrgleisen ist bei Fernbahnhöfen nicht nötig. Auch müßten dann sämtliche Gleise mit den kostspieligen Hilfseinrichtungen für die Versorgung der Züge ausgestattet werden.

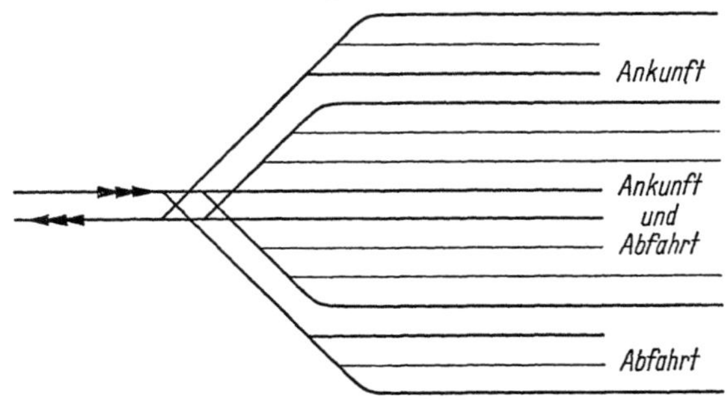

Abb. 195. Zusammenfassung der Ankunfts- und Abfahrtgleise mit doppelter Weichenstraße

Bei großen Bahnhöfen im Linienbetrieb wurden früher für die einzelnen Linien getrennte Abstellbahnhöfe angelegt. Wenn auch unter Umständen die Verbindungsgleise zum Abstellbahnhof kürzer werden und mit weniger Kreuzungen geführt werden können, besteht doch die Gefahr der Zersplitterung. Der Wagenaustausch zwischen verschiedenen Linien wird erschwert, ebenso auch die Zuführung der Sonderwagen (Post, Expressgut, Schlafwagen, Speisewagen usw.). Eine solche Aufteilung eines Abstellbahnhofs kann kaum mehr empfohlen werden.

Vorteilhafter ist dagegen eine Zusammenfassung zu Gruppen von Zügen, die einer gleichen Behandlung bedürfen. Manche Züge, z. B. Vorortzüge, müssen gewöhnlich nicht umgeordnet oder in den Schuppen gebracht werden, andere bedürfen einer sorgfältigen Behandlung. Aber auch hier ist vor einer zu feinen Aufteilung zu warnen, denn ein Abstellbahnhof wird für die nächsten 30 bis 50 Jahre gebaut. Während dieser Zeit können sich die Bedürfnisse erheblich ändern.

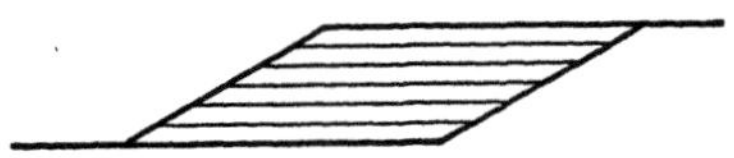
Abb. 196. Einfache Gleisgruppe oder Gleisharfe

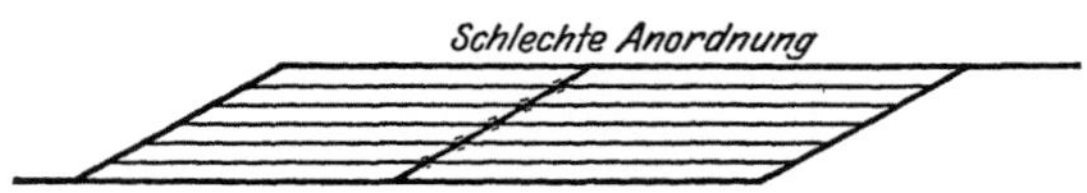

Abb. 197. Unterteilung der Gruppe durch eine Weichenstraße mit doppelten Kreuzungsweichen

Nach Möglichkeit sollen die Abstellgleise in der Graden liegen, damit vor dem Rangieren leicht geprüft werden kann, ob noch an den Wagen gearbeitet wird. Krümmungen sind in den Köpfen der Gleisgruppen unterzubringen, wobei ohne weiteres die engsten Bogenhalbmesser von 180 m angewendet werden dürfen. Der Achsabstand der Gleise beträgt 4,50 m, bei ausgesprochenen Reinigungs- und Arbeitsgleisen 5,00—5,50 m. Nach je 6 Gleisen ist ein größerer Abstand einzulegen, damit Beleuchtungsmaste aufgestellt werden können. Die Gleise sind mit Wasser, Strom, Heizung und Druckluft zu versorgen.

Abb. 198. Unterteilung d. Gleisgruppe durch 2 einfache Weichenstraßen

Da oft eine größere Anzahl gleich langer Gleise erforderlich ist, ergeben sich Gleisgruppen nach Abb. 196. Bei Aneinanderreihung ist die Anlage nach Abb. 198 der Anordnung nach Abb. 197 überlegen. Sie ist zwar bei gleicher Nutzlänge um etwa 40 m länger, ist aber wegen des Ersatzes der doppelten Kreuzungsweichen durch je zwei einfache Weichen in Bau und Unterhalt billiger und erlaubt das gleichzeitige Arbeiten zweier Rangierlokomotiven ohne gegenseitige Behinderung.

b) Ordnungsgruppe

Die Ordnungsgruppe liegt am besten hinter der Wagenreinigungsgruppe. Sie wird an das Hauptausziehgleis angeschlossen. 6 kurze Stumpfgleise genügen, doch können, wenn genügend Fläche vorhanden ist, noch Stumpfgleise für Verstärkungswagen angefügt werden. In alten Anlagen fehlt die Ordnungsgruppe oft. Dann wird in den *Spitzen* der Abstellgleise rangiert. Das stört den Betrieb des Abstellbahnhofs und ist für das dort arbeitende Personal gefährlich. Bei Umbauten muß die Anlage einer Ordnungsgruppe angestrebt werden.

Mit der zunehmenden Verwendung von Triebwagen- und Pendelzügen kann in manchen Bahnhöfen auf die Ordnungsgruppe verzichtet werden. Triebwagen können ohne weiteres in Stumpfgleisen abgestellt werden. Dadurch ergeben sich, besonders für die Abstellbahnhöfe von Schnell- und Vorortbahnen, einfachere Gleispläne und eine bessere Raumausnützung.

c) Wagenhallen

Früher bestand der Wunsch, möglichst alle neueren Wagen in Schuppen unterzubringen, um sie vor den Unbilden der Witterung zu schützen. Heute werden die Wagen aus wirtschaftlichen Gründen möglichst gut ausgenützt. Sie sind häufig 15 bis 20 Stunden am Tag unterwegs. Während der wenigen verbleibenden Stunden lohnt sich das Einstellen kaum mehr. Im allgemeinen werden nur noch Dieselschnelltriebwagen (TEE-Züge) und ähnliche wertvolle oder empfindliche Fahrzeuge regelmäßig in Wagenhallen abgestellt. Aus ähnlichen Überlegungen sind in Schweden und Deutschland bereits Busbetriebe zur Freiluftaufstellung während des ganzen Jahres übergegangen.

Der Schuppen ist vor allem noch notwendig für das Auftauen und Reinigen von Triebwagen und Schnellzugwagen. Bei vielen Straßenbahnen und elektrischen Stadtbahnen ist es heute noch üblich, den gesamten Wagenpark in Wagenhallen unterzustellen. Das erfordert recht hohe Aufwendungen. Im Einzelfall sollte genau berechnet werden, ob sich so umfangreiche Bauten lohnen. Dabei spielen verschiedene Einflüsse mit, wie tägliche Betriebszeit, Lebensdauer der Fahrzeuge, Beschaffungskosten, örtliche Witterungsverhältnisse und anderes.

Die *Länge* des Schuppens entspricht gewöhnlich dem längsten Zug. Dabei sind aber die Sonderwagen meistens abgehängt, so daß noch mit 180 m Zuglänge zu rechnen ist. Bei schwieriger Weichenentwicklung können die Gleislängen abgestuft sein. Die *Gleiszahl* wird durch die Dauer des Aufenthaltes im Schuppen bestimmt. Für die Behandlung eines Zuges muß mit 3—5 Stunden gerechnet werden. Bei weniger als 4 Gleisen wäre aber die fortlaufende Beschäftigung des Personals in Frage gestellt. Der *Gleisabstand* beträgt 5,00—5,50 m. Wo Stützen nötig sind, ist er zu erhöhen. Auch der Abstand von den Außenwänden ist reichlich zu bemessen.

Für das Nachsehen der Achsen und des Untergestells der Wagen sind Untersuchungsgruben erforderlich. Sie sind an den Enden mit Treppen zu versehen. Gelegentlich wird auch der ganze Boden der Halle tiefgelegt, so daß sogenannte Brückenstände entstehen. In den Achssenken werden ganze Achsen ausgewechselt. Da viel mit Dampf und Wasser gearbeitet wird, ist auf gute Entwässerung und Entlüftung zu achten. Soweit es wirtschaftlich zu vertreten ist, sind rostbeständige Baustoffe zu verwenden. Für die Tagesbeleuchtung empfiehlt sich Oberlicht. Zu den Wagenhallen gehören umfangreiche Nebenräume, wie Aufenthaltsräume, Umkleideräume, Waschräume, Aborte, Werkstätten, Lager usw. Sofern der Schuppen als Kopfanlage ausgebildet wird, sollen hinter den Gleisenden keine tragenden Bauglieder oder gar Aufenthaltsräume angeordnet werden, weil die Fahrzeuge gelegentlich über das Gleisende hinausfahren und die Stirnwand durchstossen. An der Zufahrtsstraße sind Parkplätze für die Bediensteten vorzusehen.

Der Bau des Wagenreinigungsschuppens erfordert eine enge Zusammenarbeit von Bau- und Maschineningenieuren. Die Ausstattung des Aufenthaltsräume wird Sache des Architekten sein. Wichtig ist vor allem die Anpassung der ganzen Anlage an den Betriebsablauf, damit die anfallende Arbeit mit möglichst kleiner Belegschaft bewältigt werden kann. Bei der Planung ist genügend Platz für eine spätere Erweiterung freizuhalten.

d) Anlagen für Schlaf- und Speisewagen

Schlaf- und Speisewagen stellen besondere Anforderungen an Reinigung und Wartung. Für die Aufstellung genügen einige Stumpfgleise. Für die Abstellhallen gelten die gleichen Grundsätze wie für die Reinigungsschuppen. Sie müssen für die Belieferung von der Straße her gut angeschlossen sein. Für die Versorgung mit Lebensmitteln und Wäsche sind weitere Räume — Küche, Keller, Kühlraum, Waschanstalt — nötig.

e) Vorratsgleise

Jeder größere Bahnhof hat einen Bestand von Wagen fahrbereit zu halten:

Verstärkungswagen, die regelmäßig eingesetzt werden.
Bereitschaftswagen für außergewöhnliche Verstärkungen und zum Ersatz schadhafter Wagen.
Wagen für Sonderzüge und Verkehrsspitzen z. B. Sommerferien- und Weihnachtsverkehr.

Verstärkungswagen, die in weiterfahrende Züge einzustellen sind, werden am besten in Stumpfgleisen vor dem Bahnsteig aufgestellt, damit sie rasch zur Hand sind. Auch Bereitschaftswagen sollten möglichst nahe bei den Bahnsteigen aufgestellt werden, doch erhalten Verstärkungswagen den Vorzug bei der Platzwahl. Weitere Verstärkungswagen stehen in der Ordnungsgruppe.

Der Wagenvorrat für Sonderzüge und Spitzenverkehrstage ist in den Abstellbahnhöfen zusammengefaßt. Für die Bildung von Sonderzügen sind lange Gleise erforderlich. Die Vorratsgleise sollen neben den Abstellgleisen liegen, damit sie vom Hauptausziehgleis aus bedient werden können. Bei großen Bahnhöfen wird für die Gruppe der Vorratsgleise ein eigenes Ausziehgleis erforderlich. Ein zweiseitiger Anschluß der Vorratsgleise ist wohl erwünscht, aber nicht unbedingt erforderlich.

f) Übergabegleise

Die Übergabegleise stellen die Verbindung zwischen dem Abstellbahnhof und den besonderen Diensten her. Sie dienen für die Übergabe von Wagen an den Güterbahnhof, die Werkstätten, den Postbahnhof oder die Anlagen für Schlaf- und Speisewagen. Die Gleise sollen immer paarweise angeordnet werden, damit Zustellung und Abholung sich nicht gegenseitig behindern. Alle Übergabegleise müssen an das Hauptausziehgleis angeschlossen sein. Unter Umständen können sie bei beengten Platzverhältnissen nur über die Durchlaufgleise erreicht werden.

Die Zusammenfassung aller Übergabegleise zu einer Übergabegruppe bringt wohl betriebliche Vorteile, da sie von der auf dem Hauptausziehgleis arbeitenden Lokomotive beschickt werden können. Wegen den verschiedenen Anforderungen der einzelnen Übergabestellen, meistens auch aus Platzgründen, ist die Zusammenfassung aber unmöglich. Beim Entwerfen ist darauf zu achten, daß möglichst die häufigsten Wege die kürzesten sind.

g) Wartegleise

Die Wartegleise bilden einen Puffer zwischen Personenbahnhof und Abstellbahnhof. Auf ihnen werden einzelne Wagen, Lokomotiven oder ganze Züge vor oder nach Gebrauch kurzfristig abgestellt. Sie liegen zwischen Abstell- und Personenbahnhof, möglichst nahe am letzteren, und dienen folgenden Zwecken:

Aufstellen von Kurswagen,
Bereitstellen von Verstärkungs-, Post-, Eilgut-, Schlaf- und Speisewagen, die nicht schon im Abstellbahnhof beigegeben werden konnten oder durchgehenden Zügen mitgegeben werden müssen,
Aufstellen von Einsatzzügen bei Verkehrsspitzen und von Ersatzzügen bei Verspätungen, die auf Abruf für die Einfahrt in den Personenbahnhof bereitstehen müssen.
Aufstellen von Wechsel- und Vorspannlokomotiven.
Aufstellen von Lokomotiven, die einzelne Wagen aus Zügen herausnehmen müssen.

Wenn beim Einsetzen von Zügen im Personenbahnhof Hauptgleise gekreuzt werden müssen, sind Wartegleise besonders wichtig, damit die Züge von der Strecke ungehindert einfahren können. Allerdings entstehen so unter Umständen lange Wartezeiten für Lokomotivführer, Zugbegleiter und Fahrzeuge. Hat ein Bahnhof aber schon nahezu die Grenze der Leistungsfähigkeit erreicht, so kann eine kostspielige Bahnhofserweiterung mit diesem Hilfsmittel noch viele Jahre hinausgeschoben werden.

Zu den Wartegleisen gehören ferner Gleise für *kurz wendende* Züge, sogenannte Wendegleise. Sie werden von Lokomotiven und Zügen benutzt, die nicht in den Abstellbahnhof fahren und schon bald nach der Ankunft wieder eingesetzt werden sollen. Die Züge bleiben nur so lange in dem Wendegleis, bis das Bahnsteiggleis frei wird. Bei Dampfbetrieb kann auch eine Lokomotivanlage mit Wasser und Kohle für die kurz wendenden Züge notwendig sein.

Die Nutzlänge der Warte- und Wendegleise richtet sich nach dem Zweck. Bei ganzen Zügen muß auch die Lokomotive untergebracht werden. Für die Kurs- und Verstärkungswagen werden oft kurze Stumpfgleise an den Bahnsteigenden verwendet, wo auch ein- und ausgestiegen oder ein- und ausgeladen werden kann (z. B. eilige Postsendungen).

h) Lokomotivanlagen

Zwei verschiedene Anordnungen für die Lokomotivanlagen stehen im Vordergrund, die Lage im Personenbahnhof und diejenige im Abstellbahnhof. Wenn in einem Durchgangsbahnhof alle Züge enden, ist die Lage in den beiden Abstellbahnhöfen richtig. Ist jedoch nur auf der einen Seite ein Abstellbahnhof vorhanden, so handelt es sich um einen *verkappten* Kopfbahnhof. Werden in einem Kopfbahnhof die angekommenen Züge von der Streckenlokomotive in den Abstellbahnhof gedrückt — was in größeren Bahnhöfen unerwünscht ist — so sind die Lokomotivanlagen gleichfalls im Abstellbahnhof unterzubringen. Bevorzugt wird bei Kopfbahnhöfen jedoch die Vereinigung mit dem Personenbahnhof. Dann sind für das Ausziehen der Züge Schlepplokomotiven erforderlich. Auch wenn bei der Mehrzahl der durchlaufenden Züge Lokomotivwechsel vorgenommen wird, was bei elektrischem Betrieb mit Ausnahme der Grenzbahnhöfe kaum vorkommt, ist die Lage im Personenbahnhof besser.

Bei bestehenden Anlagen kann die ungeschickte Lage der Lokomativanlagen den Einsatz einer größeren Zahl von Rangierlokomotiven bedingen. Eine Verlegung ist jedoch wegen des Flächenbedarfs einer Lokomotivanlage und der großen Kosten meist nicht möglich oder unwirtschaftlich.

Neben diesen mehr betrieblichen Fragen, können auch andere Überlegungen die Entscheidung beeinflussen. Besonders bei Dampfbetrieb ist wegen der Lärm- und Schmutzbelästigung die Lokomotivanlage möglichst aus der Stadt hinauszuverschieben. Dafür sprechen auch die Bodenpreise. Die Lokomotivanlagen brauchen nicht nur unmittelbar große Flächen, sonders es soll auch Platz für Erweiterungen offengehalten werden. Der Zeitverlust für das Hin- und Herfahren kann bei guter Gleisentwicklung geringer sein, als für das Warten bei schlechter Gleisentwicklung in Nähe des Personenbahnhofs. Bei Platzmangel verdienen Eilgut und Post den Vorrang vor den Lokomotivanlagen. Da Reisezuglokomotiven aushilfsweise auch für Güterzüge eingesetzt werden, sollen die Lokomotivanlagen für alle Züge nach Möglichkeit vereinigt werden.

i) Ausstattung des Abstellbahnhofes

Im Abstellbahnhof werden die Züge für ihre nächste Ausfahrt vorbereitet. Der Bahnhof muß also mit allen Vorrichtungen zur Reinigung, Versorgung und Prüfung der Wagen, sowie zur Vornahme kleiner Ausbesserungen ausgerüstet sein. Es handelt sich zum Teil um recht kostspielige Anlagen, die vom Bauingenieur in enger Zusammenargeit mit dem Maschineningenieur zu entwerfen sind. Der Sicherheit der Bediensteten ist bei der Planung von Anfang an besondere Aufmerksamkeit zu schenken.

Wegen der steigenden Löhne sollen alle Anlagen weitgehend mechanisiert werden. Mit neuzeitlichen Wagenwaschanlagen können z. B. ganze Züge in einem Durchlauf gereinigt werden. Dafür werden Portalwaschanlagen mit rotierenden Bürsten und große Sauganlagen für die Innenreinigung verwendet. Für alle Anlagen sind genaue Besetzungspläne zu erstellen, damit sie gut ausgenützt werden.

Folgende Einrichtungen sind in einem Abstellbahnhof vorzusehen:

Wasser, und zwar kaltes und warmes Waschwasser zur Reinigung der Wagen und ihrer Ausrüstung; Trinkwasser für die Bediensteten, für die hygienischen Einrichtungen, sowie für die Wagen; Kühlwasser für Dieselbetrieb oder Kesselspeisewasser für Dampfbetrieb. Letzteres erfordert große Wassermengen in kurzer Zeit. Unter Umständen müssen eigene Speicherbecken erstellt werden.

Kanalisation: Die großen anfallenden Schmutzwassermengen sind über einen leistungsfähigen Ölabscheider abzuleiten.

Mit den anfallenden festen Rückständen aus der Reinigung des Wageninnern wird in bestehenden Anlagen die Heizung ganzer Schuppen versorgt.

Druckluft für die Bremszylinder und Saugluft für die Wagenreinigung (Staubsauger).

Entseuchungsanlage zur Vernichtung von Ungeziefer in Polster- und Schlafwagen. Dazu sind Behälter notwendig, die ganze Wagen aufnehmen können.

Elektrischer Strom, bei älteren Wagen auch noch Gas, für verschiedenen Geräte und Maschinen, sowie zur Versorgung der Wagen und der Aufenthaltsräume.

Heizanlagen zum Vorheizen, sowohl mit Dampf wie mit Elektrizität. Das Dampfvorheizen durch die Lokomotive ist teuer und kommt nur in Ausnahmefällen in Betracht. Eine ortsfeste Anlage mit Verteilleitung ist vorzuziehen. Sie fällt bei vollständiger Elektrifizierung oder Verdieselung weg.

Beim Entwurf solcher Anlagen lohnt sich die Besichtigung bestehender Abstellbahnhöfe, damit aus den Erfahrungen Nutzen gezogen werden kann und unnötige Ausgaben vermieden werden.

V. Güterbahnhöfe

A. Einführung

Der Güterverkehr ist neben dem Personenverkehr die Hauptaufgabe der Eisenbahnen. Die meisten europäischen Eisenbahnen erzielen reichlich die Hälfte ihrer Einnahmen aus dem Güterverkehr, die amerikanischen Eisenbahngesellschaften sogar den weit überwiegenden Teil. Bei kleineren Bahnen hängt das Verhältnis von ihren Aufgaben ab. Die Lage ist selbstverständlich bei Vorortbahnen oder bei Haferbahnen ganz verschieden.

Die Trennung von Reise- und Güterverkehr läßt sich nicht restlos durchführen. Reisezüge übernehmen beschränkten Güterverkehr (Expreßgutwagen, Eilgutwagen, Wagen mit leichtverderblicher Ladung) und Güterzüge führen gelegentlich Personenwagen mit. Truppenbewegungen und Reisesonderzüge zu Massenveranstaltungen beginnen oder enden in Güterbahnhöfen und Expreßgut wird in Personenbahnhöfen verladen.

Der Personenverkehr zeichnet sich durch Paarigkeit aus. In einem bestimmten Zeitraum hat jeder Bahnhof ungefähr gleich viele abfahrende und ankommende Reisende. Beim Güterverkehr gibt es dagegen ausgesprochene Erzeugungs- und Verbrauchsgebiete. Überwiegend landwirtschaftliche Gegenden oder Gebiete mit Bergbau verschicken viel mehr Tonnen als sie empfangen. Dagegen haben Städte mit Behörden, Verwaltungen, Schulen, aber mit schwacher Industrie fast keinen Versand im Vergleich zu ihrem Empfang an Gütern. Der Wagendienst der Bahnen sorgt für den Ausgleich und führt den Bedarfsstellen laufend Leerwagen zu. Daraus ergeben sich ständig Leerwagenbewegungen. Brennpunkte des Leerwagenbedarfs sind z. B. das Ruhrgebiet, Lothringen, Oberschlesien, die großen Seehäfen und auch der Binnenhafen Basel. Überschußgebiete sind hautpsächlich die Großstädte.

Der Wagenbedarf wechselt von Tag zu Tag. Deshalb werden die Güterzüge nur zum Teil regelmäßig gefahren. Neben den Stammgüterzügen für wichtige, eilige oder verderbliche Güter verkehren in großer Zahl Bedarfszüge. Der Güterverkehr ist eine Spiegelbild der wirtschaftlichen Tätigkeit eines Landes. Die Zahl der arbeitstäglich gestellten Wagen wird als Maßstab für die Beurteilung der Wirtschaftslage angesehen. Sie unterliegt starken, jahreszeitlichen Schwankungen. Im Mitteleuropa liegt sie wegen der Lebensmittelversorgung zwischen der Ernte und dem Frostbeginn am höchsten, im Februar am tiefststen.

Verkehrstechnisch werden die Güter nach zwei Gesichtspunkten eingeteilt:

a) nach dem Umfang in Wagenladungsgut, das einen ganzen Wagen in Anspruch nimmt, und Stückgut, das mit anderen Stückgütern zusammen in den gleichen Wagen geladen wird.
b) nach der Geschwindigkeit der Beförderung in
sehr eilige Güter — Expreßgut
eilige Güter — Eilgut
gewöhnliche Güter — Frachtgut

Die Dreiteilung nach der Geschwindigkeit beherrscht alle Anlagen für den Güterverkehr und kommt bei allen Eisenbahnen ungefähr in gleicher Weise vor. Alle Geschwindigkeitsstufen werden sowohl für Stückgüter, als auch für Wagenladungen angewandt. Diesen Abstufungen entsprechen auch die Tarife, die jedoch im einzelnen von Land zu Land außerordentlich verschieden aufgebaut sind.

Die höhere Geschwindigkeit, genauer gesagt Reisegeschwindigkeit, des Gutes wird auf zwei Arten erreicht:

durch Benützen von schnelleren Zügen und durch schnellere Abfertigung.

Expreßgut besteht zum großen Teil aus Reisegepäck und reist mit Personen-, Eil- und Schnellzügen, unter Umständen auch zu den Hauptverkehrszeiten vor Weihnachten in besonderen Expreßgutzügen. Zur Beschleunigung des Personenverkehrs werden immer mehr schnelle Reisezüge für die Beförderung von Expreßgut gesperrt.

Eilgut läuft in Personen- oder in Eilgüterzügen, die besonders nachts verkehren und bezüglich Geschwindigkeit den Schnellzügen nahe kommen.

Die schnellere Abfertigung wird erreicht durch sofortiges Einladen (Expreßgut), schnelleres Einstellen in die Züge, Vortritt bei ausgelasteten Zügen durch Bezeichnung als Vorrangwagen, Vermeiden von Rangierarbeiten, schnelles Aussetzen und Laderechtstellen der angekommenen Wagen, sofortiges Ausladen und Ausliefern der Sendungen.

Die Güterbahnhöfe können in zwei Hauptgruppen eingeteilt werden:

Güterbahnhöfe des **öffentlichen** Verkehrs, die der Eisenbahn gehören und jedermann zur Benützung zur Verfügung stehen. Sie werden weiter unterteilt nach der Art des Gutes in Bahnhöfe des allgemeinen Verkehrs: für Stückgut und Wagenladungen aller Art, und solche des beschränkten Verkehrs: nur für Kohle, Vieh, Milch, Obst, Mineralöl usw.

Güterbahnhöfe des **privaten** Verkehrs, die im Besitze von Privatunternehmen sind und von ihnen unterhalten und teilweise auch betrieben werden. Sie können entweder

der Allgemeinheit zur Verfügung gestellt werden, z. B. Hafen- und Viehbahnhöfe, oder

nur vom Eigentümer benutzt werden, z. B. Hütten-, Zechen-, Werkbahnhöfe, Lagerplatz- und Fabrikanschlüsse.

Rund zwei Drittel aller Wagenladungen werden in Gleisanschlüssen und Güterbahnhöfen des privaten Verkehrs verladen oder entladen. Die Bedeutung der Güterbahnhöfe des privaten Verkehrs wird oft unterschätzt. Sie erfüllen aber die Forderung des Haus-Haus-Verkehrs weitgehend. Tatsächlich lohnt es sich, ihre Aufgaben genau zu überlegen, um in jedem Fall die zweckmäßigste Lösung zu finden.

B. Betriebliche Anordnung

Beim Personenverkehr fährt der Zug als geschlossene Einheit am Bahnsteig vor. Die Reisenden steigen ein und aus und der Zug fährt weiter. Ganz anders ist es beim Güterverkehr. Es würde viel zu viel Zeit kosten, wenn Güterzüge geschlossen an die Ladestraße fahren und abwarten würden, bis ein Teil der Wagen be- oder entladen ist. Als Ausnahme fahren kurze Eilstückgutzüge, bei denen das Aus- und Einladen mittels Ladebrettern (Paletten), Behältern und ähnlichen Hilfsmitteln sehr schnell geht, unmittelbar an den Güterschuppen heran. Auch gibt es einige Züge für die Beförderung von Massen-Schüttgütern (Getreide, Erz, Kohle, Kies), Mineralöl und Zement, Kraftfahrzeugen (neue Wagen, Beförderung durch die Alpentunnel), die ständig als geschlossene Einheit verkehren, und unmittelbar an die Ladestellen heranfahren. In solchen Fällen ist die Eisenbahn dank ihrer Zugbildung dem Wettbewerb der Straße wirtschaftlich überlegen. Ein bedeutender Teil der Sendungen besteht aber aus wenigen oder sogar nur einzelnen Wagenladungen. Für den Güterumschlag müssen die Züge auseinandergenommen und danach wieder neugebildet werden.

Das Aus- und Einsetzen von Wagen erfordert umfangreiche Anlagen und großen Personaleinsatz. Diese Unkosten treten auf der Straße beim unmittelbaren Verkehr mit einzelnen Wageneinheiten ohne Zugbildung nicht auf. Deshalb müssen die Anlagen für die Güterzugbildung so erstellt werden, daß Bau- und Betriebsaufwand zusammen möglichst niedrig bleiben.

Um die endgültige Form eines Güterbahnhofs, die schon recht unübersichtlich ist, verständlich zu machen, wird die ganze Anlage schrittweise entwickelt. Das

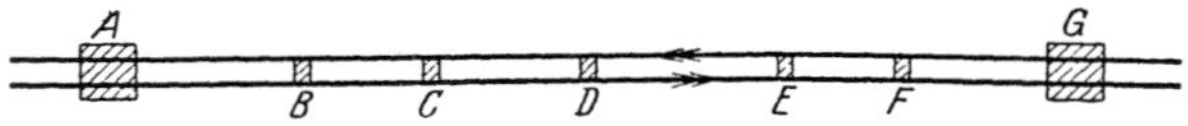

Abb. 199. Unterwegsbahnhöfe einer Strecke

Bereitstellen der Wagen an der Ladestraße kann aus wirtschaftlichen Gründen weder mit Menschenkraft noch mit Tieren bewerkstelligt werden. Andererseits lohnt es sich nicht, auf kleinen Bahnhöfen eine Rangierlokomotive bereit zu halten. Dort muß die Streckenlokomotive das Ein- und Aussetzen der Wagen besorgen, die Wagen an das Ladegleis bringen und sie wieder abholen. Diesem Vorgang entsprechend muß der Gleisplan entwickelt werden. Den Bahnhöfen B, C, D, E, F und G (Abb. 199) werden die Güterwagen am frühen Morgen vor Arbeitsbeginn zugestellt. Am Abend werden die Wagen auf der gleichen Strecke wieder eingesammelt. Daß in Wirklichkeit auf manchen Strecken gleichzeitig Wagen zugestellt und abgeholt werden, soll weiter nicht stören, weil die Gleisanlagen deswegen keine grundsätzlichen Änderungen erfahren.

Der bedienende Güterzug von A nach G ist nach Abb. 200 zusammengestellt. Im Packwagen (PW) fährt das Zugbegleitpersonal, das alle Frachtpapiere für die Ladungen bei sich hat. Der Zug ist entsprechend der Strecke zusammengesetzt. In B werden die Wagen für C, D, E, F und G abgehängt. Die Lokomotive zieht mit dem Packwagen und den Wagen für B vor und drückt die Wagen für B in das Ankunftsgleis (Abb. 201). Die abfahrtbereiten Wagen von B nach G werden im

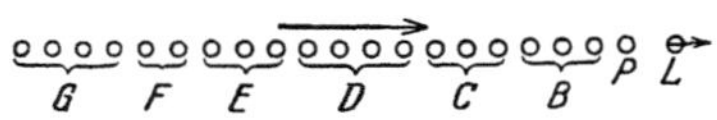

Abb. 200. Reihung der Wagen im Güterzug

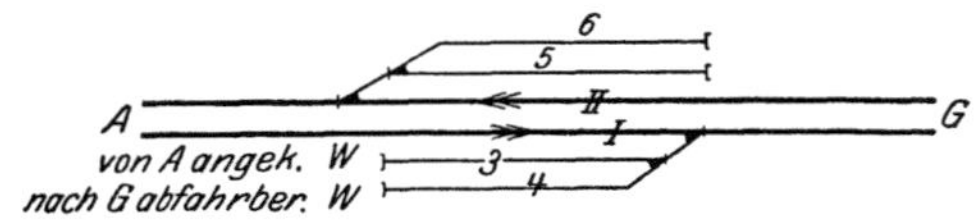

Abb. 201. Ursprüngliche Form eines einfachen Güterbahnhofs

zweiten Gleis (Abfahrtsgleis) abgeholt. Dann setzt sich die Lokomotive wieder vor den Zug und fährt bis zum nächsten Bahnhof C. Dort wiederholt sich das gleiche Spiel. Da der gleiche Rangiervorgang auch in der anderen Richtung vorkommt, ist das Gleisbild in Abb. 201 symmetrisch aufgezeichnet. Für jede Richtung ist ein Gleis für ankommende und eines für abfahrbereite Wagen nötig. Für denUmschlag der Güter müssen diese Gleise mit den Ladegleisen, der Ladestraße und den Güterschuppen verbunden werden. Die älteste Anordnung, die in England und Frankreich verbreitet war, zeigt Abb. 202. Mit Hilfe von Zugtieren wurden die Wagen über die Drehscheiben gezogen. Bereits dieser einfache Gleisplan zeigt aber eine Schwierigkeit, das Kreuzen der Streckengleise, weil der Güterbahnhof nur auf der einen Seite der Hauptgleise liegen kann. Wegen der Verwendung von Drehscheiben können die Wagen nur einzeln bewegt werden. So verwandelt sich der Gleisplan nach Abb. 203. Zu beachten ist der Anschluß an die Hauptgleise mit nur je einer Weiche. Die Bedienung durch die Zuglokomotive erfordert eine möglichst gedrängte, übersichtliche Anlage. Die beiden Aufstellgruppen für ankommende und abfahrbereite Wagen sind auf der gleichen Seite zusammengefaßt, denn die beidenHauptgleise müssen ohnehin gekreuzt werden. Daraus entsteht der Gleisplan der Abb. 204. Bei den angekommenen Wagen spielt die Herkunft keine Rolle, so daß sie auf dem gleichen

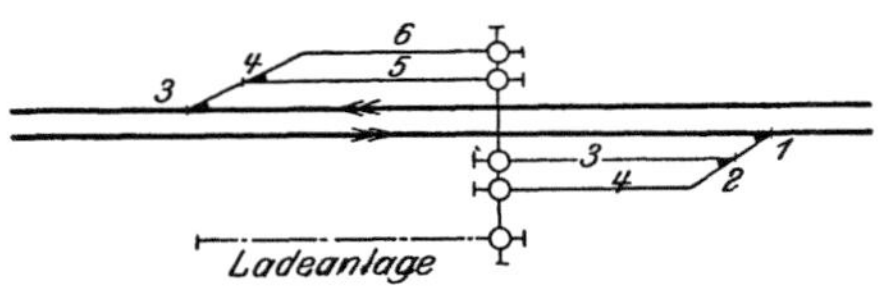

Abb. 202. Alter Gleisplan für Güterbahnhöfe

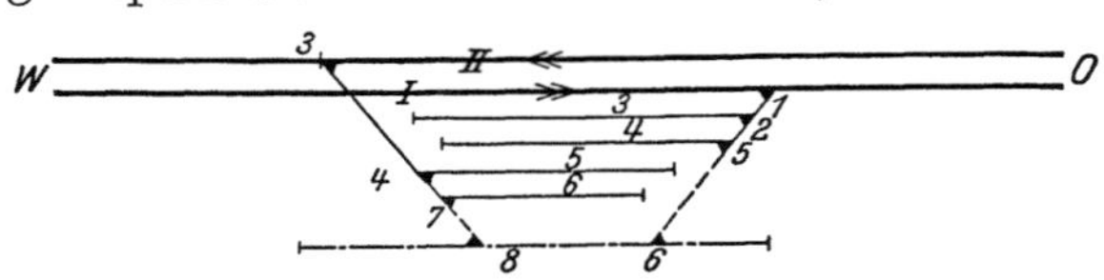

Abb. 203. Weiterentwicklung des Gleisplanes

Gleis abgestellt werden können; bei den abfahrbereiten Wagen soll aber jeder Richtung ein eigenes Gleis zugeteilt werden. In Abb. 204 sind auch die Stumpfgleise verschwunden, weil Gleise nicht ohne Not stumpf ausgebildet werden sollen.

Für mittlere Anlagen (Abb. 205) können noch einige Ergänzungen angebracht werden:

Zwischen Aufstell- und Ladegleis soll ein Durchlaufgleis angeordnet werden, das ständig freizuhalten ist. Dadurch wird das Rangieren erleichtert. Um das selbständige Ablaufen von Wagen in die Hauptgleise zu verhindern, werden oft Schutzweichen mit anschließenden Gleisstummeln eingebaut. Werden diese Gleisstummel zu richtigen Ausziehgleisen verlängert, so werden die Hauptgleise vom Rangierdienst befreit. Eine wesentliche Verbesserung stellt die unmittelbare Einfahrt aus den Streckengleisen in die Ladegleise dar. Eilgüterzüge können nun ohne Rangierzeitverluste an den Güterschuppen heranfahren.

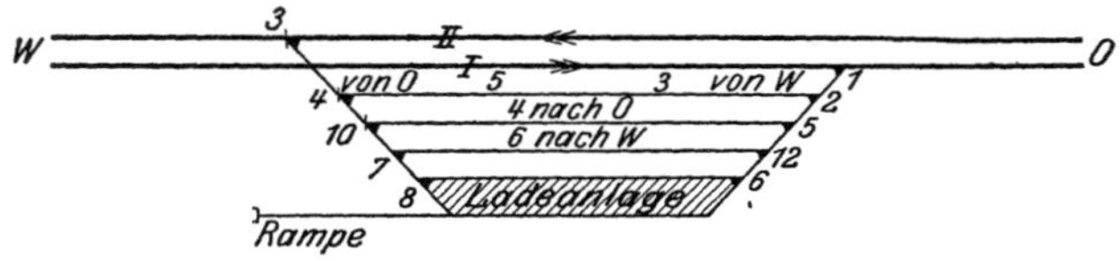

Abb. 204. Üblicher Gleisplan für einen Güterbahnhof

Des weiteren gehören zu einem Unterwegsbahnhof mittlerer Größe noch eine Ordnungsgruppe, Rampen, Ladestraßen und eine Lokomotivbehandlungsanlage Die Gleise für abfahrbereite Wagen müssen bei mehr als zwei Richtungen (Anschlußstrecken) entsprechend vermehrt werden. Die Anordnung von Güterzugüberholungsgleisen wurde früher schon eingehend besprochen.

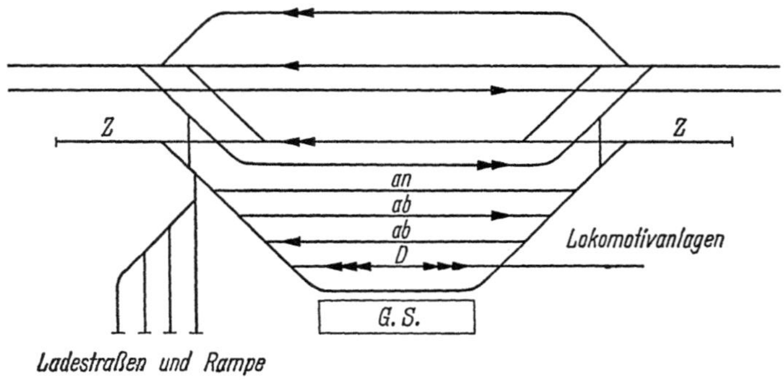

Abb. 205. Ergänzter Gleisplan mit Nebenanlagen

Der Güterbahnhof setzt sich also aus folgenden Gleisen zusammen:

Einfahrgleise,
Ausfahrgleise,
Aufstellgleise für ankommende Wagen (mindestens 1),
Aufstellgleise für abgehende Wagen (mindestens 2),
Ladegleise der verschiedensten Art,
Auszieh-, Durchlauf- und Ordnungsgleise.

Die längsten Gleise sollen eine Nutzlänge von 650 m erhalten. Diese Gleise sollen die Güterzüge aufnehmen, damit die Strecke für nachfolgende Züge frei wird. Sie dienen auch als Güterzugüberholungsgleise. Die Nutzlänge der anderen Gleise nimmt bei graden Weichenstraßen rasch ab, z. B. bei einem Gleisabstand von 4,50 m und einer Weichenneigung von 1:9 um je 81 m. Wenn das 1. Gleis 650 m lang ist, so hat das 6. nur noch eine nutzbare Länge von 245 m.

Hat ein Bahnhof ziemlich starken Güterverkehr, so müssen einzelne Gleise zu selbständigen Gruppen erweitert werden. Eine Einfahrgruppe wirkt als Puffer, der den Spitzenanfall von Zügen aufzunehmen hat, bis die Wagen auf die einzelnen Ladegleise verteilt sind. Entsprechend wird auch eine Ausfahrgruppe geschaffen, die alle Gleise für die verschiedenen Versandrichtungen zusammenfaßt. Die reichliche Ausstattung mit Puffergleisen erlaubt eine bessere Ausnützung der teuren Ladeanlagen. Ebenso erleichtert sie den Betrieb auf der Strecke, weil bei Bedarf Güterzüge zurückgehalten werden können. Allerdings soll die Zugleitung für eine rasche Güterbeförderung und einen beschleunigten Wagenumlauf sorgen und Stauungen größeren Ausmaßes verhindern. Bei einer guten Zugleitung kann der Umfang der Puffergruppen beschränkt werden.

Neben den bisher besprochenen Gleisen gehört zu einer vollständigen Anlage eine Ordnungsgruppe, die als Gefällsanlage oder mit einem Ablaufberg ausgebildet werden kann. Je nach der Lage des Bahnhofs gegenüber benachbarten Verschiebebahnhöfen muß mehr oder weniger rangiert werden. Der Leerwagenbedarf soll in erster Linie aus dem eigenen Bestand gedeckt werden; das bedeutet, daß mindestens nach 3 verschiedenen Zielen ausrangiert werden muß, nach den beiden Richtungen der Strecke und für die Wiederbeladung im Bahnhof selbst. Die Ordnungsgruppen sind mit großer Sorgfalt zu entwerfen, damit die täglich wiederkehrenden Rangierbewegungen möglichst rasch und mit einer kleinen Mannschaft durchgeführt werden können. So soll zum Beispiel das Umsetzen von Leerwagen aus Empfangs- in Versandgleise möglichst bequem erfolgen, weil diese Bewegung sehr häufig vorkommt.

Das Beladen und Entladen geschlossener Güterzüge gibt ein klares Bild über die Aufgaben der einzelnen Gleise und den Kreislauf der einzelnen Wagen. Bestimmte Güter brauchen besondere Ladeeinrichtungen. So werden Massengüter wie Kohlen, Erze, Schotter usw. aus Silos in Wagen geschüttet, die am Ziel der Fahrt durch Öffnen der Bodenklappen oder Kippen der Mulde entladen werden. Getreide und Zement werden mit Druckluft, Öl durch Pumpen umgeschlagen. Viehzüge müssen an Rampen vorfahren. Alle diese Ladestellen können nicht in beliebiger Zahl und Länge erstellt werden. Der Zug muß sich meistens an einer einzigen oder wenigen Ladestellen vorbeibewegen. Daraus ergeben sich sehr große Ladegleislängen.

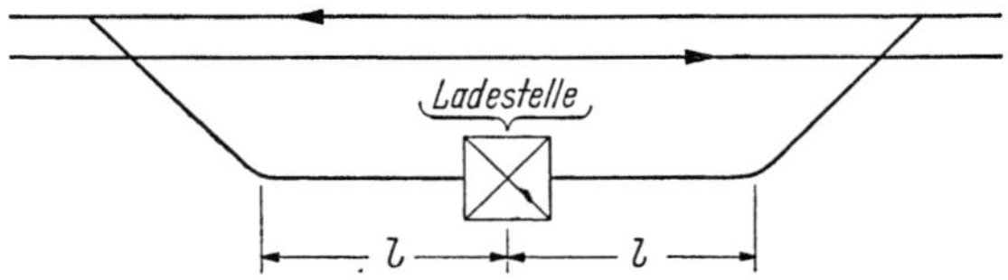

Abb. 206. Einfache Ladestelle

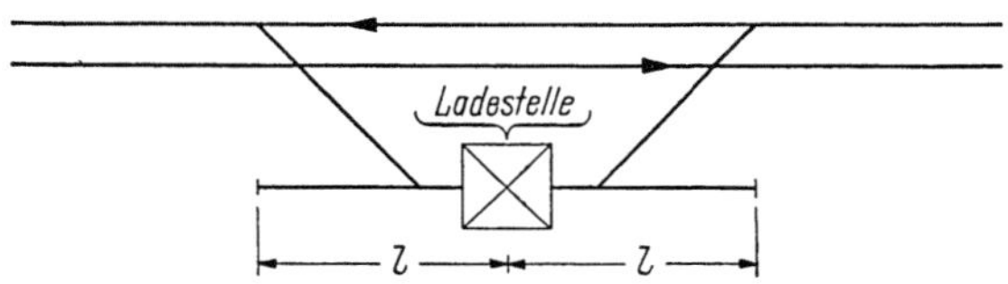

Abb. 207. Gleiche Ladestelle mit zusammengezogener Gleisentwicklung

Abb. 206 zeigt eine Ölladestelle. Auf der Länge l muß der ganze Zug Platz finden. Bei der Anordnung nach Abb. 206 liegen die Weichen bis zu 1400 m auseinander. Diese Anlage ist nicht mehr zu übersehen. Die Weichen sind durch Blocksignale oder Schlüsselabhängigkeiten zu sichern. Deshalb ist die Lösung nach Abb. 207 mit zusammengezogener Gleisentwicklung vorzuziehen. Dann

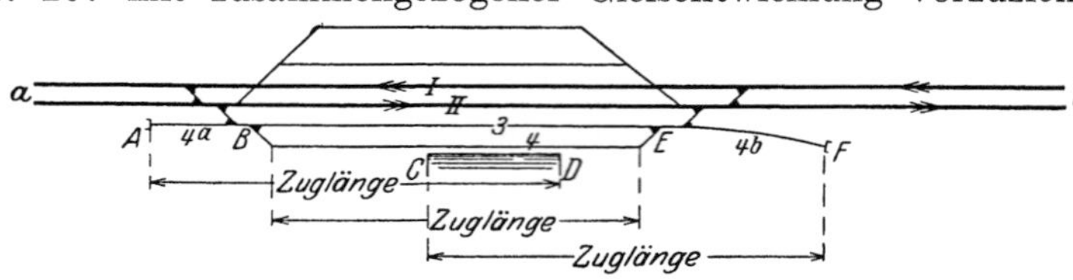

Abb. 208. Anlage für Truppenverladung mit kurzer Seitenrampe

kann das Ladegleis z. B. auf einer Steilstrecke auch eine andere Höhenlage erhalten als die Streckengleise. Ein ähnliches Beispiel mit einer kurzen Rampe für Truppenverladung zeigt Abb. 208. Das Ladegleis hat eine ausreichende Nutzlänge zur Aufnahme von Truppenzügen aus beiden Richtungen. Zur Be- oder Entladung müssen die Züge unter Benutzung der Ausziehgleise an der Rampe vorbeigezogen werden. Abb. 209 stellt den Anschluß eines großen Steinbruchs dar. Besonders deutlich ist hier der Kreislauf der Wagen zu erkennen. Bei der Einfahrt und bei der Ausfahrt ist für den nötigen Pufferraum zur Aufnahme der Wagen zu sorgen. Die Lokomotive braucht ein Umlaufgleis, damit sie den Verladebetrieb nicht stört. Das ist besonders wichtig bei elektrischem Betrieb mit Oberleitung, die das Ladegeschäft stört. Bei der dargestellten Ladestelle können die Wagen zwischen Ausziehgleis und Ausfahrgruppe auch mit Hilfe der Schwerkraft bewegt werden.

Der Güterbahnhof steht meistens in enger Beziehung mit dem Personenbahnhof, da zu jeder größeren Ortschaft beide gehören. An Bedienungspersonal kann gespart werden, wenn Empfangsgebäude und Güterschuppen auf der gleichen Seite liegen, am besten auf der Seite des Ortskerns. Andernfalls muß ein großer Teil des Verkehrs zuerst durch Über- oder Unterführungen auf die andere Seite des Bahnkörpers gebracht werden. Auf jeden Fall sind die Wege vom Güterschuppen zu den Schaltern kurz zu halten.

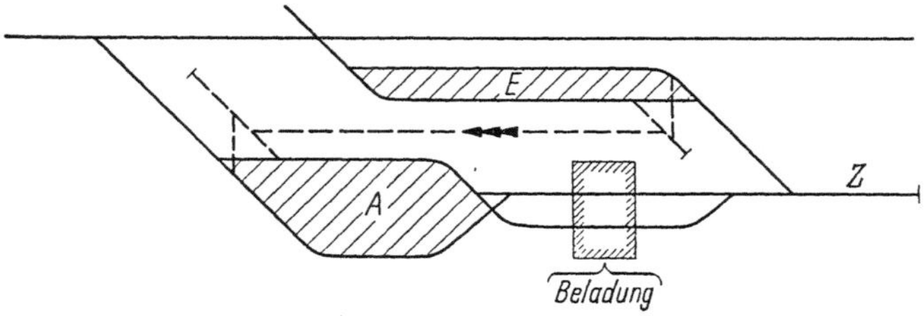

Abb. 209. Verladebahnhof für Massengut

Die Anlage der Bahnsteige und des Empfangsgebäudes bietet für gemischte Personen- und Güterzüge bei der an sich richtigen Anordnung nach Abb. 205 Schwierigkeiten. Abb. 210 zeigt eine Möglichkeit zur Vereinigung von Empfangsgebäude und Güterschuppen, die jedoch den Nachteil hat, daß der Schuppen nur an ein Stumpfgleis angeschlossen ist. Bei Neu- oder Umbauten geben meist die örtlichen Verhältnisse den Ausschlag zugunsten der einen oder anderen Form.

Städtebaulich bringt die Lage von Aufnahmegebäude und Güterschuppen auf der gleichen Seite manche Schwierigkeit mit sich. Die Anschlußgleise für die Industrie müssen auf der Stadtseite entwickelt werden, obwohl eine Trennung

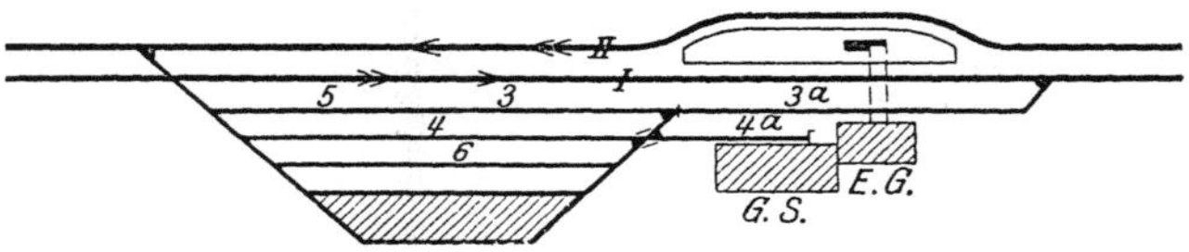

Abb. 210. Zusammenfassung von Empfangsgebäude und Güterschuppen in einem kleineren Bahnhof

von Wohnvierteln und Werkanlagen durch den Bahnkörper meist sehr erwünscht ist. Die Erweiterungsmöglichkeiten der Industrie werden oft eingeschränkt. Nur selten wird aber eine Lösung allen verkehrlichen und betrieblichen Wünschen gerecht werden können. Meist wird ein Ausgleich gesucht werden müssen, der von Bahnhof zu Bahnhof je nach den besonderen Bedürfnissen verschieden sein wird. Bei allen Lösungen soll aber den Erweiterungsmöglichkeiten die notwendige Aufmerksamkeit geschenkt werden, denn auch angesichts des scharfen Wettbewerbs der anderen Verkehrsmittel kann die industrielle Tätigkeit oder eine Verlagerung örtlich noch eine starke Verkehrszunahme bewirken.

C. Freiladebahnhöfe

a) Private Gleisanschlüsse

Zwei Drittel aller Wagenladungen werden auf privaten Anschlüssen umgeschlagen. Vor dem ersten Weltkrieg bestimmte die Möglichkeit des Gleisanschlusses für die meisten Industrien den Standort, wie hundert Jahre früher die Wasserkraft. Auch heute ist der Gleisanschluß für viele Industrien noch lebenswichtig, was die ständige Erschließung neuer Industriegelände durch Gleisanschlüsse beweist.

Die Industriegleise werden durch Rangierlokomotiven bedient. Diese können der Bahnverwaltung oder auch privaten Stellen (Industrieunternehmungen, Hafenbehörden) gehören. Das Rangieren mit Menschenkraft oder Tieren ist auch hier längst überlebt. Dagegen werden für kurze Verschiebungen häufig Seilzüge — sogenannte Spillanlagen — oder nicht schienengebundene Fahrzeuge, z. B. Traktoren, verwendet.

Auf Industriegleisen wird im allgemeinen langsam gefahren. Trotzdem müssen vor allem seit der starken Zunahme des Straßenverkehrs Sicherheitsvorkehrungen getroffen werden, weil sich, im Gegensatz zum übrigen Eisenbahnbetrieb, oft unerfahrene Leute im Gefahrenbereich aufhalten oder dort arbeiten. Die Trennung von Schienen- und Straßenzufahrt zu den Grundstücken ist sehr erwünscht. Manchmal läßt sich das wegen innerbetrieblicher Schwierigkeiten — Anlieferung oder Versand des gleichen Gutes auf der Schiene und auf der Straße — nicht durchführen.

Die Frage ob ein einziges Stammgleis nach Abb. 211 für eine ganze Gruppe von Werken genügt oder ob 3 Gleise nach Abb. 212 erforderlich sind, muß nach der Belastung entschieden werden. Die Lösung mit 3 Gleisen braucht nicht nur mehr Fläche, sondern ist auch erheblich teurer im Bau. In den meisten Fällen reicht ein einziges Gleis aus. Die Tiefe eines Grundstücks für mittlere Industrien beträgt ungefähr 100 m, was einen Straßenabstand von 200 m ergibt. Werden die Grundstücke tiefer gewählt, so steigen die Kosten für den innerbetrieblichen Verkehr. Der Güteranfall je m² Betriebsfläche hängt von sehr verschiedenen Bedingungen ab. Bei gemischten Industriebetrieben wird im Durchschnitt je 15000 m² Fläche täglich eine Eisenbahn-Wagenladung zugestellt oder versandt.

Abb. 211. Industriestammgleis. Alle Anschlüsse sind von der gleichen Seite bedienbar

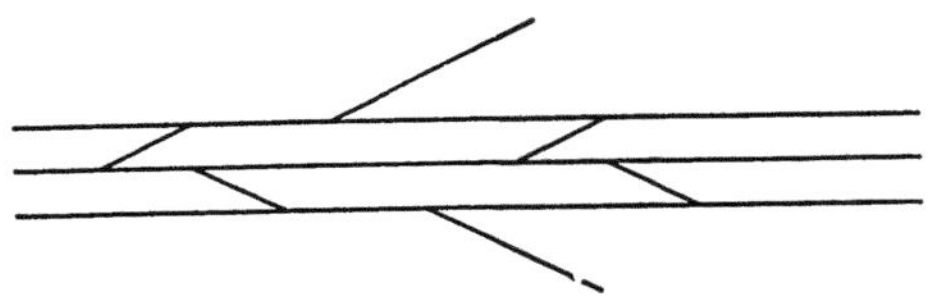

Abb. 212. 3 Stammgleise für großes Industriegelände

Abb. 213 zeigt die gewöhnliche Ausbildung eines privaten Anschlusses für ein größeres Werk in einiger Entfernung von der Bahnstrecke. An der Übergabestelle werden die Wagen samt Ladung übergeben (Änderung der Haftungsverhältnisse!). Von dort ab werden die Wagen von nicht bahneigenen Lokomotiven oder mit anderen Mitteln verschoben. Das Ladegleis soll länger als die Laderampe bemessen werden, damit ausgeladene Wagen weitergeschoben werden können. Innerbetriebliche Gleisanlagen erfordern eingehende Untersuchungen.

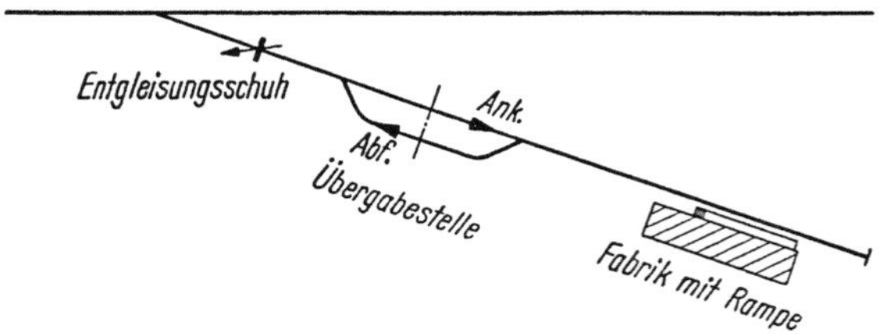

Abb. 213. Anschluß für größeres Werk

Unfreiweilliges Ablaufen von Wagen nach der Strecke muß durch einen Entgleisungsschuh verhindert werden. Schutzweichen und Stumpfgleise sind bei kleinen Anschlüssen nicht gerechtfertigt und zu teuer.

Ein Sonderfall ist der Hafenbahnhof, bei dem gewöhnlich 3 Gleise zwischen Hafenbecken und Schuppen nebeneinander liegen. Das mittlere Gleis dient als Durchlaufgleis, das wasserseitige für das unmittelbare Umladen zwischen Schiff und Bahn, das landseitige für den Umschlag zwischen Lagerschuppen und Bahn. Der Straßenumschlag erfolgt auf der Landseite des Schuppens. Die Bahn wird unmittelbar an das Ufer gelegt, weil sie im allgemeinen die schweren Lasten übernehmen muß. Das Durchlaufgleis wird nach je 100 bis 200 m mit den Ladegleisen durch Weichen verbunden. An langen Hafenbecken werden 2 Durchlaufgleise verlegt, so daß eine 4-gleisige Form entsteht. Die Hafenladegleise werden oft unmittelbar an Verschiebebahnhöfe (Hafenbahnhöfe) angeschlossen.

b) Freiladestraßen

In den Freiladebahnhöfen werden ganze Wagenladungen von Schienen- auf Straßenfahrzeuge und umgekehrt umgeschlagen. Man spricht von Wagenladungs- oder Freiladeverkehr. Die Ladestraße muß dazu dem Freiladegleis entlang führen. Die Lastwagen oder Fuhrwerke stellen sich längs oder quer zum Eisenbahnwagen

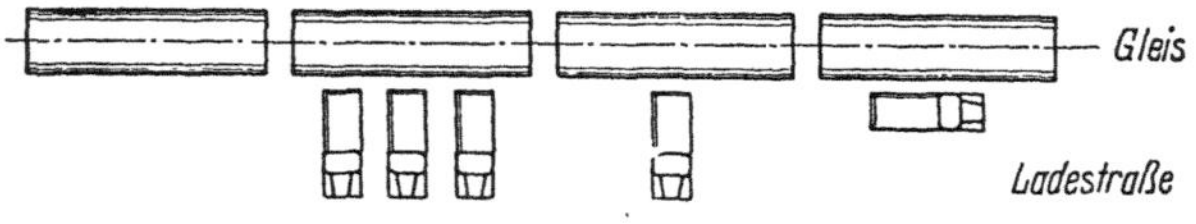

Abb. 214. Quer- und Längsaufstellung von Lastwagen auf der Ladestraße

auf (Abb. 214). Bei Queraufstellung können gleichzeitig mehrere Lastwagen aus einem Güterwagen laden. Manche Lastwagen können überhaupt nur von hinten beladen werden.

Die Ladeflächen von Eisenbahn- und Straßenfahrzeugen liegen im allgemeinen ungleich hoch. Der Boden der Güterwagen liegt ungefähr 120 cm über Schienenoberkante, jener der Straßenfahrzeuge etwa 90—120 cm über Straßenoberfläche. Die Ladestraße soll deshalb rund 10—20 cm höher liegen als die Schienenoberkante. Ein genauer Ausgleich der Höhen beider Ladeflächen läßt sich nicht erzielen, denn die Höhe ändert sich bei den Fahrzeugen infolge der Durchbiegung der Federn unter der Last. Auch weisen die Fahrzeuge ganz verschiedene Bauarten auf. Zur Vermeidung von Unfällen — Abrutschen gegen die Gleise oder zu nahes Heranfahren an die Güterwagen (Lichtraumprofil freihalten!) — werden starke Randsteine mit Außenkante in 2,00 m Abstand von der Gleismitte gesetzt (Abb. 215). Bei einer größeren Zahl von Freiladestraßen können einige nur für das Beladen, andere nur für das Entladen der Güterwagen verwendet werden. Die Höhenlage der Straßen wird dann am besten so gewählt, daß jeweils die Lastrichtung Gefälle hat.

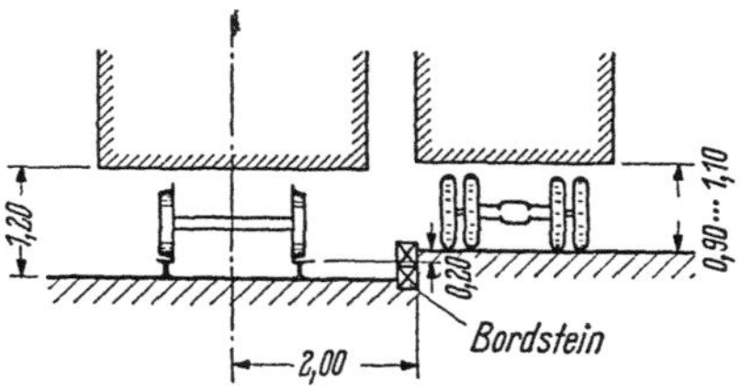

Abb. 215. Höhlenage von Gleis und Ladestraße

Die Ladestraße muß, auch wenn sie nur einseitig benutzt wird, mindestens 2 Fahrspuren zu 3,50 m = 7,00 m breit sein. Bei zweiseitiger Benutzung und paralleler Aufstellung der Lastwagen muß der Abstand der Gleisachsen 2× (2,00 + 2,50 + 3,00) = 15,00 m betragen. Die Queraufstellung wird immer mehr verlangt, so daß Ladestraßen mit den Abmessungen der Abb. 216 und 217 vorzusehen sind. Bei längeren Ladestraßen sind in der Mitte immer zwei Fahrspuren für einen ungehinderten Längsverkehr vorzubehalten. Damit erhöht

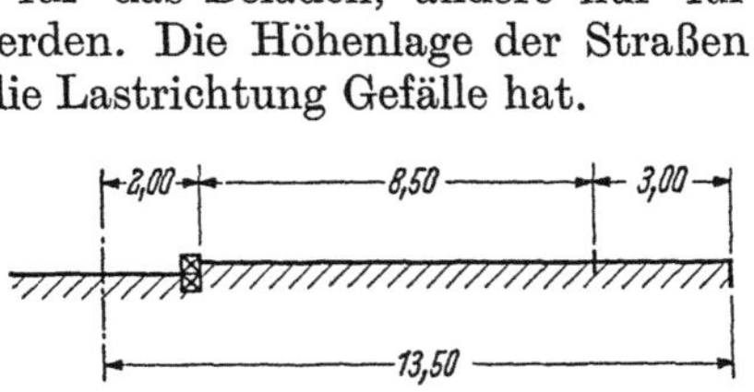

Abb. 216. Einseitig benutzte Ladestraße

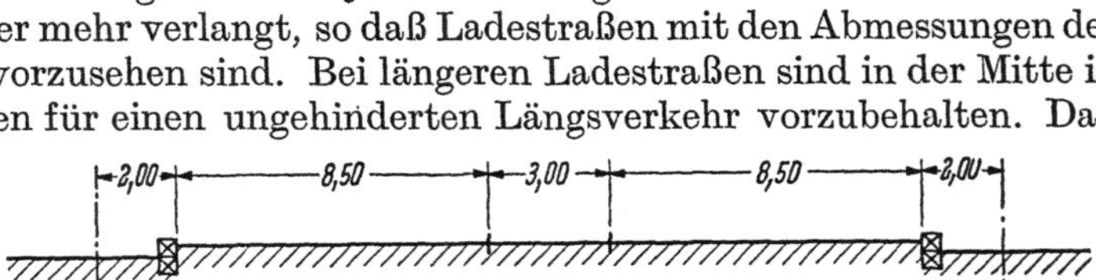

Abb. 217. Zweiseitig benutzte Ladestraße

sich der Abstand der Gleisachsen auf 27 m. Wenn auf der Ladestraße noch Beleuchtungsmaste aufgestellt werden, so ist die Breite der Ladestraße um weitere 1,50 m zu vergrößern.

Am Ende der Ladestraße ist eine Wendeplatte vorzusehen. Sie braucht einen Mindestdurchmesser von 15 m, für Lastwagen mit Anhänger 23 m. Werden die Ladegleise zweiseitig angeschlossen, so kreuzt die Ladestraße die Gleise. Die Kreuzungen sind übersichtlich anzulegen, um Zusammenstöße zu vermeiden. Das Gleis muß an diesen Stellen eingepflastert werden.

Der Gesamtbedarf an Ladestraßen muß nach den Verkehrsmengen berechnet werden. Aus der Verkehrsstatistik kann getrennt für Empfang und Versand die Jahresleistung in Tonnen und Wagenladungen ermittelt werden. Für Neuanlagen müssen die Werte aus dem Vergleich mit ähnlichen, bestehenden Anlagen abgeleitet werden. Von dem Jahresverkehr sind diejenigen Mengen abzuziehen, die an besonderen Rampen und Verladeeinrichtungen umgeschlagen werden und die in privaten Gleisanschlüssen aufkommen. Der Rest ist bei 5-Tage-Woche durch 250 Arbeitstage zu teilen. So ergibt sich der mittlere Tagesverkehr. Verkehrsstarke Tage liegen in großen Industriegemeinden ohne jahreszeitliche Schwankungen etwa 20%, bei kleinen, vorwiegend ländlichen Bahnhöfen gegen 50% über dem Tagesmittel. Sie sind für die Größe der Anlage maßgebend.

Bei kleinen Bahnhöfen ist je laufenden Meter Ladegleis mit einer mittleren Umschlagleistung von 1 t/Tag zu rechnen. Bei größeren Bahnhöfen erhöht sich dieser Wert auf 2 t/Tag, denn dort werden zweimal am Tag Wagen laderecht gestellt.

Die Ladeleistung einer Ladestraße nimmt zu

je größer die Gesamtverkehrsmenge ist,
je kürzer die einzelnen Ladegleise sind,
je besser die Gleise rangiertechnisch angeschlossen sind, und
je besser der Bahnhof mit Aufstellgleisen ausgestattet ist.

Ladegleise sind wie die Hauptpersonengleise wegen der großen Ladefläche sehr teure Gleise. Ihre genaue Aufteilung muß daher noch besprochen werden. Sie sollen möglichst gut ausgenützt werden.

Einseitig angeschlossene Ladegleise sollen höchstens 200 m lang sein, da sonst all zu lang gewartet werden muß, bis das Gleis wieder ausrangiert werden kann. Halbbeladene Wagen sollen nicht verschoben werden, weil das Gut in diesem Zustand nicht genügend befestigt ist und leicht Schaden leidet. Zu kurze Gleise sind im Bau teuer und verbrauchen wegen der toten Länge der Weichen viel Platz. Die wirtschaftliche Mindestlänge liegt bei 100 m. Zweiseitig angeschlossene Gleise dürfen bis zu 400 m lang sein. Auf größeren Bahnhöfen wird es genügend Ladegleise geben, um Wagen, die voraussichtlich längere Zeit laderecht stehen sollen, auf einem besonderen Gleis zusammenzufassen, allen *raschen* Ladern aber die übrigen Gleise zuzuweisen.

Für die Gleisentwicklung sind Anordnungen nach Abb. 218, 219 und 220, denkbar. Maßgebend ist bei gegebenem Grundstück das Verhältnis von Gleislänge u. nutzbarer Ladelänge. Die Entscheidung ist von Fall zu Fall zu treffen. Abb. 221, 222 und 223 zeigen drei Möglichkeiten der Unterteilung überlanger Ladegleise. In Abb. 221 ergibt sich eine verlorene Gleislänge, die eine Weiche wird sehr schlecht ausgenützt.

c) Besondere Verladeeinrichtungen

Neben der gewöhnlichen Freiladestraße sind eine ganze Reihe besonderer Verladeeinrichtungen erforderlich, um die Wünsche der Kunden zu erfüllen. Auch zur Rückgewinnung verlorener Kundschaft schaffen die Bahnverwaltungen neue Verlademöglichkeiten, besonders zur Verbesserung des Haus-Haus-Verkehrs.

Rampen. Oben wurde bereits erwähnt, daß die Ausnutzung von Höhenunterschieden den Güterumschlag merklich erleichtern kann. Wichtige Verfrachter oder Empfänger haben meistens ihre eigenen Verladeeinrichtungen. Neben den Vorrichtungen zum Umschlag von Schüttgut mit Hilfe von Rutschen usw. bleiben

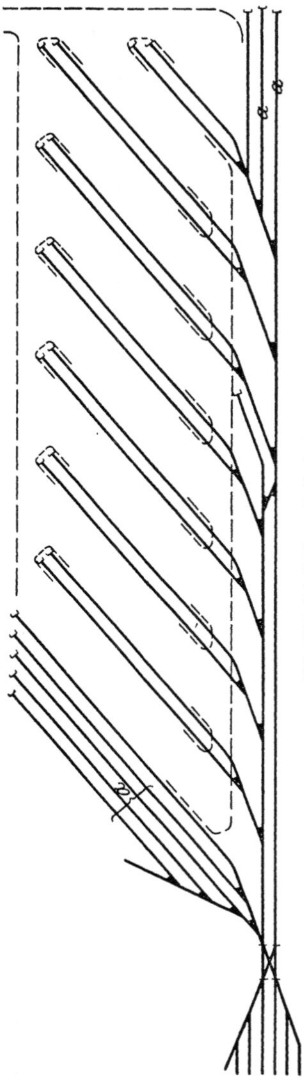

Abb. 218. Schrägliegende Ladestraßen

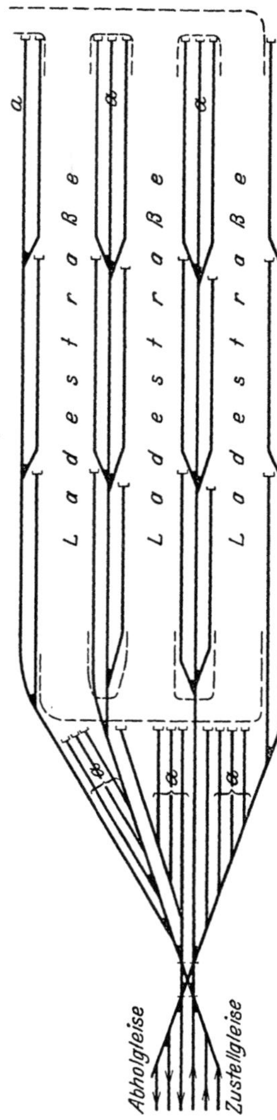

Abb. 219. Lange grade Ladestraßen, erheblicher Aufwand an Gleisen und Weichen

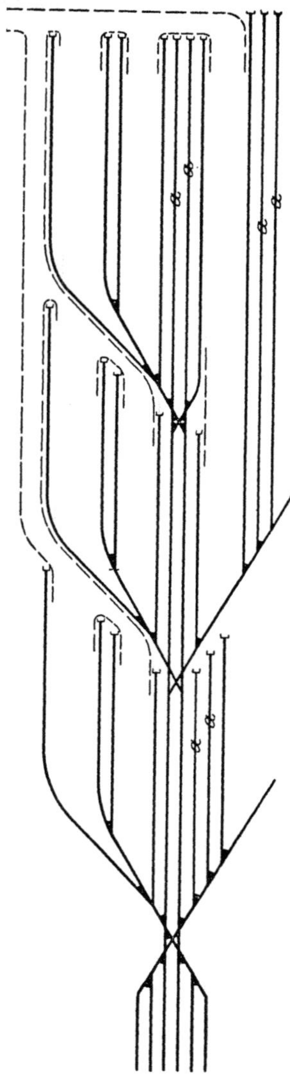

Abb. 220. Kurze grade Ladestraßen, Übersicht weniger gut

die Kopf- und Seitenrampen auf jedem Bahnhof unentbehrlich z. B. für Vieh-, Fahrzeug- und Maschinenversand. Die Rampenneigung soll 8% nicht überschreiten. Kopframpen sollen eine waagrechte Länge von 15 bis 20 m erhalten, Seitenrampen müssen mindestens 4 m breit sein. Meistens können Kopf- und Seitenrampen zu einem Bauwerk verbunden werden. Zur Kopframpe nach

Abb. 221. Aufwendige Lösung zur Unterteilung eines langen Ladegleises

Abb. 222. Verzicht auf eine Weiche, Verlust an nutzbarer Ladelänge

Abb. 223. Vollständige Ausnützung der Ladestraße

Abb. 224 oder 225 gehört auch eine Drehscheibe, damit Wagen mit Bremserhäuschen gedreht werden können, wenn das Häuschen im Weg ist. Auf die Drehscheibe kann verzichtet werden, wenn in der Nähe bereits eine Drehscheibe oder ein Gleisdreieck vorhanden ist. Auch werden solche Wagen immer seltener.

Die Kopframpen müssen etwas höher sein (1,235 m) als Seitenrampen (1,10—1,20 m), damit die Puffer beim Verladen nicht stören. Für das Verladen von Holz in Güterwagen werden Rampenhöhen bis 1,75 m verlangt.

Besondere Rampen sind für Sonderzwecke erforderlich. Beim Verladen normalspuriger Güterwagen auf Rollböcke von Schmalspurbahnen, ebenso auch beim Umladen auf Straßenroller, steht der ganze Güterwagen auf Schienen, die auf dem Rollbock befestigt sind. Das Rollbockgleis wird um die Höhe des Rollbocks abgesenkt. Die Rampenneigungen sind so flach wie möglich zu halten. Auf Wagenlänge muß das Gleis waagrecht liegen, weil das Be- und Entladen sonst Mühe macht.

Andere Sonderrampen sind für das Verladen von Lastzügen im Huckepackverkehr und von Großbehältern vorzusehen. Die Entwicklung ist auf diesem Ge-

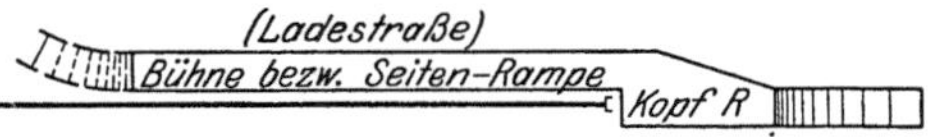

Abb. 224. Vereinigte Kopf- und Seitenrampe

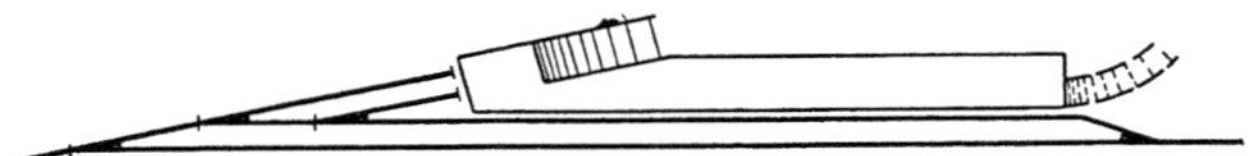

Abb. 225. Getrennte Bedienungsgleise für eine vereinigte Kopf- und Seitenrampe

biet noch im Fluß. Vielfach handelt es sich bei solchen Anlagen um Einzelausführungen für besondere Bedürfnisse. Dasselbe gilt von tiefliegenden Ladestraßen oder Pfeilerbahnen für Schüttgüter. Auf dem Gebiet des Behälterverkehrs gibt es so vielfältige Möglichkeiten und Versuche, daß hier nicht näher darauf eingegangen werden kann.

Krananlagen. Je mehr sich der Behälterverkehr einbürgert, desto mehr gewinnen die Krane an Bedeutung. Auf größeren Bahnhöfen sollen möglichst mehrere Krane mit verschiedener Tragfähigkeit zur Verfügung stehen, damit für jede Aufgabe das zweckmäßigste Gerät eingesetzt werden kann. Für Stückgut genügt ein Kran von 1—2 t; daneben ist noch ein Drehkran von 1—5 t Tragkraft und ein Portalkran für 5—20 t zweckmäßig. Die Krane sollen nicht am äußersten Ende eines Stumpfgleises stehen, damit mehrere Wagen nacheinander ohne Umsetzen entladen werden können. Die leeren Wagen werden dann gegen den Prellbock hin weitergeschoben.

D. Stückgutbahnhöfe

Die Stückgutbahnhöfe werden in der technischen Literatur nur selten eingehend behandelt, weil sich bautechnisch keine besonderen Schwierigkeiten ergeben und weil die betrieblichen Fragen keine größere Aufmerksamkeit finden. Die wirtschaftlichen Gesichtspunkte des Stückgutverkehrs sind häufiger besprochen worden, doch beschränken sich die Ausführungen meist auf die Verkehrspolitik. Dabei handelt es sich um eine verkehrstechnische Aufgabe, die umfassende Kenntnisse zur Behandlung verschiedener Fragen im Zusammenhang voraussetzt.

In Amerika wurde die Bedeutung der Umschlagstechnik (Materials Handling Engineering) früh erkannt, doch werden auch in Europa seit Jahren Verkehrs- und Betriebsingenieure besonders für diese Fragen ausgebildet. Gerade im Stückgutverkehr ist der Lohnanteil an den gesamten Kosten sehr hoch. Die Verbesserung der Wettbewerbslage im Stückgutverkehr kann nicht nur eine Frage der Beschleunigung des Verkehrs sein. Sie wird maßgebend von den Tarifen bestimmt, die weitgehend von den Kosten abhängen. Die Frage, ob der Stückgutverkehr vornehmlich auf der Schiene oder auf der Straße abzuwickeln sei, wird an dieser Stelle nicht behandelt. Die Schließung zahlreicher kleiner Bahnhöfe für den Stückgutverkehr auf der Schiene und ihre Bedienung auf der Straße von Mutterbahnhöfen aus, wird weitere Fortschritte machen. Hier sind lediglich Grundlagen für die richtige Gestaltung neuzeitlicher Stückgutbahnhöfe zusammengestellt.

Die Aufgaben des Stückgutbahnhofs bedingen das Bewegen von Menschen, Schienen- und Straßenfahrzeugen, Karren und — aus der Entwicklung hervorgegangen — von Frachtbriefen. Alle Bewegungen sollen schnell und bequem ausgeführt werden können. Jedes überflüssige Verschieben, Heben oder Senken kostet Zeit und Geld. Zu einem sorgfältigen Entwurf gehören Bewegungs-, Zeit- und Weg-Untersuchungen. Handarbeit soll weitgehend ausgeschaltet werden, weil die notwendigen Arbeitskräfte für schwere körperliche Arbeit kaum mehr zu bekommen sind und weil die meisten Arbeiten maschinell schneller und billiger ausführbar sind (Gabelstapler, Hubstapler, Ladebretter). Das Umladen zwischen Schiene und Straße soll möglichst ohne Zwischenlagerung erfolgen können, weil jedes Absetzen der Güter Zeit kostet und Lagerflächen beansprucht.

Die Aufgaben von Verkehr und Betrieb sind beim Stückgut besonders eng verknüpft. Sie müssen gegenseitig gut abgestimmt werden, damit die Beförderung des Stückgutes im beiderseitigen Interesse der Kunden und der Bahn wirtschaftlich durchgeführt wird.

Die verkehrstechnische Aufgabe ist das Annehmen und Einladen oder Ausladen und Ausliefern der Güter, das Ausfüllen der Frachtbriefe, und das Bezahlen und Abrechnen der Fracht.

Die betriebstechnische Aufgabe ist das Ein-, Aus- und Umsetzen der Eisenbahnwagen, das Umladen der Güter und der Versand der Frachtbriefe. Auf der Straßenseite gehört auch das Bereitstellen der Lastwagen dazu.

a) Bedienung des Stückgutverkehrs

Die meisten Stückgüter haben geringen Umfang und kleines Gewicht. Es gibt auch viel sperrige Ware. Bezeichnend ist der amerikanische Ausdruck für Stückgut: l. c. l. = lighter than car load. Wegen der Uneinheitlichkeit des Ladegutes ergibt sich eine sehr schlechte Ausnutzung des Laderaumes und des Ladegewichtes der Eisenbahnwagen. Die Auslastung der Stückgutwagen schwankt zwischen 2,5 und 3,5 t.

Das Frachtaufkommen ist auf vielen Bahnhöfen zu gering, um jeden Tag ganze Wagen zu füllen. Wegen des Wettbewerbs der Straße ist aber eine rasche Beförderung unerläßlich. Deshalb müssen Stückgüter oft umgeladen oder zugeladen werden. Das verzögert die Beförderung und erhöht ihre Kosten. Diesen Schwierigkeiten wird dadurch begegnet, daß der Verkehr kleinerer Bahnhöfe auf die Straße verlegt oder für mittlere und große Bahnhöfe ein Stückgutschnellverkehr mit leichten Zugeinheiten von 2—3 großräumigen Wagen eingerichtet wird. Die leichten Zugeinheiten fahren unmittelbar am Güterschuppen oder auf einem zweiten Ladegleis mit einer Verladebühne (siehe unten) vor. Die richtige Entscheidung hängt nicht nur von den Verhältnissen des betreffenden Bahnhofs ab, sondern von den Verkehrsbedingungen des ganzen Bezirkes.

Im Schienenverkehr wird nach Kurswagen, Umladewagen und Ortswagen unterschieden.

Ortswagen laufen vom Versandbahnhof zum Zielbahnhof (Ort) ohne Änderung der Ladung durch. Ihre Mindestauslastung wird von der Bahnverwaltung festgelegt, abgestuft nach Entfernung, Ladung und Geschwindigkeitsstufe (Frachtgut, Eilgut, Expreßgut) und Empfangsbahnhof (Stadt, Seehafen).

Kurswagen verkehren fahrplanmäßig zwischen größeren Bahnhöfen und bedienen bestimmte Unterwegsbahnhöfe als Einlade- oder Ausladekurswagen.

Umladewagen nehmen Güter auf, die weder in Orts- noch in Kurswagen verladen, also ihren Zielen nicht unmittelbar zugeführt werden können. In Umladebahnhöfen werden sie in eine der drei Wagenarten umgeladen.

b) Abfertigung

Annahme der Güter. Die überwiegende Zahl der Güter wird von ortskundigen Zubringern angeliefert. Je größer die Stadt, desto unbedeutender wird die Zahl der gelegentlichen Versender, die ihre Sendung selbst mit Handwagen und Anhängern zum Bahnhof bringen. Maßgebend sind auf alle Fälle die regelmäßigen Benutzer, die die Stückgüter auf Last- oder Lieferwagen mit Ladebrücken anbringen und mit dem Versandgeschäft vertraut sind. Sie setzen sich aus folgenden Gruppen zusammen:

Die bahnamtlichen Rollfuhrunternehmer (Frächter), die in einem Vertragsverhältnis zur Eisenbahn stehen und in einem bestimmten Bereich der Beförderungs- und der Tarifpflicht unterworfen sind.

Die Spediteure, die Einzelsendungen, Stückgutsammelladungen und Behältersendungen sowohl auf der Schiene als auch auf der Straße besorgen und ihre Kunden gegenüber der Eisenbahn vertreten.

Größere Firmen, die ihren Versand durch eigene Versandabteilungen besorgen,
Kleinere Handeltreibende, die ihre Sendungen selbst aufgeben.

Bei der Annahme prüft der Lademeister die Güter. Er überzeugt sich davon, ob z. B. die Verpackung genügend ist oder ob es sich um Feuergut handelt. Er trägt auf dem Frachtbrief Gewicht und Versanddatum ein und stellt die Tarifklasse fest. Zur Beschleunigung der Abfertigung richten größere Bahnhöfe zur Entlastung des Lademeisters *Vorprüfstellen* ein. Sie überprüfen den Frachtbrief, bezeichnen das Gut nach Lagerplatz oder Eisenbahnwagen, fertigen Stückgutklebezettel aus und tragen die Wegevorschrift ein. Die Güter werden mit Waagen gewogen, auf die mit Rollkarren gefahren werden kann. Die Stückgüter werden mit dem Namen des Versandbahnhofs bezettelt. Sofern die Fracht vorausbezahlt oder das Gut mit einer Nachnahme belastet wird, muß der Versender den Frachtbrief noch auf die Güterabfertigung bringen, ebenso bei Zollabfertigung oder Steuerbelastung.

Von der Waage aus soll das Gut möglichst ohne Zwischenlagerung in den Güterwagen eingeladen werden, damit es nicht zweimal *in die Hand genommen* werden muß. Dabei sind aber zwei Bedingungen zu berücksichtigen: Die Waage soll als Engpaß im Bewegungsablauf der Güterannahme immer voll beschäftigt sein, es sollen aber auch die Ladegeräte ohne Unterbrechung arbeiten können. Der günstigste Ablauf muß also je nach Grundriß und Größe des Stückgutbahnhofs ermittelt werden. Unter Umständen ist grade bei Gut in Behältern oder auf Ladebrettern eine Zwischenlagerung für einen Teil der Sendungen von Vorteil.

Ausgabe der Güter. Bei der Ankunft der Güterwagen und beim Ausladen sind die Empfänger im allgemeinen nicht anwesend. Auch Vormeldungen kommen oft nicht frühzeitig genug. Die meisten Güter müssen deshalb zunächst gestapelt werden. Infolgedessen ist der Bedarf an Lagerflächen im Empfang viel größer als im Versand. Die Zwischenlagerung erfolgt getrennt nach

dem Standort des Eisenbahnwagens,
der Art des Gutes (stapelbar, feuergefährlich, Größe usw.) oder nach
den Empfängern.

Die erste Art ergibt kurze Karrwege, ist aber umständlich für den Empfänger, die zweite Art braucht am wenigsten Lagerplatz, die letzte Art ist für die nachherige Auslieferung am vorteilhaftesten. In der Praxis wird meistens die dritte Art in Verbindung mit der zweiten für besondere Güter (Möbel, sperrige Güter usw.) in Frage kommen. Bei weitgehender Verwendung von Ladebrettern erfolgt die Lagerung getrennt nach Empfängern mit und ohne solche Ladehilfsmittel.

Eine Anordnung der Ablegestellen der Ladebretter unter einem Winkel von 45^0 zu den Karrwegen — wie auf einem Parkplatz — erleichtert die Bedienung durch die Stapler, verbessert die Übersicht und ergibt eine gute Raumausnützung. Strenge Einteilung und sinnvolle Bezeichnung der Lagerflächen erleichtern die Arbeit sehr. Bei wechselndem Verkehrsanfall muß die Einteilung öfters geändert werden.

Bei der Entladung wird das Gut mit dem Frachtbrief verglichen und auf Schäden und Verluste geprüft. Die kleineren Selbstabholer müssen über die Ankunft benachrichtigt werden, während die größeren Firmen regelmäßig kommen. Spediteure haben oft ein ständiges Büro im Güterschuppen. Die Güter werden gegen Quittung ausgehändigt.

Umfang des Stückgutverkehrs

Für den Entwurf einer Stückgutanlage muß die Fläche der Ladebühne, die Nutzlänge der Ladegleise und die notwendige Zahl der Luken (Tore) ermittelt werden. Die Größen hängen vom Verkehrsaufkommen des Einzugsgebietes ab.

Neben den jahreszeitlichen Schwankungen sind besonders die wöchentlichen und täglichen Schwankungen ausgeprägt. Die täglichen Schwankungen wirken sich im Empfang weniger aus, weil die Güter aus verschiedenen Richtungen und Entfernungen über den ganzen Tag verteilt eintreffen. Auch kann die Bahn selbst bestimmen, wann sie ausladen will.

Im Versand tritt die stärkste Spitze in den Abendstunden auf, wenn die Werke und Geschäfte die während des Tages hergerichteten Sendungen bringen. In der abendlichen Spitzenstunde fallen bis zu 30% des Tagesverkehrs an, innerhalb von drei Stunden kommen 50—60% des Verkehrs auf.

Auch im Empfang tritt die Verkehrsspitze gegen Abend auf, weil viele Kunden die Lastwagen, mit denen sie Güter gebracht haben, gleich wieder beladen wollen. Unangenehm ist im Empfang die Wochenspitze. Am Montag liegt all das Gut im Schuppen, das aus kurzen Entfernungen am Samstag und aus weiten Entfernungen am Sonntag eingetroffen ist. Besonders groß ist die Belastung auch nach Feiertagen. Gewöhnlich liegt die regelmäßig auftretende Wochenspitze um 40—50% über dem mittleren Tagesverkehr.

Maßgebend ist der Verkehr der Spitzenstunde. Die Gütermengen sollen getrennt für Versand und Empfang ermittelt werden. Bei Umbauten und Erweiterungen sind die Zahlen meist aus den Statistiken zu entnehmen, bei Neuanlagen muß mit Vergleichswerten gearbeitet werden. Die Erhebungen müssen mit aller Sorgfalt durchgeführt werden, weil davon erhebliche Ausgaben abhängen.

Das Verkehrsaufkommen schwankt von Stadt zu Land, von Verwaltungs- zu Industriestadt und hängt auch von der Verkehrslage und der Güte der Verkehrsbedienung durch die Eisenbahn ab. Weitere Schwankungen ergeben sich durch die Wirtschaftslage, durch die Entwicklung der Tarife bei der Eisenbahn und den anderen Verkehrsmitteln, durch politische Vorgänge und aus Änderungen des Einzugsgebietes. Alle diese Einflüsse lassen sich nur schwer abschätzen. Untenstehende Tabelle nennt einige Zahlen über das Verkehrsaufkommen während des letzten Jahrzehntes in t je Einwohner und Jahr.

	Westdeutschland	Schweiz	Stadt Zürich Versand und Empfang zusammen		
Postpakete	0,12	0,05			
Reisegepäck	0,015	0,06	0,09	0,06	0,15
Expressgut	0,04	0,03	0,006	0,05	0,06
Eilgut	0,05	0,09 }			
Frachtgut	0,3	0,30 }	0,8	2,6	3,4
Wagenladungen	2,4	3,2 }			

c) Güterschuppen

Auf dem Weg zwischen Lastwagen und Güterwagen müssen die Güter abgefertigt und zum Teil auch gestapelt werden. Dafür ist eine Bühne in Höhe der Ladeflächen beider Fahrzeuge erforderlich. Sie ermöglicht das bequeme Karren der Güter. Damit fällt jegliches Heben oder Senken weg, soweit die Güter nicht mit Hubstaplern aufeinander gestellt werden, um mehr Waren auf der gleichen Fläche unterzubringen.

Über der Bühne wird ein Schuppen erstellt, der folgenden Zwecken dient:

Schutz der Arbeiter und der Güter gegen die Witterung,
Schutz der Güter und der Geräte (Wagen, Stapler usw.) gegen Diebstahl,
Heizung oder Kühlung einzelner Lagerstellen,
Einzäunung für Tiere.

Den verschiedenen Aufgaben entsprechend bleibt die Bühne zum Teil offen, wird nur eingezäunt oder nur überdeckt, mit vollen Wänden oder nur mit Gittern abgeschlossen oder endlich für die Aufenthaltsräume der Bediensteten und die Schalterräume als richtiges Bürohaus ausgebildet. Immer ist die Forderung zu beachten, daß die betrieblichen Fragen und günstige Arbeitsbedingungen für den Entwurf maßgebend sind. Der Kapitaldienst für Verzinsung und Abschreibung der festen Anlagen ist verschwindend klein gegenüber den Betriebskosten eines Güterbahnhofs.

Der Boden der Ladebühne kann nicht mehr in Holz ausgeführt werden, weil der Hubstapler- und Karrenverkehr ihn zu stark beansprucht. Die Fahrbahnen sind mit hochwertigem Belag zu versehen. Der Hochbau kann in Holz, Stahl oder Stahlbeton erstellt werden. Die jeweilige Ausführung hängt von den Kosten, der Lebensdauer und dem Standort ab. Bei wertvollen Gütern empfiehlt sich als Feuerschutz der Einbau einer Sprinkleranlage, also eines Netzes von Wasserrohren, dessen Verschlüsse bei starker Erwärmung schmelzen, so daß das Gut dann in weitem Umkreis mit Wasser bespritzt wird.

Für Versand und Empfang wird meistens ein gemeinsamer Schuppen erstellt. Wenn es die Geländeverhältnisse verlangen, kann der Schuppen auch getrennt werden. Dabei muß aber auf die Verkehrsabwicklung (Anrollen beladener Wagen — Ausladen — Laderechtstellen — Beladen) auf Schiene und Straße Rücksicht genommen werden.

Für die Bemessung der Anlagen müssen die Jahresverkehrsmengen auf die Spitzentage umgerechnet werden, wofür oben schon ein Anhalt gegeben wurde. Bei nicht mechanisierten Schuppen wird mit einer Bühnenfläche von 13 m^2 je Tonne Versand am Spitzentag oder 18 m^2 je t Empfang (Zwischenlagerung) gerechnet. Die Werte liegen bei Verwendung von Hubstaplern niedriger, weil die Ladebretter in mehreren Ebenen übereinander gelagert werden können, doch ist daran zu denken, daß diese Einsparungen wegen der Vergrößerung der Fahrfläche teilweise wieder aufgezehrt werden und bei nicht stapelbarer Ware nicht eintreten.

Die Breite der Schuppen hängt davon ab, ob die Güter sofort verladen oder zuerst gelagert werden. Im ersten Fall genügt eine schmale Bühne. Für schwere Stückgüter ist ebenfalls eine schmale Bühne erwünscht, um an Weglänge zu sparen. Meistens erhalten die Schuppen eine Nutzbreite von 15—20 m. Die Längsrampen an der Außenseite sollen 2,50—3,00 m breit sein, bei Zweirichtungsverkehr mit Hubstaplern 4,50—5,00 m. Früher wurden die Rampen viel schmaler gebaut, als der Längsverkehr schwach war und nur mit Stechkarren bedient wurde. Die Breite hängt — wie die Breite der Rollwege — von den verwendeten Ladehilfsmitteln ab. Für den Einsatz von Gabel- und Hubstaplern wird mehr Verkehrsraum gebraucht. An weiteren Ladehilfsmitteln werden Stechkarren, Elektrokarren, Fließbänder, Hängebahnen usw. verwendet. Ihr Einsatz hängt von der Art der Güter ab und bestimmt weitgehend die Aufteilung des Güterschuppens im Grundriß.

Sehr lange Hallen sollen wegen der Übersichtlichkeit und der Feuergefahr in Abschnitte von 50—60 m unterteilt werden. Das Schuppendach soll etwas über das Gleis und die Straße hinausragen, um die Güter vor Nässe zu schützen.

An einer Ladeluke können in der Stunde im Mittel 5 Tonnen abgefertigt werden, was 45—50 Frachtbriefen und 110—130 Sendungen entspricht.

Der Abstand der Ladeluken wird zweckmäßig gleich der Länge eines Güterwagens oder zu 9 m angenommen. Die Luken liegen einander gegenüber, so daß auf gradem, kurzem Wege vom Eisenbahnwagen zum Lastwagen gefahren werden kann.

d) Gleisanlage

Wenn die Schuppenlänge berechnet ist, muß geprüft werden, ob auch Ladestraßenlänge und Ladegleislänge ausreichen. Meistens wird ein zweites, oft auch ein drittes Ladegleis erforderlich, das über Zwischenbühnen durch die Wagen des ersten Ladegleises erreichbar ist. Bei großen Anlagen werden auf dem ersten Ladegleis 2- bis 3-mal täglich Wagen laderecht gestellt.

Eine mittelgroße Stückgutanlage wird in Durchgangsform mit 2 bis 3 beiderseits angeschlossenen Ladegleisen von höchstens 400 m Länge ausgebildet (Abb. 226). Für ein Versorgungsgebiet mit bis zu 200000 Einwohnern ist diese Form die

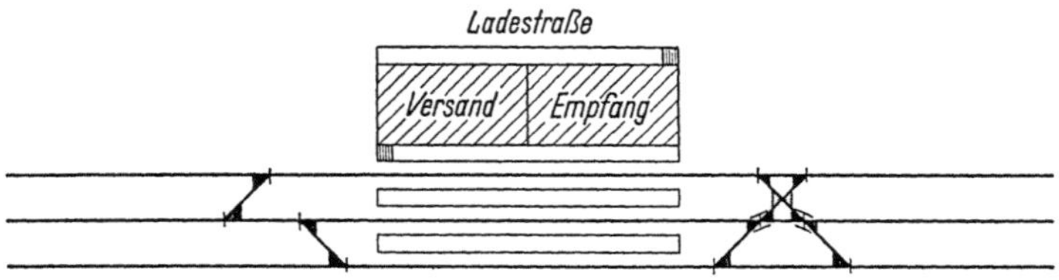

Abb. 226. Gebräuchlichste Gleisanlage für Güterschuppen

richtige, denn sie bietet gegenüber allen nachfolgenden den großen Vorteil, das kein Gleis stumpf endet. Bei großen Bahnhöfen wurden zur besseren Anpassung an das Gelände und zur Verbesserung der Lademöglichkeiten Staffel- (Abb. 227), Säge- (Abb. 228 und 229) und Kammformen (Abb. 230) entwickelt. Die Stumpf-

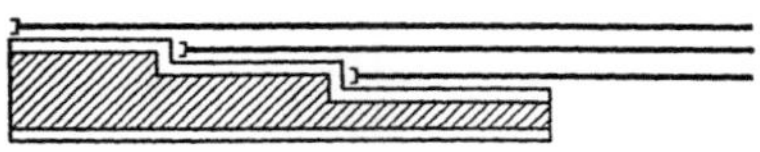
Abb. 227. Staffelform

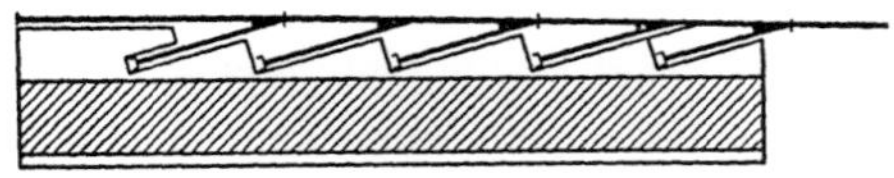
Abb. 228. Sägeform

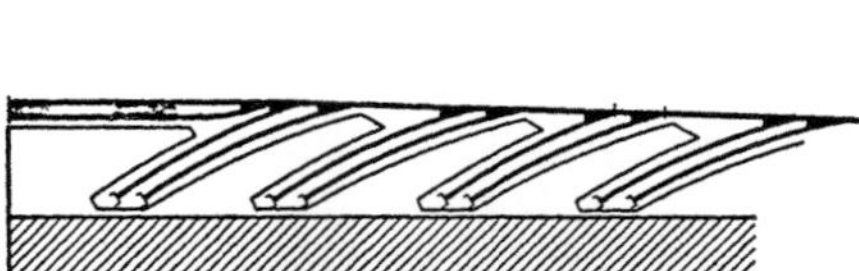
Abb. 229. Sägeform mit Zwischenbahnsteigen

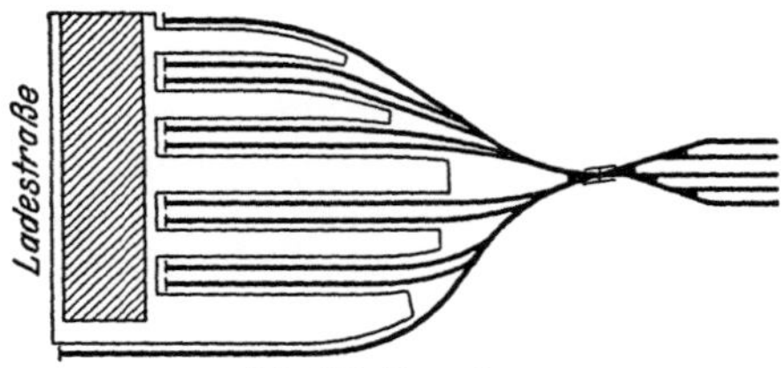

Abb. 230. Kammform

gleise sind meistens kurz; sie können dementsprechend häufig ausrangiert und gut ausgenützt werden. Kamm- und Sägeform sind zudem vorteilhaft, falls im Stückgutbahnhof auch umgeladen wird. Leider geht aber viel Fläche für die toten Längen der Weichen und Gleise verloren. Die Baukosten sind recht hoch. Drehscheiben nach Abb. 231 und Schiebebühnen nach Abb. 232 sind im Betrieb zu schwerfällig und zu teuer und kommen nicht mehr in Betracht.

In großen Städten oder bei Mutterbahnhöfen, die ein größeres Einzugsgebiet auf der Straße bedienen und ein hohes Aufkommen an Stückgut zu bewältigen haben, sind Anlagen in Kopfform durchaus zu vertreten. Dabei werden mit

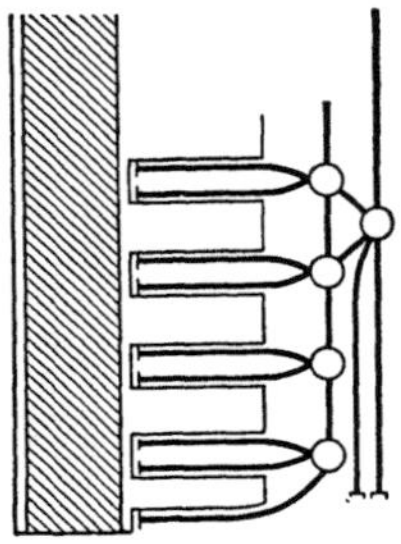

Abb. 231. Schuppen mit Drehscheibenanschluß

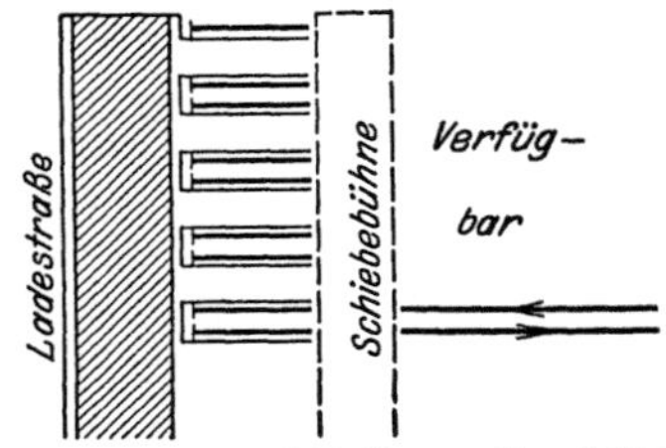

Abb. 232. Schuppen mit Bedienung über Schiebebühne

Vorteil Empfang und Versand getrennt. Die Kopfbahnhöfe können nach Abb. 233 oder Abb. 234 ausgebildet werden. Die erste Anordnung kommt mit einer zweckmäßigen, kurzen Gleisentwicklung aus. Sie ist für das Umsetzen von Leerwagen günstig. In der Mitte kann über eine breite Querbrücke bequem umgeladen werden. Die zweite Form braucht sehr viel Platz für die Gleisentwicklung. Sie ergibt jedoch kurze Wege für den Straßenverkehr zwischen Versand und Empfang. Eine spätere Verbreiterung der Ladestraße ist ausgeschlossen. Die Abstellflächen der Lastwagen können nur in größerem Abstand von den Ladestellen geschaffen werden. Die Trennung der Abfertigungsgebäude für Versand und Empfang bringt nur Nachteile. Deshalb verdient die Anordnung nach Abb. 233 unbedingt den Vorzug.

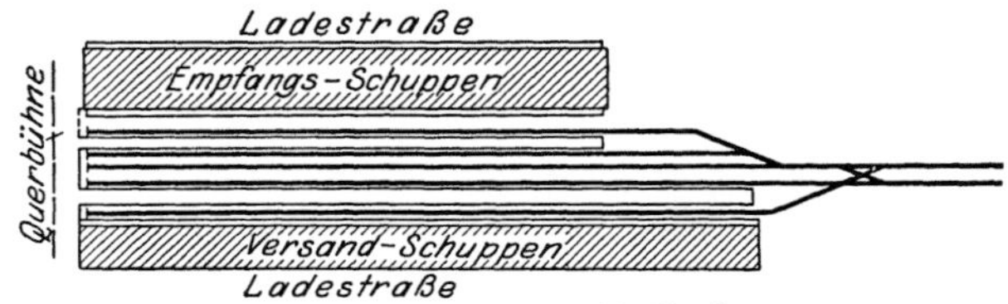

Abb. 233. Stückgutbahnhof in Kopfform

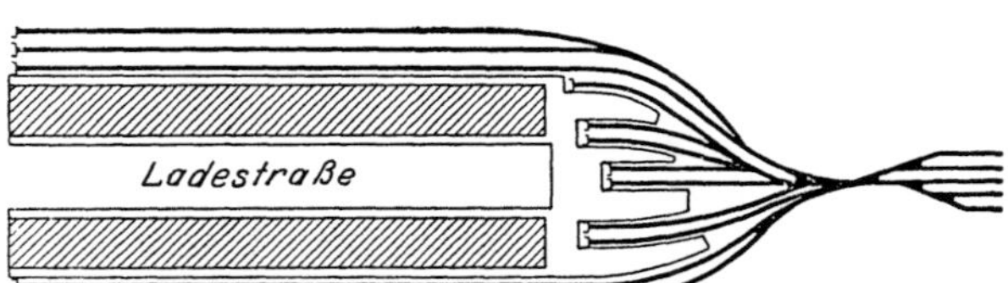

Abb. 234. Stückgutbahnhof in Kopfform, Ladestraße innen

Neben den in den Abb. 227 bis 234 gezeigten Grundformen gibt es noch zahlreiche Sonderentwicklungen. Sie sind vielfach durch das Gelände bedingt oder wurden ohne genügende Berücksichtigung der betrieblichen Bedingungen entworfen. Die Forderung nach durchgehenden Gleisen behält bei kleineren und mittleren Anlagen wegen der Einführung rasch fahrender Stückgutzüge, die unmittelbar am Schuppen vorfahren, ihr Gewicht.

Die Anwendung der zweiten Ebene für die Güterschuppen kommt erst bei schwierigem Gelände und hohen Bodenpreisen in Frage. Die Stückgüter müssen dann auch senkrecht befördert werden. Aufzüge und Rampen brauchen ebenfalls viel Platz und sind teuer. In manchen Fällen werden aber Keller oder Obergeschosse günstig für Kühlräume, Zollager und dergleichen ausgenützt. Schließlich ist noch auf die Notwendigkeit eines guten Anschlusses an das Hauptstraßennetz und auf die Schaffung großer Parkplätze hinzuweisen.

c) Umladeanlagen

Zunächst stellt sich die Frage nach dem Standort und der Zahl von Umladeanlagen. Sind wenige große oder viel kleine Umladebahnhöfe besser? Je weniger Anlagen erstellt werden müssen, um so besser können sie ausgebaut werden. Der

Verkehr wickelt sich in großen Bahnhöfen rascher ab, die Beförderungszeiten werden also eher gekürzt, denn die längeren Fahrzeiten auf den Strecken fallen nicht stark ins Gewicht. Die Zusammenfassung kann aber nicht beliebig weit getrieben werden. Vielmehr ist auf Grund von Beobachtungen über den Verlauf der Stückgutströme zu berechnen, wie sich die Aufhebung eines bestehenden oder die Einrichtung eines neuen Umladebahnhofs auf Kosten und Reisezeit des Stückgutes auswirken.

Der Umladedienst kann mit Versand und Empfang zusammengelegt oder selbständig durchgeführt werden. Die Entscheidung für das eine oder das andere hängt von der Größe der Anlage und den vorhandenen Verkehrsbeziehungen ab. Die Vereinigung bringt eine Mehrbelastung des Ortsgüterbahnhofs, die seinen verkehrlichen Aufgaben fremd ist, denn das Umladen ist ein betrieblicher Vorgang. Eine gegenseitige Behinderung soll möglichst vermieden werden. Vielfach läßt sich zusammen mit dem Güterbahnhof, der in der Stadt liegen muß, aus Platzgründen keine befriedigende Anlage entwickeln. Dann wird der Umladebahnhof außerhalb der Stadt bei dem Verschiebebahnhof angelegt. Dort bestehen die besten Voraussetzungen für schnelle Fernverbindungen.

Der Umladebahnhof kann in Kopfform (Abb. 235), Durchgangsform (Abb. 236) oder als Vereinigung beider (Abb. 237) ausgebildet werden.

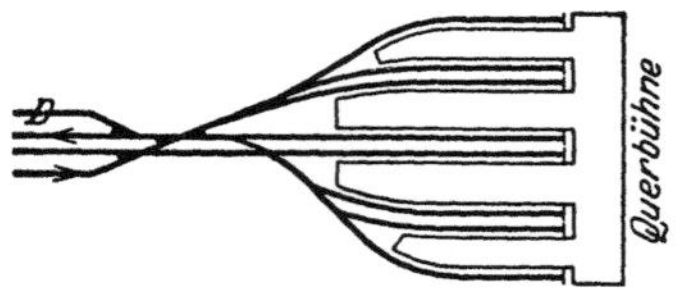

Abb. 235. Umladehalle in Kopfform

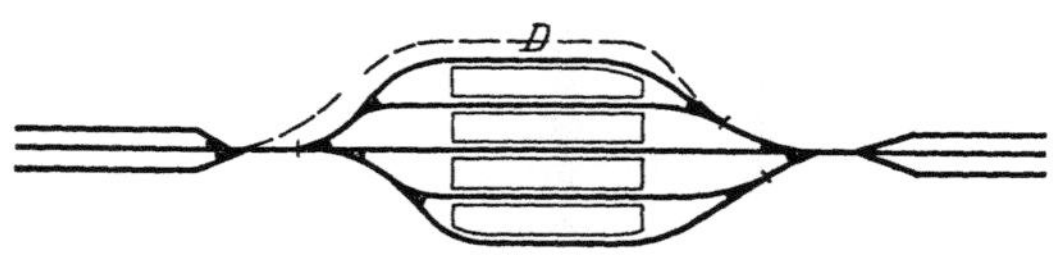

Abb. 236. Umladehalle in Durchgangsform

Bei Kopfform dient eine Querbühne für den Karrverkehr und das Zwischenlagern, sowie für das Abstellen von Karren. Die Nachteile der Kopfform sind nicht so groß, weil eine einzige Lokomotive den Rangierdienst erledigen kann. Die Wege von einer Ladebühne zur anderen über die Querbühne werden aber recht lang. Deshalb werden bei größeren Anlagen zwischen den Ladebühnen bewegliche Brücken eingebaut oder es werden zwischen den Stückgutwagen Plattformwagen eingestellt, die mit den Karren befahren werden können.

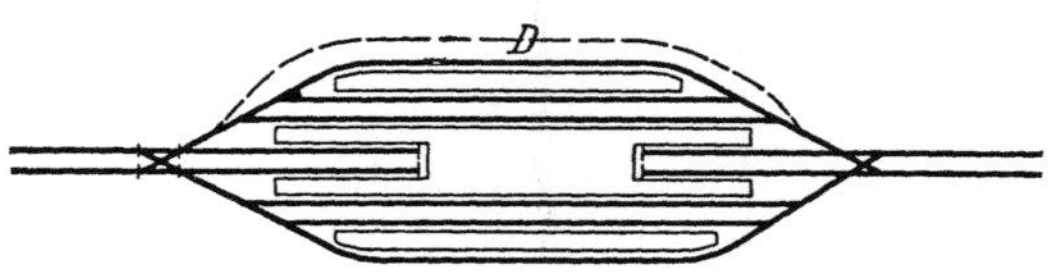

Abb. 237. Verbindung von Kopf- und Durchgangsform

Bei der Durchgangsform sind die Karrwege kürzer. Der Karrverkehr wird aber durch das Rangieren gefährdet. Oft muß von einer Ladebühne zur anderen durch die Stückgutwagen durchgefahren werden, soweit keine beweglichen Brükken oder Plattformwagen zur Verfügung stehen. Die Breite der Bühnen beträgt gewöhnlich 9 m (Abstand der Gleisachsen). Für die Zwischenlagerung müssen einzelne Bühnen bis auf 18 m verbreitert werden. Dabei ist an die Stützen für das Dach zu denken. Für jedes Gleis ist eine Bühne erforderlich, so daß jeder Wagen von beiden Seiten gleichzeitig be- oder entladen werden kann. Bei Kopfform reicht meist eine Zwischenbühne für 2 Gleise aus. Die Gleise werden bei der Durchgangsform bis zu 300 m lang, so daß sich auch lange Karrwege ergeben. Betrieblich ist die Durchgangsform vorzuziehen. Zur Erleichterung des Rangierens kann der ganze Umladebahnhof in leichtes einseitiges Gefälle gelegt werden. Verkehrlich ist aber doch die Kopfform überlegen, besonders wenn viele kurze Ladegleise vorhanden sind.

Eine Vereinigung von Kopf- und Durchgangsform kann die Vorteile beider Lösungen verbinden. Beiderseits müssen ausreichende Wartegruppen für an-

und abfahrende Wagen vorhanden sein, die ganze Stückgutzüge aufnehmen können. Sie sollen auch als Ordnungsgruppe dienen können, die für jede größere Umladeanlage nötig ist. Dadurch wird die Anlage sehr langgestreckt (Abb. 238)

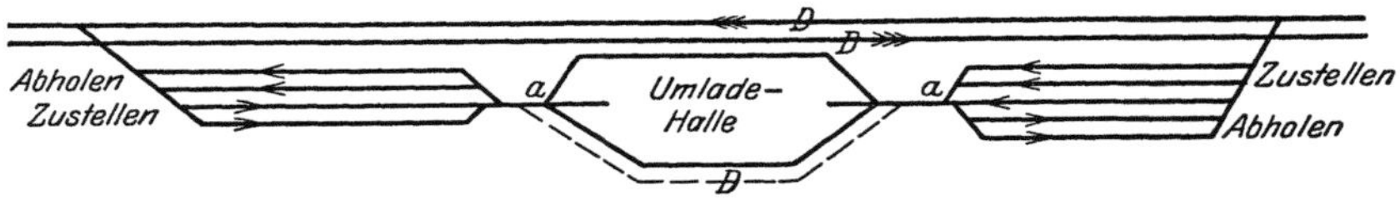

Abb. 238. Umladebahnhof in Durchgangsform

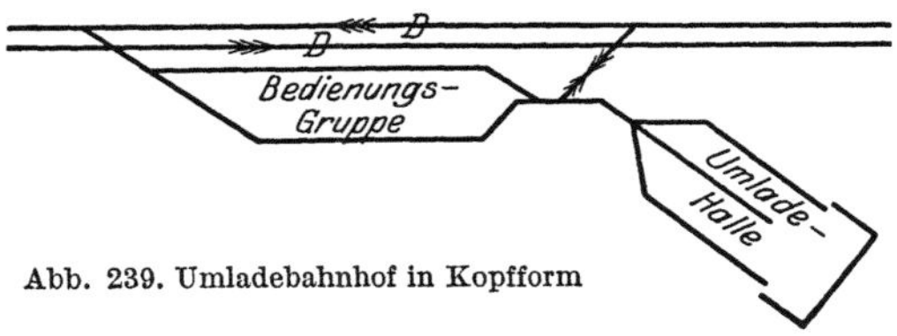

Abb. 239. Umladebahnhof in Kopfform

und die Einbindung in das Gleisnetz schwierig. Ein Kopfbahnhof (Abb. 239) kann oft viel leichter angeordnet werden, weil er nur einseitig angeschlossen werden muß.

VI. Verschiebebahnhöfe

Die Verschiebebahnhöfe sind die umfangreichsten Anlagen an großen Knotenpunkten. Bautechnisch stellen sich auch hier keine ungewöhnlichen Aufgaben, um so reizvoller sind sie aber in betrieblicher Hinsicht. Der Verschiebebahnhof ist eine reine Betriebsanlage. Er hat keine verkehrlichen Aufgaben zu erfüllen. Von seiner betrieblichen Leistungsfähigkeit hängt oft die Leistung eines großen Eisenbahnnetzes im Güterverkehr ab.

Die meisten Reisezüge verkehren nach einem festen Fahrplan als Einheit in vorgeschriebener Zusammensetzung. Die Zusammenstellung der Güterzüge ändert sich dagegen entsprechend dem Verkehrsanfall von Tag zu Tag. Deshalb muß im Güterverkehr viel mehr rangiert werden.

Der wirtschaftliche Vorteil der Eisenbahnen gegenüber der Straße liegt in der Zugbildung. Sie ermöglicht die Beförderung großer Einheiten mit kleinem Aufwand. Ein Güterzug kann 650 m × 8 t/Laufmeter = 5000 t Gesamtgewicht erreichen, ein Lastzug 18 m × 2 t/Laufmeter = 36 t. Die Vorschriften über Abmessungen und Gewicht der Lastzüge sind von Land zu Land verschieden, das Größenverhältnis von 150:1 wird sich aber wohl auch in Zukunft kaum ändern.

Die langen Züge der Eisenbahn müssen zusammengestellt werden. Die Kosten der Zugbildung dürfen den wirtschaftlichen Gewinn, den die großen Einheiten auf der Strecke bringen, nicht aufzehren. Deshalb muß der Entwurf von Verschiebebahnhöfen von Anfang an nach wirtschaftlichen Gesichtspunkten aufgestellt werden.

A. Lage und Größe

Der Verschiebebahnhof ist eine in Bau und Betrieb sehr teure Anlage. Die Zahl solcher Bahnhöfe ist für die Wirtschaftlichkeit des Güterverkehrs von ausschlaggebender Bedeutung. Die gesamte Zugbildung für ein bestimmtes Netz kann in einem einzigen Bahnhof zusammengefaßt werden, es kann aber auch an jedem Knotenpunkt rangiert werden. Irgendwo zwischen diesen beiden Grenzfällen liegt die wirtschaftlichste Lösung. In dem einen Fall laufen die beladenen Wagen aus dem ganzen Netz selbst über weite Strecken zu dem einen großen Verschiebebahnhof. Dieser kann durch beste Ausstattung auf eine hohe Leistung gebracht werden und muß das gesamte Wagenaufkommen verarbeiten. Die neugebildeten Züge fahren nach allen Richtungen zu den Empfangsbahnhöfen. Auf allen anderen Bahnhöfen braucht nicht mehr rangiert zu werden, dafür legen viele Wagen unnötig weite Wege zurück. So ergibt sich ein großer Aufwand an Güterzug- und Tonnenkilometern. Die Strecken werden stark belastet. In der Nähe des großen Bahnhofs kann sogar ein mehrgleisiger Ausbau notwendig werden. Im zweiten Fall durchläuft jeder Wagen nur die kürzeste Strecke. Der Aufwand an Lokomotiv-, Güterzug- und Wagenkilometern wird auf das unbedingt Notwendige beschränkt. Die Strecken werden weniger belastet. Dafür muß aber eine große Zahl von Verschiebebahnhöfen mittlerer Größe angelegt werden. In jedem solchen Bahnhof erhalten die Wagen einen gewissen Aufenthalt, der die Reisezeit verlängert. Aber nicht nur dadurch geht Zeit verloren. Die kleinen Bahnhöfe haben eine geringere *zugbildende Kraft* als der große Bahnhof, d. h. es dauert viel länger, bis sich die nötige Zahl von Wagen zur Bildung eines neuen Zuges angesammelt hat. Der Aufenthalt besteht also nicht nur aus der Zeit, die für das Auflösen, Ordnen und Neubilden von Zügen erforderlich ist, sondern auch aus einer Wartezeit, die um so geringer ist, je mehr Züge gebildet werden. Trotz der damit verbundenen Umwege kann also die Zugbildung in einem einzigen großen Bahnhof einen wesentlichen Zeitgewinn bringen. Bei der Zusammenfassung der Güterzugbildung müssen die Streckenlokomotiven mehr Kilometer fahren, im anderen Fall muß eine größere Zahl von Rangierlokomotiven mit den zugehörigen Mannschaften eingesetzt werden.

Es läßt sich nicht aus dem Stegreif sagen, wie viele Verschiebebahnhöfe angelegt werden sollen. Zunächst ist technisch eine Grenze gezogen, denn es ist gar nicht möglich, Bahnhöfe beliebiger Größe zu bauen. Selbst wenn beliebig große Anlagen erstellt werden könnten, würden praktische Bedenken dagegen sprechen, weil durch die Zusammenfassung des gesamten Güterzugbetriebes an einer einzigen Stelle etwaige Störungen an diesem empfindlichen Punkt mit einem Schlag das ganze Netz lahmlegen könnten.

Wenn ein großes Netz beispielsweise mit 2, mit 8 und mit 20 Verschiebebahnhöfen durchgerechnet wird, so zeichnen sich sehr rasch die für das betrachtete Netz bezeichnenden Gesetzmäßigkeiten ab. Bei wachsender Zahl von Verschiebebahnhöfen geht die Laufleistung von Lokomotiven, Zügen und Wagen zuerst rasch, dann immer langsamer zurück. Die Belastung der Strecken nimmt ab, der Bedarf an Zugbegleitmannschaften wird kleiner. Die Arbeitsleistung je Kopf ist bei den kleinen Bahnhöfen wegen der schwachen Ausnützung häufig geringer. Zu diesen betrieblichen Werten kommt der bautechnische Aufwand. Ein großer Bahnhof kostet nicht soviel wie zwei kleine. Auch hier gilt der Grundsatz, daß bei der Bewertung von Verkehrsanlagen nur die Summe von Bau- und Betriebskosten maßgebend sein darf. Die Baukosten oder die Betriebskosten allein erlauben kein abschließendes Urteil über die wirtschaftliche Zweckmäßigkeit.

Zu den baulichen und betrieblichen Überlegungen kommt — besonders angesichts des scharfen Wettbewerbs — der Zwang, eine hohe Reisegeschwindigkeit zu erzielen. Die Zusammenhänge zwischen diesen verschiedenen Größen hat Dilli in verschiedenen ausgezeichneten Untersuchungen dargestellt. Es kann nur dringend empfohlen werden, vor der Bearbeitung des Umbaus oder Neubaus von Verschiebebahnhöfen die vorhandenen Güterverkehrsströme genau zu durchleuchten und Berechnungen über den baulichen und betrieblichen Aufwand und den verkehrlichen Nutzen durchzuführen. Es wäre falsch, die Gestaltung eines Verschiebebahnhofes lediglich als eine bauliche oder eine örtlich begrenzte, betriebliche Aufgabe anzusehen.

Die Lage der Verschiebebahnhöfe in einem bestehenden Netz ist meistens vorgezeichnet. Ausgezeichnete Standorte sind große Eisenbahnknotenpunkte mit vielen Anschlußlinien oder Orte mit großem Verkehrsaufkommen. In dichtbesiedeltem Gebiet spielen oft die Geländeverhältnisse mit, denn ein Verschiebebahnhof hat einen großen Landbedarf. In Frage kommt nur ebenes, nicht baureifes Land, da keine hohen Bodenpreise bezahlt werden können. Wenn es das Gelände erlaubt, soll auf die häufigste Windrichtung Rücksicht genommen werden.

Große Verschiebebahnhöfe sind beispielsweise:

Im Herzen oder am Rande von Industriegebieten

Hamm, Wanne-Eickel, Osterfeld Süd, Vorhalle, Neuß
Magdeburg-Buckau
Gleiwitz
Mährisch-Ostrau
Mannheim

In der Nähe von Großstädten

Berlin-Wustermark, Tempelhof, Seddin, Wuhlheide,
Breslau-Brockau
Dresden-Friedrichstadt
Hannover-Seelze
Köln-Gremberg
Nürnberg
München-Laim
Stuttgart-Kornwestheim
Strassburg-Hausbergen
Zürich
Wien-Simmering, Penzing, Matzleinsdorf, Brigittenau

An wichtigen Knotenpunkten

Arnsdorf/Schlesien
Falkenberg,
Altenbeken
Bebra,
Crailsheim
Pilsen,
Brünn,
Villach

In der Nähe von Häfen

Hamburg-Wilhemsburg, Rostock, Stettin, Danzig,
Duisburg-Ruhrort
Rotterdam,
Basel-Muttenz

An Grenzübergängen:

Aachen-West, Apach/Mosel, Forbach,
Basel-Reichsbahn, Buchs,
Eger, Furth im Wald,
Ödenburg, Pressburg.

Die Hauptaufgabe des Verschiebebahnhofs ist die Zugbildung. Sobald ein Zug Wagen für mehr als einen Zielbahnhof befördert, muß er nach einer bestimmten Reihenfolge zusammengestellt werden. Deshalb gehört zur Zugbildung auch immer das Ordnen. Dafür sind Ordnungsgruppen notwendig, sofern nicht *in den Spitzen* des Bahnhofs rangiert wird. Das ist nur bei kleinen oder schwach belasteten Anlagen möglich. Ordnungsgruppen gibt es auch in den Abstellbahnhöfen, Ortsgüter- und Umladebahnhöfen.

Als Größenordnung für den Ausbau der Verschiebebahnhöfe können folgende Werte gelten:

Eine einfache Gleisgruppe mit Ablaufberg ohne besondere Ordnungsgruppe verarbeitet bis zu

800 Wagen/Tag.

Auf einer nicht mechanisierten Anlage können mit Abstoßen verarbeitet werden bis

1200 Wagen/Tag.

Neuzeitliche Bahnhöfe arbeiten wirtschaftlich bei

3000 — 5000 Wagen/Tag.

Theoretisch liegt die Leistungsgrenze, abgesehen von Doppelanlagen, bei ungefähr

12000 Wagen/Tag.

Bei starkem Verkehr kann die Zerlege- und Zugbildungsanlage verdoppelt werden. Dann entsteht der zweiseitige Verschiebebahnhof, dessen beide Seiten in zwei verschiedenen Richtungen arbeiten. Ein solcher Bahnhof bietet dann Vorteile, wenn zwei Verkehrsrichtungen sehr ausgeprägt sind und zwischen den beiden Bahnhofshälften nur ein geringer Wagenübergang für Eckverkehr stattfindet. Ein einseitiger Verschiebebahnhof ist jedoch zweckmäßig, wenn die Verkehrsrichtungen einen starken gegenseitigen Wagenaustausch haben — vorausgesetzt, daß die Verkehrsmenge noch von einer Hauptablaufanlage bewältigt werden kann. Auch ein besonders starker Ortsgüter- oder Umladeverkehr kann für eine einseitige Anlage sprechen. Bei mittlerem und kleinem Verkehr ist der einseitige Verschiebebahnhof die zweckmäßigere Grundform.

B. Das Rangieren

In der Frühzeit der Eisenbahn wurden die Züge mit Menschen- oder Tierkraft und teilweise auch über Drehscheiben und Schiebebühnen geordnet. Seit langem wird ausschließlich mit Lokomotiven oder Schwerkraft über Weichen gearbeitet. Das Rangieren mit Stoßbaum (Lokomotive auf Nebengleis) ist überholt. Das *Schneppern*, bei dem sich die Lokomotive während der Fahrt von der Wagengruppe trennt und mit größerer Geschwindigkeit über die Weichen vorausfährt, ist gefährlich und mit Recht verboten. Bei Neuanlagen oder größeren Umbauten ist immer davon auszugehen, daß die Lokomotive auf dem gleichen Gleis fährt und die Wagen abstößt oder aber daß die Wagen mit Hilfe der Schwerkraft ablaufen.

Das *Abstoßen* auf gleichem Gleis ist das übliche Verfahren für alle kleineren Anlagen. Das Vorziehen der Rangierabteilung ist jedoch umständlich und zeitraubend, die Leistung dementsprechend gering. Wagen und Ladung werden stark beansprucht und nicht selten beschädigt. Für empfindliche Ladungen (Maschinen, Möbel usw.) ist das Abstoßen daher verboten. Zudem ist der Dienst der Rangierer sehr gefährlich, solang das Kuppeln der Wagen nicht selbsttätig erfolgt, wie bei den amerikanischen und den russischen Eisenbahnen.

Das Rangieren wird durch Gefälle in der Arbeitsrichtung erleichtert. Das Gefälle kann durchgehend im ganzen Bahnhof vorhanden sein (*Gefällsbahnhof*) oder nur im Bereiche eines Ablaufberges (*Flachbahnhof*). Gefällsanlagen, die nur mit Schwerkraft arbeiten, brauchen große Höhenunterschiede. Sie können deshalb nur dort angelegt werden, wo ein geeignetes Gelände zur Verfügung steht. Bekannte Gefällsbahnhöfe sind Dresden-Friedrichstadt, Chemnitz-Hilbersdorf, Duisburg-Hochfeld-Süd, Nürnberg. Die Flachbahnhöfe überwiegen aber bei weitem und müssen deshalb im Vordergrund der weiteren Betrachtungen stehen. Auf Flachbahnhöfen schieben Abdrücklokomotiven die Rangierabteilungen über den Ablaufberg. Der Arbeitsvorgang eines einfachen Rangierbahnhofes sei an Hand der Abb. 240 erläutert:

Nach der Eingangsuntersuchung, bei der die Papiere der Wagen, die Ladungen und die Wagen geprüft werden, zieht die Schlepplokomotive den Zug über das Schleppgleis in das Ausziehgleis. Bei einer Gefällsanlage kehrt die Lokomotive sogleich über das Rücklaufgleis zurück. Die Wagen rollen unter der Einwirkung

In der Einfahrgruppe wird die Eingangsuntersuchung des Zuges vorgenommen. Der Wagenmeister untersucht den Zug auf Schadwagen und auf den Zustand der Ladungen. Die Prüfung wird bei den neusten Anlagen von einer Grube aus vorgenommen, über die der ablaufende Zug hinwegrollt. Erkennt der Wagenmeister einen Schadwagen, so läßt er ihn in ein besonderes Gleis der Richtungsgruppe laufen.

Gleichzeitig mit der Eingangsuntersuchung wird entsprechend den Bestimmungsorten der Wagen der Rangierzettel geschrieben, der für das Stellwerk und die Hemmschuhleger angibt, in welche Gleise die einzelnen Wagen laufen sollen, wie viele Wagen die ablaufenden Gruppen stark sind und ob die Wagen beladen oder leer sind. Der Zettelschreiber braucht etwa 10 Min., um einem Zug von 650 m Länge entlang zu gehen und die Wagen aufzunehmen. Der Rangierzettel wird mit Rohrpost zum Stellwerk geschickt. Bei einigen neuen Verschiebebahnhöfen in den Vereinigten Staaten wird auf das Schreiben des Rangierzettels verzichtet. Die Zielangaben der Wagen werden stattdessen während des Ablaufs mit Hilfe von Fernsehgeräten unmittelbar vom Stellwerk aus abgelesen. — Die Begleitpapiere der Wagen werden vom Zugführer des angekommenen Zuges abgegeben. Sie müssen den weiterfahrenden Zügen zugeleitet werden, was ebenfalls durch Rohrpost geschieht. Im Durchschnitt ist ein eingefahrener Zug nach etwa 50 Min. zum Ablauf bereit.

Die Einfahrgleise sollen ebenso lang sein, wie die Überholungsgleise auf der Strecke zuzüglich 20 m Spielraum für die Abdrücklokomotive. Der Abstand der Gleise soll 4,50 m betragen. Bei größeren Gruppen sind einzelne Gleisabstände von 6,00 m für das Aufstellen von Lichtmasten einzuschalten. Die Gleisentwicklung von den Zufahrtstrecken her soll so schlank sein, daß sie eine Einfahrt mit angemessener Geschwindigkeit gestattet. Weichen mit allzu großem Halbmesser sind aber nicht nötig. Die Weichenverbindungen sollen gleichzeitig Einfahrten von allen Strecken ermöglichen (Abb. 242).

Dreifache Weichenstraßen bringen aber kaum mehr Gewinn. In der Regel genügen auch hier doppelte Weichenstraßen. Am Ablaufende der Gleise ist eine gedrängte Entwicklung der Weichenverbindungen nötig, um die *Anrücklänge* bis zum Ablaufberg kurz zu halten. Dadurch werden die Verlustzeiten zwischen dem Ablauf zweier Züge verkürzt.

Besondere Schwierigkeiten bereiten die sogenannten Gegeneinfahrten, d. h. Einfahrten der Güterzüge von der Seite des Ablaufberges her. Solche Einfahrten können den Ablaufbetrieb stark behindern und die Leistung des ganzen Verschiebebahnhofes herabsetzen. Deshalb sind auch an diesem Ende der Einfahrgruppe doppelte Weichenstraßen nötig (Abb. 243). Bei stark belasteten Anlagen sollten Gegeneinfahrten unterdrückt werden. Die Güterzüge müssen dann das andere Ende der Einfahrgruppe mit einer Sägebewegung oder über eine Gleiskurve erreichen. Die Gleiskurven lassen sich nur schlecht unterbringen, weil sie auch bei dem kleinsten Halbmesser von 180 m das Gelände stark zerschneiden.

Die Streckenlokomotiven sollen nach der Einfahrt der Züge ohne Berührung des Ablaufkopfes und ohne Behinderung der Zerlegearbeiten zum Lokomotivhof weitergeleitet werden. Trotz der sehr kurzen Anrücklänge sind deshalb Anordnungen, bei denen die Einfahrgruppe über den Ablaufberg hinweg bis in die Ablauframpe hineingezogen wird (Abb. 244), nicht zu empfehlen. Das Lokomotivgleis kann ein starkes Gefälle erhalten, so daß auch Verbindungen unter dem Ablaufberg durch hergestellt werden können. Für die Abdrücklokomotiven ist ein Umfahrungsgleis und am oberen Ende ein Stumpfgleis zum Warten vorzusehen.

Im Längsschnitt soll die Einfahrgruppe ungefähr auf der Höhe des Ablaufberges liegen. Sie soll waagrecht sein oder gegen den Ablaufberg hin das größte zulässige Gefälle von Bahnhofsgleisen, nämlich 2,5‰, erhalten. Vor dem Ablaufgipfel ist eine Gegensteigung mit etwa 20‰ und einer Höhe von 30—50 cm der Schwerkraft selbständig in die Ordnungsgruppe ab. Bei der Flachanlage drückt die Rangierlokomotive die Wagen über den Berg. In der Ordnungsgruppe ist für jede Richtung ein Gleis nötig. Da die Wagen in verschiedene Gleise geleitet werden müssen, sind nach jedem Wagen oder jeder Wagengruppe die Weichen zu bedienen. In den Ordnungsgleisen müssen die Wagen kupplungsreif angehalten und zusammengekuppelt werden. Aus den Ordnungsgleisen laufen die Wagengruppen in das Sammelgleis und werden dort zu Zügen zusammengestellt. Auf diese Weise werden neue Züge gebildet und geordnet. Auf einem großen Bahnhof

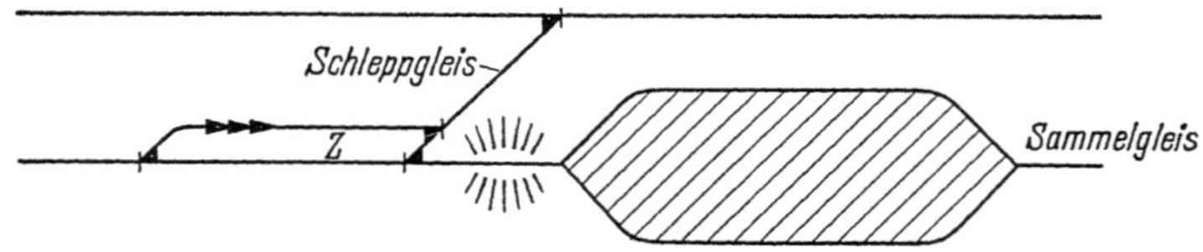

Abb. 240. Einfacher Rangierbahnhof

kommen Wagen nach so vielen verschiedenen Zielen auf, daß nicht für jeden Zielbahnhof ein besonderes Gleis bereitgehalten werden kann. Dann wird nacheinander in zwei Arbeitsgängen rangiert. Gewöhnlich werden die Wagen zuerst nach Richtungen (A, B, C ...) geordnet. Dann werden die Wagen jeder Richtung in einer Ordnungsgruppe, der sogenannten Stationsgruppe, in der Reihenfolge der Bahnhöfe (A_1, A_2, A_3 ...) geordnet. Von Haller ist aber auch vorgeschlagen worden, zuerst alle Wagen nach der Reihenfolge der Bahnhöfe ablaufen zu lassen (A_1, B_1, C_1 ...) und sie erst nachher nach Richtungen zu ordnen. Dieses Vorgehen kann sich aber nur dann lohnen, wenn alle Richtungen ungefähr gleich stark oder regelmäßig gleich belastet sind. Die Richtungsgleise werden also in folgender Weise verwendet:

Gewöhnlich: A_5, A_2, A_7, A_1 . . . .
B_1, B_3, B_5, B_2 . . . .
C_4, C_8, C_3, C_6 . . . .
Haller: A_1, F_1, D_1, C_1 . . . .
B_2, C_2, C_2, A_2 . . . .
D_3, F_3, B_3, C_3 . . . .

C. Gleisgruppen

Dem Ablauf des Rangiergeschäftes entsprechend besteht der einseitige Verschiebebahnhof in der häufigsten Ausführung als Flachanlage aus Einfahrgruppe, Richtungsgruppe, Stationsgruppe und Ausfahrgruppe (Abb. 241).

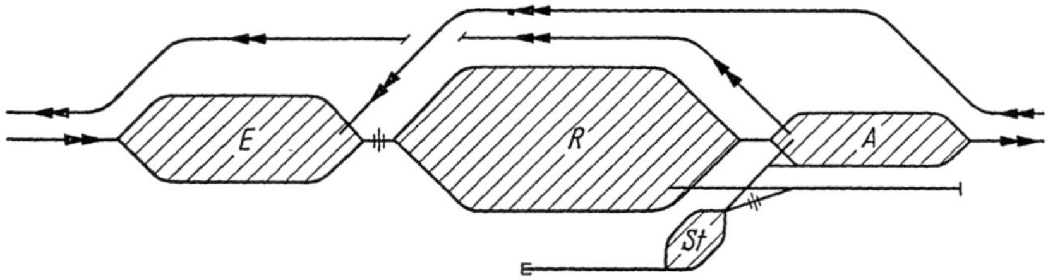

Abb. 241. Übliche Anordnung eines einseitigen Verschiebebahnhofs

a) Einfahrgruppe

Die Güterzüge fahren von der Strecke in die Einfahrgruppe ein. Diese wirkt als Pufferraum zwischen der freien Strecke, die sofort für nachfolgende Züge geräumt werden muß, und dem Engpaß am Ablaufkopf, den die Züge nur nacheinander mit geringer Geschwindigkeit durchlaufen können. Die Einfahrgruppe besteht aus mindestens fünf Gleisen. Die genaue Zahl ist durch einen Gleisbesetzungsplan zu ermitteln. Maßgebend für die Größe der Gruppe sind oft auch Störungen am Ablaufberg.

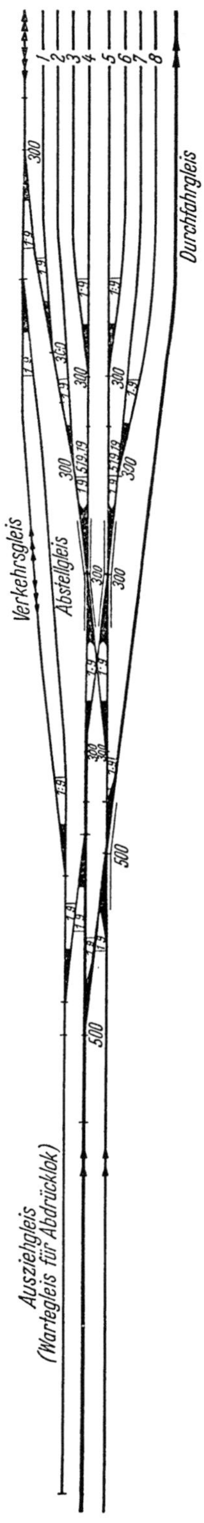

Abb. 242. Einfahrt in eine Einfahrgruppe

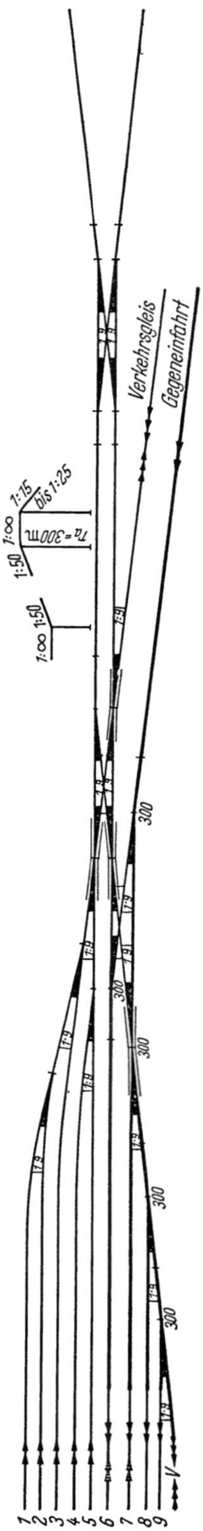

Abb. 243. Ablaufende der Einfahrgruppe mit Gegeneinfahrt

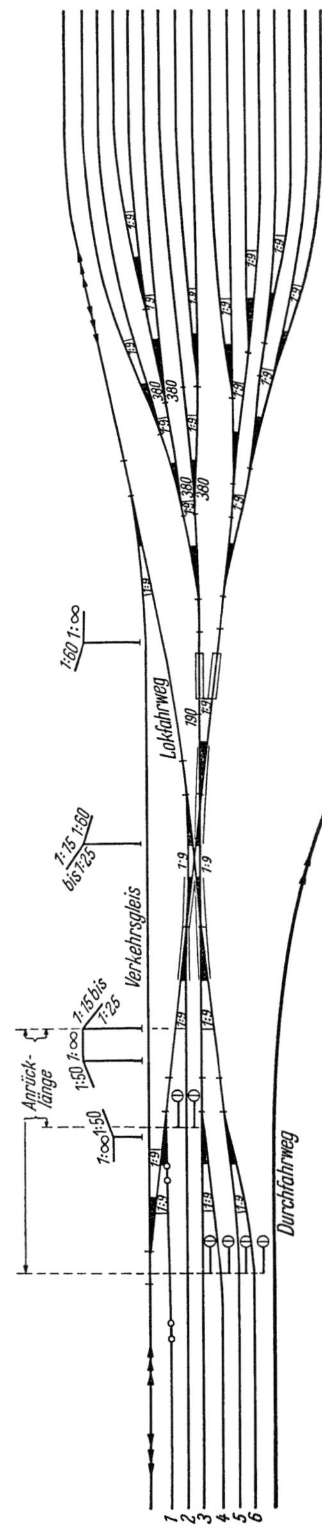

Abb. 244. Einfahrgruppenrampe mit besonderem Fahrweg für die Lokomotiven

einzulegen, um das Abkuppeln der Wagen zu erleichtern und ein Überschießen der bereits angekuppelten Wagen über den Gipfel bei plötzlicher Unterbrechung des Ablaufbetriebes zu verhindern.

b) Ablaufanlage

Die Ablaufanlage dient zum Zerlegen der Züge. Sie besteht aus dem Ablaufkopf mit den Zuführungsgleisen, der Ablauframpe und den Verbindungsweichen.

Der Ablaufkopf kann mit 1 oder 2 Ablaufgleisen ausgebildet werden. 1 Gleis genügt bei geringer Leistung oder bei einer kleinen Zahl von Zerlegevorgängen. Die europäischen Eisenbahnen, die noch überwiegend mit 2-achsigen Güterwagen arbeiten und deren Netze sehr stark verästelt sind, müssen im allgemeinen mit viel mehr Zerlegevorgängen rechnen, als die amerikanischen und russischen Eisenbahnen mit ihren langen 4-achsigen Güterwagen und ihrer weniger feinen Verteilung. Deshalb wird in der Regel in Europa der Anlage mit 2 Ablaufgleisen der Vorzug gegeben. Dann können 2 Abdrücklokomotiven abwechselnd arbeiten. Die Zwischenzeiten zwischen dem Ablauf des letzten Wagens des ersten Zuges und dem Ablauf des ersten Wagens des nächsten Zuges werden sehr kurz. Früher wurden die beiden Gleise auch über Eselsrücken von verschiedener Höhe gelegt. Der niedrige Sommerberg wurde bei günstigen Witterungsverhältnissen benutzt, der höhere Winterberg mit stärkerer Beschleunigung der ablaufenden Wagen bei schlechtem Wetter (Frost, Gegenwind).

Die Berghöhe muß so groß sein, daß schlecht laufende Wagen mit hohem Widerstand bei ungünstiger Witterung im freien Ablauf den ganzen Bereich der Verteilungsweichen durchfahren und noch ein Stück weit in die Richtungsgleise hinein rollen. Je höher der Berg aber wird, desto mehr Energie muß bei gut laufenden Wagen und bei günstiger Witterung vernichtet werden. Nach den Richtlinien für Verschiebebahnhöfe läßt sich die Höhe eines Ablaufberges überschlägig in folgender Weise berechnen: Der Bereich der Verteilungsweichen sei 250 m lang, in dem Bereich seien Gleisbogen von $r = 250$ m Halbmesser und 45 m Länge zu durchlaufen. Der schlecht laufende Wagen habe bei ungünstiger Witterung einen Widerstand von 9,4 kg/t, das Laufziel liege 100 m hinter dem letzten Grenzzeichen der ungünstigsten Weiche. Die ganze Laufweite beträgt dann $250 + 100 = 350$ m. Die erforderliche Berghöhe ist

$$H_1 = \frac{350 \cdot 9{,}4}{1000} = 3{,}29\,\text{m}.$$

Dazu kommt für die Überwindung der Krümmungswiderstände in Bogen und Weichen mit der Formel von v. Röckl:

$$h_r = \frac{520}{r-55} \cdot \frac{l_r}{1000} = \frac{520}{250-55} \cdot \frac{45}{1000} = 0{,}12\,\text{m}.$$

Die Gesamthöhe beträgt in diesem Falle 3,41 m.

Die genaue Berechnung erfolgt mit Hilfe der sogenannten Pufferabstandslinien. Gemäß Abb. 245 wird zunächst zu dem Längsprofil der Rampe die sogenannte Streckenkraftlinie aufgezeichnet. Darunter wird die Bewegung des hinteren Puffers eines ablaufenden Schlechtläufers und die Bewegung des vorderen Puffers eines folgenden Gutläufers aufgetragen. Für jeden Punkt des Laufweges kann dann der Abstand der beiden Puffer abgelesen werden. Weichen können dort eingelegt werden, wo der Pufferabstand bei der ungünstigsten Folge von Abläufen — ein einzelner Gutläufer folgt einem einzelnen Schlechtläufer — genügend groß ist. Dieses Maß muß gleich der Länge der Wirkzone sein, die für eine einwandfreie Bedienung der Weichen zwischen zwei Abläufen freigehalten werden muß, zuzüglich des Überstandes der Puffer über den Wagenachsen. Das Maß beträgt bei neuzeitlichen Ablaufanlagen rund 12 m. Die Leistungsfähigkeit der Ablaufanlage hängt von folgenden Bedingungen ab:

Neigung der Steilrampe

Je größer das Gefälle der Steilrampe gewählt wird, desto weniger wirken sich die Unterschiede zwischen Gut- und Schlechtläufern aus. Bei einem Gefälle von 60‰ kann beispielsweise ein Gutläufer mit 58 kg/t und ein Schlechtläufer mit

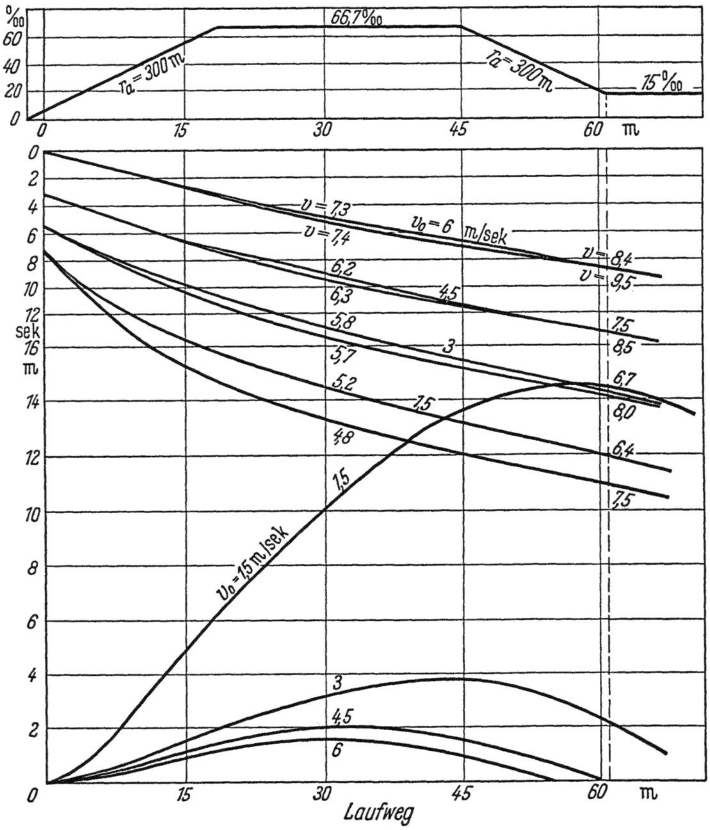

Abb. 245. Berechnung von Pufferabstandlinien, oben Rampenneigung, Mitte Zeit-Weg-Linien des hinteren Puffers eines Schlechtläufers und des vorderen Puffers eines folgenden Gutläufers bei verschiedenen Zuführungsgeschwindigkeiten, unten Pufferabstandslinien

50 kg/t beschleunigt werden, bei einer Neigung von 30‰ ist das Verhältnis 28 kg/t zu 20 kg/t. Der Unterschied beträgt im ersten Fall nur 16%, im zweiten Fall 40%. Die steile Neigung hat aber den Nachteil, daß sich hohe Beschleunigungen ergeben. Die entsprechenden Geschwindigkeiten müssen wieder abgebremst werden.

Ausrundungshalbmesser

Je kleiner der Ausrundungshalbmesser gewählt wird, desto rascher erreichen die Wagen am Ablaufkopf die volle Neigung der Steilrampe. Wegen der Bauart der Güterwagen darf aber ein senkrechter Ausrundungshalbmesser von 300 m nicht unterschritten werden. Eine Reihe von Wagen darf schon Ausrundungen mit 300 m nicht mehr durchfahren und muß auf einem Verkehrsgleis um den Ablaufkopf herum gefahren werden.

Gleisbremsen

Die Gleisbremsen können aus baulichen Gründen nicht in einer Ausrundung liegen. Sie können auch nicht auf der Steilrampe angeordnet werden und müssen einen gewissen Abstand von den Weichen haben. Deshalb mußten kurze Bremsen entwickelt werden. Eine gewisse Länge darf aber nicht unterschritten werden, weil sonst durch den Ruck, der bei scharfem Abbremsen entsteht, die Ladungen beschädigt oder verschoben werden können.

Weichen

Für die Weichen gelten ähnliche Bedingungen. Sie sollen möglichst nicht in Ausrundungen liegen. Sie müssen kurz sein, d. h. eine steile Neigung und eine kurze Zunge besitzen. Sie sollen rasch umlaufen.

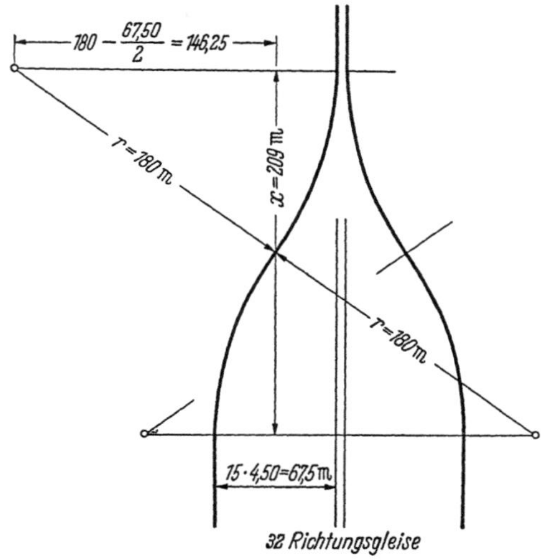

Abb. 246. Kürzeste Entwicklungslänge für Richtungsgleise

Verteilungsbereich

Der Verteilungsbereich bis zum Grenzzeichen der letzten Weiche ist der Gefahrenbereich. In diesem Bereich soll kein Gutläufer einen Schlechtläufer einholen können. Die Entwicklungslänge von zwei Berggleisen zu einer bestimmten Zahl von Richtungsgleisen ist aber durch den kleinsten Krümmungshalbmesser von 180 m gegeben und läßt sich nicht unterschreiten. Bei 32 Richtungsgleisen mit je 4,50 m Gleisabstand beträgt die kürzeste Entwicklungslänge, wenn die Zwischengrade zwischen den Gegenbogen vernächlässigt wird $x = 2 \cdot \sqrt{r^2 - \left(r - \frac{67,50}{2}\right)^2}$ vgl. Abb. 246).

Betrieb

Schließlich beeinflussen die Betriebsverhältnisse selbst die Leistungsfähigkeit der Ablaufanlage. Je mehr Wagen in einer Gruppe zusammen ablaufen, desto größer werden die Pufferabstände (Abb. 247). Bei großen Pufferabständen können die Wagen schneller über den Berg gedrückt werden. Der ganze Ablauf geht rascher vor sich. Werden nur einzelne Wagen abgedrückt, so geht mit steigender Zuführungsgeschwindigkeit der Pufferabstand rasch zurück, weil die zusätzliche Geschwindigkeit durch die Beschleunigung auf der Rampe im Verhältnis zur Zuführungsgeschwindigkeit klein ist (Abb. 248). Auf den Einfluß der Rampenneigung auf den Pufferabstand wurde oben schon hingewiesen. Bei steilen Rampen werden aber die senkrechten Ausrundungsbogen immer länger, so daß der Gewinn mit zunehmender Neigung stark abnimmt. (Abb. 249).

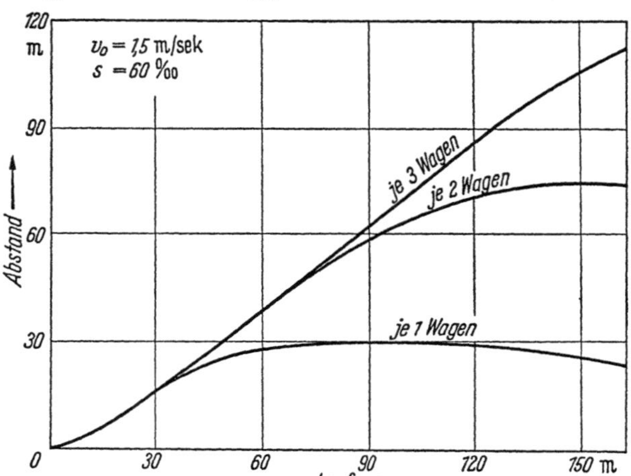

Abb. 247. Einfluß der Gruppenstärke auf den Pufferabstand

Bei neuzeitlichen Anlagen erhalten die Ablaufgleise vor dem Gipfel zunächst die bereits erwähnte kurze Gegensteigung mit etwa 20‰. Der Gipfel selbst wird mit 300 m Halbmesser ausgerundet. Die eigentliche Ablauframpe fällt mit 40 bis 67‰ und soll die Hälfte der ganzen Berghöhe oder mehr umfassen, mindestens aber eine Gefällshöhe von 1,00—1,50 m. Daran schließt sich eine flachere Neigung mit 10—12,5‰, in der die Bremsen untergebracht werden. Die Bremsen dürfen nicht waagrecht liegen, damit Wagen, die beim Bremsen zum Stillstand gekommen sind, nach dem Lösen der Bremsen von selbst wieder anlaufen. Der anschließende Weichenbereich liegt waagrecht. Dann folgen die Richtungsgleise mit einer Neigung von etwa 1,5—2‰.

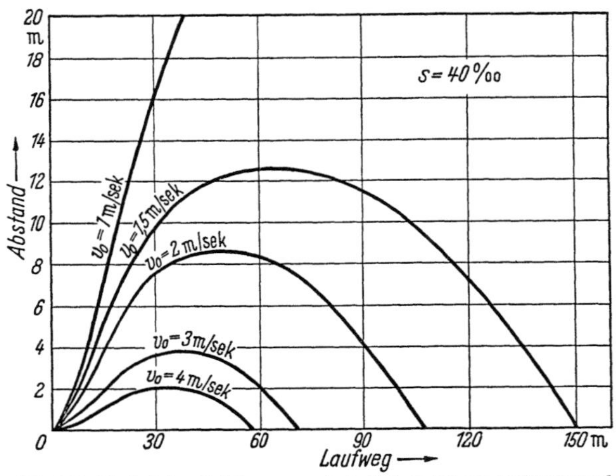

Abb. 248. Einfluß der Zuführungsgeschwindigkeit auf den Pufferabstand

Die Weichenentwicklung soll so kurz wie möglich sein. Die erste Bergweiche soll etwa 20—25 m vom Gipfel entfernt sein, aber mindestens 1 m tiefer liegen. Wegen der Abnutzung und wegen der Isolierung für die Betätigung der Steuereinrichtungen sind möglichst nur einfache Weichen zu verwenden. So entstehen Weichenstaffeln mit 4, 8, 16 usw. Weichen (Abb. 250). Deshalb ist auch die Zahl der Richtungsgleise häufig durch 2 teilbar.

Bei Handbedienung der Weichen sind höchstens 6 Abläufe in der Minute möglich. Das genügt für große Verschiebebahnhöfe nicht. Dort werden die Hauptverteilungsweichen selbsttätig gestellt. Auf Grund des Rangierzettels wird die Stellung der Weichen elektrisch gespeichert. Jeder ablaufende Wagen stellt hinter sich die Weichen für den folgenden Ablauf. Die Weichen laufen schnell um. Die Zunge bewegt sich in 0,4—0,5 sec. Einschließlich Schaltzeit und Sicherheitszuschlag sind für eine Umstellung 0,8 sec. erforderlich.

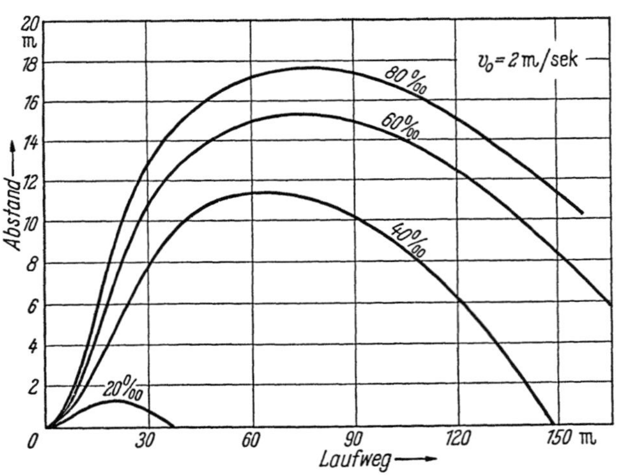

Abb. 249. Einfluß des Rampengefälles auf den Pufferabstand

Die Bremsen haben zwei verschiedene Aufgaben zu erfüllen, die Abstands- und die Laufzielbremsung. Mit der Abstandsbremsung wird erreicht, daß der folgende Gutläufer den vorausfahrenden Schlechtläufer innerhalb des Weichenbereiches nicht einholt. Mit der Laufzielbremsung soll erreicht werden, daß die Wagen in den Richtungsgleisen nicht hart aufeinander stoßen, daß sie aber doch bis an die dort haltenden Wagen heran laufen, damit sie gekuppelt werden können. Sonst geht in den Richtungsgleisen viel nutzbare Gleislänge verloren. Die beiden Aufgaben der Abstandsbremsung und der Laufzielbremsung widersprechen sich oft, z.B. wenn ein Schlechtläufer in der Spitze eines Richtungsgleises zum Halten kommen soll, während der Gutläufer bis an das untere Ende der Richtungsgleise laufen soll. Deshalb ist eine Trennung der beiden Aufgaben erwünscht, also der Einbau zweier getrennter Bremsstaffeln. Damit wird die Anlage wesentlich teurer. Auch wird es kaum gelingen, mit der Abstandsbremsung so genau zu arbeiten, daß die Wagen dann nach mehreren hundert Metern an der richtigen Stelle zum Halten kommen. So lang das nicht möglich ist, kann auf Hemmschuhleger in den Richtungsgleisen doch nicht verzichtet werden. Aus wirtschaftlichen Gründen wird deshalb in den meisten Fällen nur mit einer einzigen Bremsstaffel gearbeitet, die keiner der beiden Aufgaben der Abstandsbremsung und der Laufzielbremsung voll gerecht werden kann. Das weitere Abbremsen in den Richtungsgleisen müssen die Hemmschuhleger übernehmen. Auf etwa 8—12 Richtungsgleise wird 1 Gleisbremse eingebaut.

Bei kleinen Anlagen werden teilweise noch handbediente Hemmschuhbremsen verwendet. Die Hemmschuhbremsen sind nicht voll betriebssicher und auch für die Bedienungsmannschaft gefährlich, weil die Hemmschuhe manchmal von den

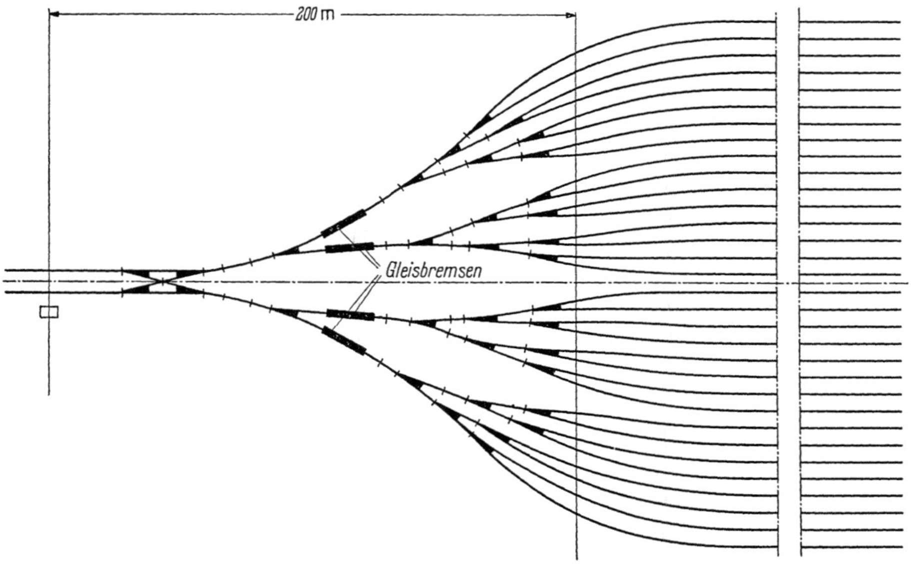

Abb. 250. Gleiskopf der Richtungsgruppe eines großen Verschiebebahnhofs (Trappes)

ablaufenden Wagen abgeworfen werden. Eine Verbesserung stellen die fernbedienten Hemmschuhbremsen, z. B. die Büssingbremse dar, die einen Widerstand bis zu 80 kg/t aufweisen. Bei großen Anlagen werden als Gefällsbremsen nur noch ferngesteuerte Gleisbremsen verwendet und zwar mechanische, gewichtsautomatische (Frölich) mit 190 kg/t. Außerdem wurden elektrische Wirbelstrombremsen mit bis zu 700 kg/t entwickelt. Weiteste Verbreitung haben die Frölichbremsen gefunden. Die Balkengleisbremsen für große Leistung müssen in Graden liegen, die 5 m oberhalb beginnen und bis 7 m unterhalb reichen. Die Bremse selbst ist gewöhnlich 15 m lang. In manchen Fällen wird die Bremse auch in zwei Teilstücke aufgeteilt, die getrennt bedient werden können.

Bei Hochleistungsanlagen kommt es auf eine zuverlässige Steuerung der Weichen und Bremsen an. Die Weichen können mit Hilfe von Zeitsperren, Radtastern, Achszählern, Kippschienen oder Isolierschienen, sowie optisch mit Photozellen bedient werden. Am gebräuchlichsten sind isolierte Schienen, die eine Mindestlänge von etwa 12 m erhalten, damit die Weichen nicht unter 4-achsigen Güterwagen umlaufen.

Sehr schwierig ist die selbsttätige Steuerung der Bremsen, denn es muß während des Ablaufes zuerst festgestellt werden, wie schnell sich die Wagengruppe bewegt. Dazu können mechanisch, elektrisch oder optisch gemessen werden:

die Geschwindigkeit zwischen 2 Kontakten auf der Rampe,
die Laufzeit zwischen 2 Kontakten,
der Laufweg nach dem Überfahren eines Kontaktes,
der Zeitabstand oder der Raumabstand zweier gefährlicher Abläufe, eine besonders schwierige Aufgabe, oder
die Laufzeit zwischen einem Kontakt und dem Anfang der Bremse.

Für die Messung und Steuerung liegt eine ganze Reihe von Lösungen vor. Sie sind nicht einfach, weil eine hohe Meßgenauigkeit von wenigen Hundertstel Sekunden verlangt wird.

Die Leistung der Ablaufanlage hängt von der Zerlegegeschwindigkeit ab. Diese berechnet sich aus der ablaufdynamischen Grundgleichung

$$To = \Delta\, t + t_s .$$

Darin bedeutet

To = Zeitabstand der Wagenschwerpunkte am Ablaufpunkt
$\Delta\, t$ = Laufzeitunterschied,
t_s = Weichensperrzeit.

Die Zuführungsgeschwindigkeit ist $V_0 = \frac{Lw}{To}$, wobei Lw die durchschnittliche Wagenlänge ist.

Bei einer Zuführungsgeschwindigkeit $V_0 = 1$ m/sec. und einer Wagenlänge $Lw = 9$ m ist $To = 9$ sek. Dann können in 1 Stunde $\frac{3600 \text{ sek.}}{9 \text{ sek.}} = 400$ Wagen und in 20 Arbeitsstunden 8000 Wagen verarbeitet werden. Davon sind die Verluste zwischen den Abläufen zweier Züge abzuziehen. Die Zuführungsgeschwindigkeit soll möglichst hoch liegen. Sie ist aber durch die Grundgleichung festgelegt. Dazu kommt ein praktischer Grund: in den scharfen Gleis- und Weichenbögen des Verteilungsbereiches soll die Geschwindigkeit der Wagen nirgends 7,5 m/sek. überschreiten.

Nachdem Wagengruppen rascher abgedrückt werden können als einzelne Wagen, kann viel gewonnen werden, wenn die Geschwindigkeit ständig der Zusammensetzung des ablaufenden Zuges angepaßt werden kann. Auf großen Verschiebebahnhöfen besteht deshalb Funkverbindung zwischen dem Stellwerk und dem Führer der Abdrücklokomotive. An der Entwicklung ferngesteuerter Lokomotiven wird gearbeitet.

Die Abdrückgeschwindigkeit an mechanisierten Ablaufbergen liegt zwischen 0,7 und 1,2 m/sek. Alle Teile der Anlage müssen sorgfältig aufeinander abgestimmt und mit Hilfe von Zeitweglinien untersucht werden.

Bei den geringen Geschwindigkeiten des Ablaufes spielt der Luftwiderstand eine erhebliche Rolle. Gegenwind bremst die Wagen ab, Rückenwind beschleunigt sie. Wenn es sich einrichten läßt, sollten die Ablaufberge in der Hauptwindrichtung liegen, so daß Gegenwind nur selten auftritt. Wenn häufiger starker Wind auftritt, sind Windschutzanlagen z. B. hohe Gitter oder Pappelpflanzungen nützlich.

In der hier beschriebenen Weise arbeiten sämtliche großen Verschiebebahnhöfe. Technisch ist es nicht befriedigend, daß sämtliche Wagen so stark beschleunigt werden müssen, daß auch der Schlechtläufer bei ungünstigen Witterungsverhältnissen noch sein Ziel erreicht. Das hat zur Folge, daß die meisten Wagen schon am Fuß des Ablaufberges wieder abgebremst werden müssen. Das führt zu einem erheblichen Verschleiß an Bremsen und Wagen. Deshalb wurde von Pösentrup der umgekehrte Vorschlag gemacht, daß nicht alle Gutläufer abgebremst, sondern alle Schlechtläufer beschleunigt werden sollen. Die Aufgabe, einen Antrieb mit einem ablaufenden Wagen betriebssicher zu verbinden und den ablaufenden Wagen um ein bestimmtes Maß zu beschleunigen, ist erheblich schwerer zu lösen als das Abbremsen nach dem Ablauf. LAGERSHAUSEN schlug vor, den freien Ablauf, bei dem sich die verschiedenen Widerstände der einzelnen Güterwagen so stark auswirken, durch einen Zwangsablauf zu ersetzen, bei dem die Güterwagen in festen Abständen an eine Spillanlage angehängt und mit gleichmäßiger Geschwindigkeit bewegt werden. Auch dieser, an sich richtige Gedanke ist bisher wegen der konstruktiven Schwierigkeiten beim An- und Abkuppeln sowie beim Weiterlaufen in die Richtungsgleise nicht verwirklicht worden.

c) Richtungsgruppe

Nach dem Ablauf werden die Güterwagen in den Richtungsgleisen aufgefangen. Die Zahl der Richtungsgleise richtet sich nach den Aufgaben des Bahnhofs und ist durch einen Gleisbelegungsplan nachzuweisen. Gewöhnlich wird die Richtungsgruppe gegliedert in Gleise für Eingruppenzüge mit unmittelbarer Ausfahrt, Gleise für Mehrgruppenzüge, Gleise für Wagengruppen, die nachzuordnen sind, und Gleise für die Wagen der Zusatzanlagen einschließlich Schadwagen. Eingruppenzüge sind Güterzüge, deren sämtliche Wagen das gleiche Ziel haben. Bei Mehrgruppenzügen haben die Wagen jeder einzelnen Gruppe das gleiche Ziel.

Die längsten Gleise der Richtungsgruppe müssen ganze Züge aufnehmen. Dabei ist daran zu denken, daß die Wagen nach dem Ablauf nicht Puffer an Puffer stehen. Die Gleise müssen also wesentlich länger sein als der zusammengekuppelte Zug. Einzelne Gleise dürfen auch für kürzere Züge bemessen werden. Als Anhalt kann folgende Verteilung gelten:

$1/3$ der Gleise für ganze Züge, 1000 m lang,
$1/3$ der Gleise 800 m lang,
$1/3$ der Gleise 600 m lang.

Im Längsschnitt sollen die Richtungsgleise eine schwache Neigung in der Arbeitsrichtung aufweisen, am unteren Ende aber waagrecht liegen. Die Weichenentwicklung am unteren Ende ist viel weniger gedrängt als diejenige am oberen Ende unterhalb des Ablaufberges, weil mehrere Bewegungen nebeneinander ausgeführt werden können. Für unmittelbar ausfahrende Eingruppenzüge sind genügend schlanke Ausfahrten vorzusehen. Im übrigen sind die Gleise so zusammenzufassen, daß mehrere Rangierlokomotiven gleichzeitig arbeiten können, ohne sich gegenseitig zu behindern. Der Weichenplan soll also ein Spiegelbild des Rangierarbeitsplanes sein.

Für Verschiebebahnhöfe mittlerer Größe sind Gleisabstände von 4,50 m zweckmäßig. Etwa nach jedem 6. Gleis ist eine größerer Abstand von 6,00 m für Lichtmaste und dergleichen einzuschieben.

Bei großen Anlagen macht das Beidrücken der Wagen in den Richtungsgleisen Schwierigkeiten. Wenn Rangierlokomotiven von der Bergseite her die Güterwagen zusammenschieben, so muß der Ablauf für längere Zeit unterbrochen werden, weil die Lokomotiven sonst eingesperrt werden. Aber auch wenn die Rangierlokomotiven von der Ausfahrtseite her in die Rangiergleise einfahren, wird der Betrieb gestört, weil die Lokomotiven die Güterwagen gegen den Ablaufberg hin zusammendrücken müssen, bis sie kupplungsreif werden. Deshalb wird seit längerem versucht, Beidrückvorrichtungen einzusetzen, die den Ablauf nicht beeinflussen. Auf dem Verschiebebahnhof Magdeburg-Rothensee wurden 1928 in jedem 2. Zwischenraum zwischen den Richtungsgleisen Schmalspurgleise eingelegt, auf denen besondere Beidrückschlepper liefen. Die Schmalspurgleise waren durch eine besondere Weichenstraße am unteren Ende der Richtungsgleise verbunden. Neuerdings werden für diese Aufgabe Traktoren mit großen Gummirädern eingesetzt, die an jeder beliebigen Stelle über die Richtungsgleise fahren können. Die Schlepper brauchen einen gewissen Arbeitsraum, so daß jeder zweite Gleisabstand zu vergrößern ist. Die Schlepper sollen so stark sein, daß sie einen ganzen Güterzug bis in die Ausfahrgruppe verschieben können.

d) Stationsgruppe

Die Wagen für die einzelnen Bahnhöfe stehen in den Richtungsgleisen in bunter Reihenfolge. Sie müssen geordnet werden, damit auf den Unterwegsbahnhöfen möglichst wenig rangiert werden muß. Das Ordnen geschieht bei kleinen Gleisanlagen in den Spitzen der Richtungsgleise. Bei größeren Anlagen ist eine besondere Ordnungsgruppe, die Stationsgruppe, vorzusehen. Die Wagen werden aus einem Richtungsgleis auf ein Ausziehgleis vorgezogen und von dort aus in die Stationsgruppe abgestoßen.

Die Zahl der Gleise der Stationsgruppe entspricht der Zahl der Gruppen eines Zuges, die gesamte Gleislänge etwa der 2- bis 3-fachen größten Zuglänge. Die einzelnen Gleise sind 100 bis 300 m lang und stumpf oder durchgehend, je nach den örtlichen Verhältnissen und der Lage der Stationsgruppe zu den anderen Gruppen. Gewöhnlich erhält auch die Stationsgruppe einen kleinen Ablaufberg (Eselsrücken.)

Die Arbeitsgeschwindigkeit ist viel geringer als an dem Hauptablaufberg, über den sämtliche Wagen geleitet werden müssen, so daß mechanische Einrichtungen für die Bedienung von Weichen und Bremsen nicht nötig sind. Es können auch mehrere Stationsgruppen angeordnet werden. Dabei ist darauf zu achten, daß sich die arbeitenden Rangierlokomotiven gegenseitig nicht behindern. Die Ordnungsgruppen liegen meistens seitlich neben der Richtungs- oder der Ausfahrgruppe.

e) Ausfahrgruppe

Die Ausfahrgruppe dient der Bereitstellung der Züge zur Ausfahrt. Die Züge werden hier von der Streckenmannschaft übernommen. Die Papiere werden beigegeben. Die Bremsprobe wird vorgenommen. Die Zahl der Gleise ist wiederum mit Hilfe eines Belegungsplanes zu ermitteln. Sie ist meistens etwas kleiner als bei der Einfahrgruppe. Die Ausfahrgruppe hat ebenfalls die Aufgabe eines Puffers. Bei Störungen auf den Streckengleisen müssen sie mehrere abfahrbereite Züge aufnehmen können, damit die Zerlegeanlage des Verschiebebahnhofs ohne Unterbrechung weiterarbeiten kann.

Bei kleineren Anlagen kann auf die Ausfahrgruppe verzichtet werden, wenn dafür die Richtungsgruppe genügend aufnahmefähig gemacht wird.

Die Ausfahrgruppe braucht auch eine gute Verbindung zum Lokomotivbahnhof.

f) Gesamtanordnung

Für einseitige Verschiebebahnhöfe hat sich die Gesamtanordnung gemäß Abb. 241 als zweckmäßig erwiesen, die von Fall zu Fall etwas abgeändert oder ergänzt wird. Die Gesamtlänge beträgt gewöhnlich etwas über 3 km, die Gesamtbreite bewegt sich meist zwischen 200 und 300 m.

Bei besonders stark beanspruchten Verschiebebahnhöfen kann der Ablaufberg nicht mehr den gesamten Wagenanfall verarbeiten. In diesem Fall wird vor die Einfahrgruppe eine weitere Gruppe vorgeschaltet, mit der schon eine gewisse Vorordnung der Wagen durchgeführt werden kann. Dadurch entstehen größere Gruppen, die schneller über den Hauptablaufberg gebracht werden können. Eine solche Vorgruppe hat z. B. Nürnberg Rbf. Die vorgeschaltete Gruppe läßt sich zu einer doppelten Ablaufanlage gemäß Abb. 251 weiterentwickeln. Bei einem solchen Bahnhof von gegen 4 km Länge müssen Wagen, die gegen die Arbeitsrichtung durchgeschleust werden, einen unnötigen Weg von 8 km durchfahren. Bei so stark belasteten Anlagen wird deshalb meist zweiseitigen Bahnhöfen der Vorzug gegeben.

Bei zweiseitigen Verschiebebahnhöfen wird ein zweites System mit umgekehrter Arbeitsrichtung neben das erste System gelegt. Manche Wagen müssen im Eckverkehr über beide Ablaufberge geleitet werden. Deshalb leistet die zweiseitige Anlage im Wagenausgang nie das doppelte der einseitigen Anlage.

Bei allen Leistungsangaben ist darauf zu achten, daß sich die Bergleistung des Verschiebebahnhofes und seine Gesamtleistung im Wagenausgang mehr oder weni-

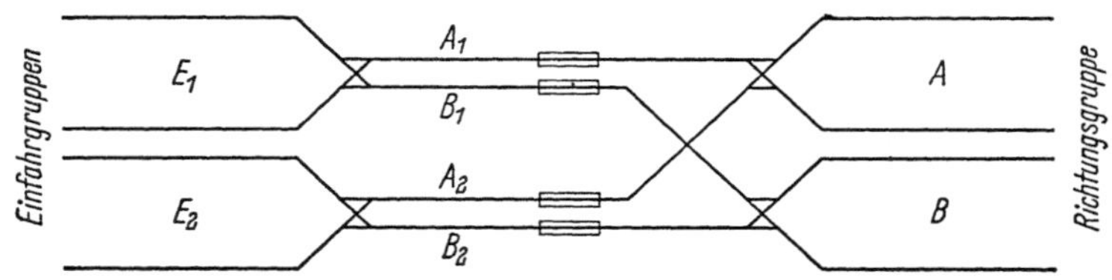

Abb. 251. Einfahrgruppe mit Doppelablauf (nach M. Leibbrand)

ger stark unterscheiden. Wagen, die den Zusatzanlagen zugeleitet werden, müssen zweimal über den Ablaufberg rollen. Sie erscheinen in der Bergleistung also doppelt, im Ausgang aber nur einfach.

D. Besonderheiten der Gefällsbahnhöfe

Bei Gefällsanlagen wird die Schwerkraft zum Bewegen der Wagen ausgenützt. Alle Gleisgruppen liegen im Gefälle. Die angekommenen Wagen werden mit Haltebremsen festgehalten, bis sie in die nächste Gruppe weiterrollen sollen. Die Halte- oder Zulaufbremsen müssen den schwersten Zug auch im ungünstigsten Fall festhalten oder nach begonnenem Ablauf wieder rasch abbremsen können. Der ungünstigste Fall tritt dann ein, wenn sich ein leerer Wagen in der Bremse befindet, dem lauter beladene Wagen folgen.

Wird die ganze Zulauframpe so steil angelegt, daß die Wagen an jeder Stelle auch unter den ungünstigsten Witterungsverhältnissen zu jeder Zeit anrollen, so ist eine sehr starke Bremse nötig, um den Zug festzuhalten. Dann müssen auch fast sämtliche Wagen mehr oder weniger stark abgebremst werden.

Bei tiefem Frost haben die Güterwagen nach längerem Stillstand einen Anlaufwiderstand von 28—30 kg/t. Es wäre falsch, eine Rampe mit $30^0/_{00}$ zu bauen, denn nach wenigen Umdrehungen der Wagenachse sinkt der Rollwiderstand sehr rasch ab. Der zweckmäßigste Längsschnitt einer Zulauframpe ist eine Parabel dritten Grades, die im oberen Teil mit $5^0/_{00}$ beginnt und am anderen Ende etwa $14^0/_{00}$ erreicht. Das mittlere Gefälle beträgt $7^0/_{00}$. Krümmungswiderstände im Bereiche der Abrollanlage sind durch stärkere Neigung auszugleichen. Nach Öffnen der Zulaufbremse laufen die ersten Güterwagen auf der steilen Neigung meist von selbst an. In seltenen Ausnahmefällen müssen sie mit Brechstangen in Bewegung gesetzt werden. Die weiter hinten, in flacherer Neigung stehenden Wagen bleiben so lange stehen, bis die Kupplungen gestrafft sind. Dann reißen die ablaufenden Wagen die stehenden mit. Der entstehende Ruck genügt meistens, den hohen Anlaufwiderstand zu überwinden. Das genaue Profil einer Zulauframpe und die entstehenden Geschwindigkeiten sind zu berechnen.

Die mittlere Neigung der Verteilungszone soll $10^0/_{00}$ betragen. Die Steilrampe hat 40—$70^0/_{00}$ Gefälle über 1 bis 2 m Gefällshöhe. Ihr folgt eine flachere Strecke mit mindestens $10^0/_{00}$ Gefälle im Bereiche der Gleisbremsen. Von da ab kann der gleiche Längsschnitt wie bei einer Flachanlage gewählt werden.

Bei dem Gefällsbetrieb werden die Kupplungen vor Beginn des Ablaufes lang gemacht. Die Wagen werden erst während des Ablaufens abgekuppelt.

Auf dem Rangierzettel sehen die Arbeiter, ob es sich um einzelne Wagen oder Wagengruppen handelt und ob die Wagen leer oder beladen sind. Je nachdem kuppeln sie die Wagen weiter oben oder weiter unten ab. Auf diese Weise erhalten die ablaufenden Wagen verschiedene Geschwindigkeiten. Durch das Arbeiten mit *wechselnden Ablaufpunkten* wird der Ablauf beschleunigt und Bremsarbeit gespart.

Wird die Richtungsgruppe in Gefällsform ausgebildet, so müssen die von oben zulaufenden Wagen auf einer Rampe aufgefangen werden, aus der sie später zur Stationsgruppe und zur Ausfahrgruppe weiterlaufen können. Das Auffangen der Wagen auf einer Rampe ist schwierig und gefährlich. Bei einer durchgehenden mittleren Neigung von $7^0/_{00}$ muß eine vollständige Gefällsanlage bei über 3,5 km Länge eine Gesamthöhe von mehr als 25 m erhalten. Solche Höhenunterschiede stehen nur selten zur Verfügung. Auch müßten viele Züge zuerst auf die Berghöhe hinaufgeschleppt werden. Aus allen diesen Gründen gibt es reine Gefällsanlagen bisher nirgends. Es sind nur gemischte Bahnhöfe gebaut worden, bei denen die Einfahrgruppe als Gefällsanlage ausgebildet wurde. Das bietet den Vorteil, daß die Abdrücklokomotiven gespart werden und daß fast keine Zeitverluste zwischen zwei Abläufen entstehen. Solche Anlagen arbeiten mit bis zu 1,5 m/sek. Zuführungsgeschwindigkeit.

E. Wichtige Gleisverbindungen zu Zusatzanlagen

Die Gütergleise sollen bei starker Streckenbelastung schienenfrei von den Streckengleisen abzweigen. Die Abzweigung erfolgt am besten bei benachbarten Betriebsstellen.

Nicht alle Züge laufen über den Ablaufberg. Manche Züge führen Vorrangwagen, deren Ladung den Zeitverlust des Rangierens nicht erträgt. Andere Züge tauschen nur Gruppen von Wagen aus oder haben nur Lokomotivwechsel. Für diese Aufgaben sind Durchfahrgleise mit Überholungsgleisen, Gleisen zum Austausch von Gruppen und eine Vorranggruppe für eilige Wagen notwendig. Bei zweiseitigen Anlagen werden die Durchfahrgleise außen um den Verschiebebahnhof herum geführt, damit sie den Eckverkehr und andere Gleisverbindungen nicht schneiden. In der Mitte der zweiseitigen Bahnhöfe liegen Verkehrsgleise.

Eine Reihe weiterer Betriebsgleise sind noch erforderlich. Umfahrgleise am Ablaufkopf dienen zur Entlastung des Berges, für schwere Schleppfahrten und für Wagen und Lokomotiven, die nicht über den Berg fahren dürfen. Auch die Zusatzanlagen des Verschiebebahnhofes müssen günstig angeschlossen werden.

Der Lokomotivhof liegt am besten dort, wo der Lokomotivverkehr am stärksten ist. Günstig liegen die Lokomotivanlagen neben der Einfahrgruppe.

Die Güterzüge führen Packwagen mit. Alle Packwagen werden in einem besonderen Richtungsgleis oder in eigenen Packwagengleisen in der Nähe des Lokomotivhofes gesammelt. Sie sollen zweiseitig angeschlossen werden.

Das Schadwagengleis oder die Schadwagengruppe der Richtungsgruppe sollen gut mit der Wagenausbesserung verbunden werden. Kleinere Unterhaltungsarbeiten können im Freien erledigt werden, andere werden besser auf überdachten Gleisen ausgeführt. Der Gleisabstand der Ausbesserungsgleise beträgt 5,50 m. Zur Wagenausbesserung gehört auch eine Übergabegruppe, ein Ausziehgleis, ein Umfahrgleis und ein Gleisanschluß für Ersatzteillager und Werkstatt. An der Zufahrtsstraße sind genügend Parkplätze vorzusehen. Wegen der zweckmäßigen Einteilung der Dienste soll in der Nähe der Wagenausbesserung auch die Wagenreinigungsgruppe liegen. Für die Beförderung von Vieh bestehen strenge Vorschriften über die Wagenreinigung. Die Wagen müssen nach jeder Verwendung entseucht werden. Die Entseuchungsanlagen werden am besten bei den Verschiebebahnhöfen angelegt, weil dort die Wagen aus allen Richtungen zusammenlaufen.

An die Richtungsgruppe schließen gegebenenfalls auch die Gleise für eine Umladeanlage, einen Ortsgüterbahnhof und private Gleisanschlüsse an. Verschiebebahnhöfe sind bevorzugte Standorte für die Industrie, weil die besonders gute und rasche Fernverbindungen besitzen.

Je nach der Lage im Eisenbahnnetz braucht ein Verschiebebahnhof eine mehr oder weniger große Zahl von Leerwagengleisen. Der Bedarf muß von Fall zu Fall ermittelt werden. Leerwagen werden in den Richtungsgleisen gesammelt. Ein gewisser Vorrat wird in Abstellgleisen untergebracht, weil die Richtungsgleise immer wieder für den laufenden Betrieb freigemacht werden müssen.

Gelegentlich verschieben sich beim Ablaufen die Ladungen. Daher sind noch Einrichtungen für das Zurechtladen notwendig. Ein Umladegleis ist mit Portalkran, Rampe, Gleiswaage und Lademaß auszustatten. Die Waage muß in der Graden ganz eben liegen. Ein Gleis muß stumpf an einem Stauchbock enden, um Schüttgüter zurechtrücken zu können.

An Hochbauten gehören zum Verschiebebahnhof noch Stellwerke, Betriebsgebäude für Aufsichtsbeamte und Zugabfertigung an den Ein- und Ausfahrgruppen, Räume für Rangierer, Wagenuntersuchungsbeamte und Hemmschuhleger, Verwaltungs- und Büroräume, Aufenthalts-, Umkleide- und Waschräume für das Personal, sowie Schuppen mit Gleisanschluß für die Bahnmeisterei. Für die Übernachtung des Fahrpersonals müssen Zimmer bereitstehen. Die wichtigsten Hochbauten brauchen Straßenanschluß.

F. Wirtschaftlichkeit

Der große Verschiebebahnhof ist ein sehr teures Bauwerk. Die wirtschaftliche Lage zwingt die Bahnverwaltungen, den Rangierdienst zusammenzufassen. Deshalb werden neue Verschiebebahnhöfe mit den notwendigen Zufahrtstrecken gebaut oder alte vergrößert und verbessert werden müssen.

Die Neuanlage oder der Umbau eines Verschiebebahnhofs kann aus ganz verschiedenen Gründen erfolgen:

- — ein alter Verschiebebahnhof arbeitet unwirtschaftich,
- — seine Fläche wird für die Erweiterung anderer Gleisanlagen gebraucht,
- — die alte Anlage genügt nicht mehr, so daß der Bahnhof erweitert werden muß,
- — die Betriebsaufgaben haben sich geändert, z. B. infolge der Zusammenfassung der Zugbildung in anderen Knotenpunkten.

In allen Fällen muß daß künftige Verkehrsaufkommen möglichst zuverlässig ermittelt werden, damit unnötige Aufwendungen vermieden werden. Bei dem Entwurf muß ein genauer Betriebsplan aufgestellt werden, der in Wort und Bild den Betriebsablauf darstellt.

Dazu gehört die Erläuterung

der Betriebsführung,
der allgemeinen Anordnung,
der Einführung der Strecken,
der Lage der Bahnhofsteile und ihrer Aufgaben,
Abmessungen und Erweiterungsmöglichkeiten der Gleisgruppen,
Fahrstraßen der Züge,
Schienenfreie Kreuzungen,
Zugübergänge,
Gleisbesetzungsplan der Einfahr- und Ausfahrgruppe,
sowie die Anpassung an Fahrplanänderungen,
Zugverspätungen und Betriebsunregelmäßigkeiten.

Für den inneren Betrieb des Rangierbahnhofes ist ein Gleisbesetzungsplan der Richtungsgruppe aufzustellen. Das Wagenaufkommen ergibt sich aus den Güterzugbildungsvorschriften, die im Laufe der Zeit immer wieder Änderungen unterliegen. Sehr wichtige Pläne sind weiter der

Wagenübergangsplan,
Rangierplan,
Rangierarbeitsplan, sowie
Bedienungsplan für die Zusatzanlagen.

Anfänglich genügt vielleicht bei manchen Gruppen ein Teilausbau, doch ist bereits bei der Planung der Betriebsablauf im Endausbau zu untersuchen, damit ausreichende Erweiterungsmöglichkeiten offengehalten werden. Maßgebend für die Belastung ist die größte Tages- und Stundenleistung am Ablaufkopf. Dieses Nadelöhr bestimmt die Leistung des ganzen Bahnhofes. — Auch alle Einzelheiten bedürfen genauer Prüfung, so das Beidrücken, das Rückführen von Falschläufern, die Gleisbremsen usw.

Der Verschiebebahnhof wird in verschiedene Bezirke eingeteilt: Stellwerksbezirke, Rangierbezirke, Aufsichtsbezirke. Die Bestrebungen gehen dahin, mit möglichst wenigen Bezirken auszukommen und die Leitung möglichst weitgehend zusammenzufassen. Dazu dient eine Bahnhofsüberwachung (Bü), die alle Betriebsvorgänge laufend überwacht und allen Stellen Weisungen erteilen kann.

Die Wirtschaftlichkeit eines neuen Verschiebebahnhofes kann oft nur der Größenordnung nach ermittelt werden, weil viele Einflüsse wie zusätzliche Zug- und Wagenkilometer, teilweise Entlastung anderer Anlagen usw. nicht ganz genau in Zahlen erfaßt werden können. Vergleiche mit anderen Verschiebebahnhöfen sind nützlich, aber nicht immer beweiskräftig, weil die Kosten mit dem Umfang der Zerlegearbeit (Stärke der Wagengruppen beim Ablaufen) und der Größe der Nebenanlagen stark schwanken.

Als Kosteneinheit wird ein verarbeiteter Wagen Ausgangsleistung genommen. Die Betriebskostenrechnung geht von den Verkehrsmengen der Statistik aus und stützt sich auf Arbeits- und Zeitstudien. Auf der Aufwandsseite sind Bau- und Betriebskosten zusammen zu betrachten. Zu den Kapitalkosten gehört die Verzinsung der Grundstücks- und Baukosten, sowie die Abschreibung für die Erneuerung der Anlagen, zu den Betriebskosten gehört auch die Instandhaltung der Anlagen. Die Summe der Bau- und Betriebskosten soll wie bei allen anderen Verkehrsanlagen einen Kleinstwert erreichen.

VII. Lokomotivbahnhöfe

Lokomotivhöfe — Bahnbetriebswerke oder Heizhäuser — sind die Betriebsbahnhöfe für die Lokomotiven. Die Lokomotivbehandlungsanlagen können beim Abstellbahnhof oder beim Verschiebebahnhof liegen. Vom Lokomotivbetrieb her gesehen ist bei Knotenpunkten eine Zusammenfassung der Anlagen an einer einzigen Stelle erwünscht, weil dann ein Ausgleich zwischen den Anforderungen des Reisezug- und des Güterzugbetriebes leicht hergestellt werden kann. Liegen Abstell- und Verschiebebahnhöfe aber weit auseinander, so werden den einzelnen Bahnhöfen getrennte Lokomotivbahnhöfe zugeordnet.

In der Regel ist jede Lokomotive einem bestimmten Dienst zugeteilt, so daß ein Austausch zwischen Schnellzug-, Personenzug- und Güterzugmaschinen nur in besonderen Fällen (Spitzenverkehr, Sonderzüge, Maschinenschaden, Störungen usw.) vorkommt.

Die Lokomotiven werden im Gegensatz zu den Wagen nahezu ausnahmslos in Schuppen abgestellt, damit sie während der Wartungsarbeiten nicht den Unbilden der Witterung ausgesetzt sind. Je nach der Antriebsart werden an den Lokomotivbahnhof verschiedene Anforderungen gestellt.

A. Dampflokomotiven

In manchen Ländern werden die Dampflokomotiven nicht mit Kohle, sondern mit Öl oder auch mit Holz geheizt. Die Anlagen für Kohlefeuerung, die hier erläutert werden, sind in diesen Fällen entsprechend abzuändern und zu ergänzen.

Abb. 252 zeigt die Grundform eines Lokomotivhofs. Zuerst wird der Packwagen abgestellt. Dann fährt die Lokomotive an den Kohlenbansen und nimmt Kohle für ihre nächste Fahrt. Als nächstes wird über der Schlackengrube das

Feuer herausgerissen und die Schlacke herausgeworfen. Gleichzeitig nimmt die Lokomotive Wasser. Das Entschlacken erfolgt nach dem Bekohlen, damit die Lokomotive noch genügend Dampf hat, um mit eigener Kraft ihren Standplatz im Schuppen zu erreichen. Vor der Einfahrt in den Schuppen wird die Lokomotive noch gewendet, weil sie gewöhnlich nur mit Schornstein voraus fahren soll. Kurz wendende, fremde Lokomotiven fahren von der Drehscheibe sofort wieder zurück, ohne den Schuppen zu berühren. Bei der Ausfahrt nimmt die Lokomotive den Packwagen wieder mit.

Die Nutzlänge der Packwagengleise hängt vom Fassungsvermögen des Schuppens ab. Die Abstellgleise müssen an die Ein- und Ausfahrgleise angeschlossen werden.

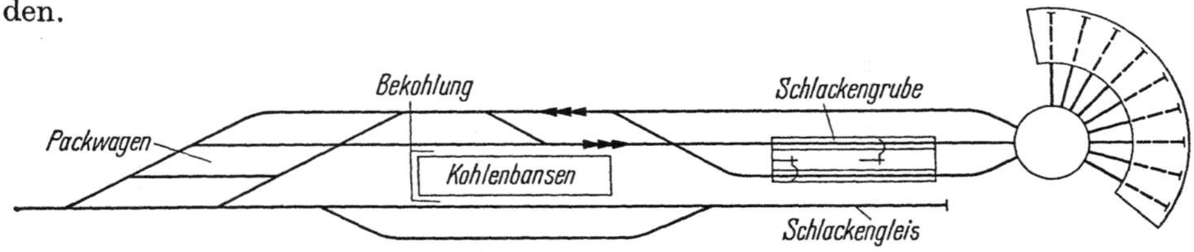

Abb. 252. Einfacher Lokomotivhof für Dampfbetrieb

Die Steinkohle darf höchstens 2 m hoch gestapelt werden, weil sie sich sonst selbst entzünden kann. Deshalb muß das Kohlenlager auch in die Breite entwickelt werden. Für das Überladen der Kohle sind mechanische Hilfsmittel (Krane, Förderbänder usw.) zweckmäßig. Der Kohlenvorrat eines Bahnhofs soll ungefähr den Bedarf von vier Wochen decken. Bei der Erneuerung des Lagers ist darauf zu achten, daß zuerst die alten Bestände aufgebraucht und danach die neuen angegriffen werden.

Damit das Auffüllen des Wasserbehälters nicht zu lang dauert, sind Leitungen von großem Querschnitt notwendig. Wenn das städtische Leitungsnetz den starken, kurzzeitigen Wasserbedarf nicht befriedigen kann, müssen eigene Speicher oder sogar eigene Wasserversorgungen erstellt werden.

Die Schlackengruben werden mit Förderkörben, Schrägaufzügen oder Greifern entleert. — Für das Bremsen auf nassen oder glatten Schienen brauchen die Lokomotiven trockenen, scharfen Sand, der in einem Behälter am Lokgleis bereitzuhalten ist.

Das Wenden der Lokomotiven geschieht über Wendedreiecke oder bei den üblichen beengten Verhältnissen über Drehscheiben. Die Drehscheibe kann immer

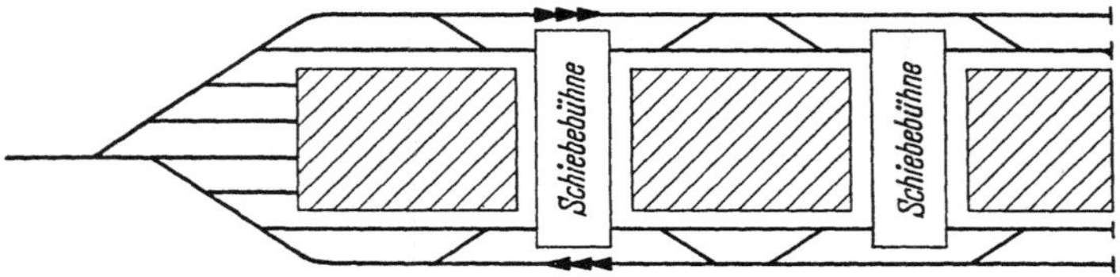

Abb. 253. Rechteckiger Lokomotivschuppen

nur von einer Maschine befahren werden. Bei einer Störung werden die Lokomotiven im Schuppen eingesperrt. Der Scheibendurchmesser beträgt 20—26 m. Der anschließende Rundschuppen wird sehr breit und ist im Gelände oft schwer unterzubringen. Der Platzbedarf ist sehr groß, die Ausnutzung des Bodens vielfach schlecht. Aus allen diesen Gründen werden bei neuen Anlagen Rechteckschuppen gemäß Abb. 253 oder Teleskopschuppen gemäß Abb. 254 bevorzugt.

Beide erlauben eine gute Anpassung an den Gleisplan und eine zweckmäßige Ausnutzung des Geländes. Beide können auch Durchgangsform erhalten. In zweiseitig angeschlossenen Schuppenteilen können je 3 Lokomotiven auf einem Gleis stehen, in einseitig angeschlossenem nur je 2.

Für den Bau des Schuppens sind feuerfeste Baustoffe zu verwenden. Für jeden Lokomotivstandplatz ist ein Rauchabzug vorzusehen, denn die Lokomotiven müssen im Schuppen anheizen. Einige Stände sind mit Putzgruben auszustatten, auch ist eine Achssenke notwendig. Aufenthaltsräume und tragende Teile des Schuppens dürfen nicht hinter den Gleisenden angeordnet werden, weil sonst Lokomotiven, die versehentlich zu weit fahren, schweren Schaden anrichten.

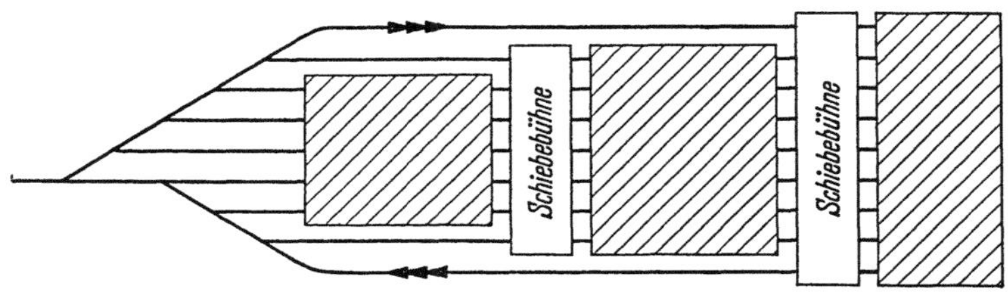

Abb. 254. Teleskopschuppen

Beim Entwurf von Lokomotivhöfen ist aus wirtschaftlichen Gründen auf eine gedrungene Gleisentwicklung und kurze Fahrwege größter Wert zu legen. Jeder Meter Mehrlänge verursacht unnötige Baukosten und laufend erhöhte Betriebskosten.

B. Elektro- und Diesellokomotiven

Elektrische und Diesellokomotiven kommen mit wesentlich einfacheren Anlagen aus. Drehscheiben sind nicht nötig, weil diese Lokomotiven gleich gut nach beiden Richtungen fahren können. Für Diesellokomotiven sind an Stelle der Kohlenbansen Zapfstellen für Dieselöl anzuordnen.

Lokomotivhöfe sind in enger Zusammenarbeit zwischen Bau- und Maschineningenieuren zu entwerfen. Die betrieblichen Erfordernisse hängen von den beheimateten Lokomotiven und von den Einsatzplänen ab. Je mehr die Ausnutzung der Streckenlokomotiven steigt, desto kürzer wird die verfügbare Zeit für die Unterhaltungsarbeiten.

Weitere Angaben über Lokomotivhöfe finden sich in dem Buch von SPRÖGGEL, Hochbauten der Eisenbahn.

Zusammenfassung

Die 5 Arten von Bahnhöfen — Personenbahnhof und Abstellbahnhof, Ortsgüterbahnhof und Verschiebebahnhof, sowie Lokomotivbahnhof — wurden ausführlich erläutert. An den großen Bahnhöfen, die nur einer einzigen Aufgabe dienen, lassen sich die Einzelheiten sehr gut beschreiben. Der Entwurf eines grossen Bahnhofes ist aber einfacher als der Entwurf eines kleinen, dessen Gleise mehreren Aufgaben gleichzeitig oder nacheinander dienen müssen. Die Kunst des entwerfenden Ingenieurs besteht nicht darin, eine möglichst große Anlage zu schaffen, sondern den verschiedenen Bedingungen auf kleinstem Raum und mit geringstem Aufwand zu genügen. In manchen Ländern ging jahrzehntelang das Bestreben dahin, betrieblich oder baulich möglichst vollkommene Anlagen zu schaffen. Die zahlreichen, zu großen Bahnhöfe sind heute eine wirtschaftliche Last geworden.

Unter dem Druck der wirtschaftlichen Verhältnisse müssen übertriebene Anforderungen wieder abgebaut werden. Die Bahnhöfe sollen angemessen, aber nicht allzu großzügig ausgestattet werden. Die großen Fortschritte auf den Gebieten der Zugüberwachung, der Betriebsüberwachung, des Sicherungswesens sowie der Umstellung auf elektrischen und Dieselbetrieb müssen in den Bahnhofsentwürfen ihren Niederschlag finden. Diese Gedanken lassen sich in dem einen Satz zusammenfassen:

Der kleinste Bahnhof ist der beste!

Anhang

Bahnhöfe der Nahverkehrsbahnen

I. Einleitung

In den hochindustrialisierten Ländern Mittel- und Westeuropas wird das Eisenbahnnetz kaum mehr wesentlich erweitert, wenn auch noch große und schöne Aufgaben baulicher und betrieblicher Art ihrer Lösung harren, die eine Leistungssteigerung großer Bahnhöfe und ihrer Zufahrtsstrecken bezwecken. Mit der raschen Zunahme des Straßenverkehrs steigt aber die Bedeutung der öffentlichen Nahverkehrsmittel, weil der Bau von Straßen und Abstellplätzen in den Stadtkernen mit der Steigerung der Verkehrsbedürfnisse nicht Schritt halten kann. Wo die Flächen erschöpft sind, gewinnen die raumsparenden Massenverkehrsmittel eine neue Bedeutung als Mittel zur Erhaltung der wirtschaftlichen Kraft der Stadtkerne. Viele große Städte beabsichtigen deshalb Neu- und Umbauten von Bahnen verschiedener Art. Die besonderen Fragen der Nahverkehrsbahnen sollen deshalb in einem besonderen Abschnitt kurz behandelt werden. Die Entwicklung ist in vollem Gange. Für unterirdische Straßenbahnen liegen z. B. erst wenige Betriebserfahrungen vor, zahlreiche neue Bauarten sind noch nicht erprobt. Ein abgerundetes Bild kann deshalb noch nicht gegeben werden.

Für den Entwurf von Bahnhöfen und Haltestellen der Nahverkehrsbahnen gelten zunächst sinngemäß ähnliche Grundsätze, wie für Vollbahnen.

Je nach der Art der Bahn bestehen aber doch mancherlei Abweichungen. Die Nahverkehrsbahnen unterscheiden sich von den klassischen Bahnen durch folgende Bedingungen:

fast nur Züge gleicher Geschwindigkeit, meist aus Triebwagen und Beiwagen bestehend,
kürzere Züge bei dichterer Zugfolge,
zahlreiche einfache Haltestellen,
keine Güterbeförderung,
kleinere Mindesthalbmesser und größere Steigungen.

Die nachstehenden wichtigsten Arten von Nahverkehrsbahnen sind zu unterscheiden:

S-Bahn (Schnellbahn oder Stadtbahn): Innerstädtische und Vorortstrecken der Eisenbahn mit besonderer Ausstattung für Massenverkehr. Beispiele: Kopenhagen, Berlin, Hamburg, Entwürfe Zürich, München, Stuttgart.

U-Bahn (Untergrundbahn): Selbständige, teilweise unterirdische Bahn mit eisenbahnmäßigem Betrieb, aber oft abweichenden Bauvorschriften. In manchen Städten wurden Teilstrecken auch als Hochbahn ausgeführt. Beispiele: Berlin, Hamburg, Stockholm, London, Paris, Moskau, Budapest, Mailand, Rom, Barcelona, Madrid, Lissabon, Neu York, Chicago, Buenos Aires, Tokio, Osaka.

Tiefbahn oder U-Straßenbahn: Unterirdische Teilstrecken von Straßenbahnnetzen. Die frühere Bezeichnung Unterpflasterstraßenbahn ist schwerfällig und irreführend, weil der Tunnel auch wesentlich tiefer liegen kann. Beispiele: Brüssel, Boston, Philadelphia, kurze Abschnitte in Berlin und Nürnberg, Planungen Bremen, Hannover, Düsseldorf, Köln, Frankfurt/M., Stuttgart, München, Zürich, Basel.

II. Anwendungsmöglichkeiten

a) S-Bahn

Vielfach sind die S-Bahnstrecken als gewöhnliche Eisenbahnstrecken ohne besondere Berücksichtigung eines eigentlichen Schnellverkehrs entworfen und gebaut worden. Im Laufe der Zeit wurden sie mehr und mehr zur Bewältigung des städtischen Verkehrs verwendet. In manchen Städten führen die Eisenbahnstrecken weit in den Kern hinein. Solche Linien eignen sich gut zur Einrichtung eines S-Bahnverkehrs. In Großstädten liegt es nahe, mehrere stumpf endende Strecken untereinander zu verbinden. Auf diese Weise können Durchmesserlinien geschaffen werden. Betriebsanlagen in der Innenstadt fallen weg. Zwar ist das Verkehrsbedürfnis zwischen den Vororten an den beiden Enden einer Durchmesserlinie verschwindend gering, die Beziehungen von den Vororten zur Innenstadt überlappen sich aber, etwa von den nördlichen Vororten zum Südrand des Stadtkerns und von den südlichen Vororten zum Nordrand. Infolge der Bedienung mehrerer Bahnhöfe im Stadtkern kann dann eine große Zahl der Fahrgäste ihr Ziel unmittelbar erreichen. Das S-Bahnnetz ist aber doch so weitmaschig, daß es immer einer Ergänzung durch ein Feinverteilernetz von Buslinien oder anderen Verkehrsmitteln bedarf.

Mit der Einführung des starren Fahrplans auf Vorortbahnen wird häufig der erste Schritt zu einer S-Bahn getan. Vielfach hängt die Umstellung von der Verwirklichung größerer Bauvorhaben ab. Auf lange Sicht wird in zahlreichen mittleren und größeren Städten wegen der Überlastung der Straßen auf dem vorhandenen Eisenbahnnetz ein S-Bahn-Verkehr einerichtet werden müssen. Hier ist auf den Ruhrschnellverkehr, den Städteverkehr in Holland, den Vorortverkehr von Leipzig, Dresden, Frankfurt, Nürnberg, Stuttgart und Wien hinzuweisen.

Die Schnellbahnen werden elektrisch betrieben. Der kleinste Halbmesser wird kaum unter 150 m liegen. Bei engen Bogen, auf Anfahr- und Bremsstrecken ist die Abnutzung der Schienen sehr stark. Die Steigungen können recht steil sein, weil viele Achsen der leichten Triebwagenzüge angetrieben sind. Bei Verwendung solcher Züge können Neigungen bis zu $40^0/_{00}$ ohne Bedenken angewendet werden.

b) U-Bahn

Früher galt als Regel, das sich Untergrundbahnen erst in Städten mit über 1 Million Einwohner lohnen. Diese Faustregel ist aus zwei Gründen überholt. Infolge der starken Beanspruchung der Straßen und der dadurch eingetretenen Verlangsamung des Oberflächenverkehrs hat sich die Grenze nach unten verschoben. In wesentlich kleineren Städten werden Schnellverbindungen verlangt. Andererseits werden die neuzeitlichen Außenviertel und Vororte viel weniger dicht bebaut als in früheren Jahrzehnten. Es sind *Busstädte*, die kaum mehr die für eine Untergrundbahn nötige Wohn- und Verkehrsdichte erreichen. Die neue städtebauliche Entwicklung verschiebt die Grenze nach oben. Die Verkehrsverhältnisse einer alten Millionenstadt wie Berlin, Wien, Hamburg, London und Paris sind mit denen der neuen Millionenstädte im Westen der Vereinigten Staaten und in anderen Ländern nicht zu vergleichen. Deshalb kann nicht mehr allein nach der Einwohnerzahl gegangen werden.

Die Untergrundbahn steht zwischen den von den Eisenbahnverwaltungen betriebenen S-Bahnen und den Straßenbahnen. Sie ist von beiden unabhängig, hat also keinen Wagenübergang. Sie kann Fahrzeuge abweichender Bauart, Umgrenzung, Spurweite und Stromart verwenden.

Bei der Neuanlage einer U-Bahn muß sofort eine längere Strecke mit mehreren Haltestellen und einem Betriebsbahnhof (Abstellbahnhof) gebaut werden. Andernfalls ist der Verkehr zu schwach, denn der Zeitverlust beim Umsteigen muß mindestens ausgeglichen werden, wenn Verkehr von oberirdischen Verbindungen abgezogen werden soll.

Die Halbmesser können kleiner sein als bei einer S-Bahn, wenn entsprechend bogenläufige Wagen gebaut werden. Gewöhnlich werden kleinste Halbmesser von 150 m bis 80 m verwendet. Bei Anwendung enger Halbmesser gehen die Baukosten in dicht bebauten Stadtteilen zurück, weil weniger Gebäude unterfahren werden müssen. Die Steigungen sollen auch bei U-Bahnen $40^0/_{00}$ nicht überschreiten.

c) Tiefbahn

Wird eine Straßenbahn im überlasteten Bereich der Innenstadt unter den Boden verlegt, so bleibt das Netz als solches erhalten. Zeitverluste durch Umsteigen entstehen nicht, wohl aber wird die Reisezeit beim Ein- und Aussteigen auf unterirdischen Haltestellen durch das Treppensteigen ein wenig verlängert. Durch den Wegfall der Behinderungen auf der Oberfläche wird die Reisegeschwindigkeit erhöht. Die Betriebskosten gehen zurück. Für die Stadt Basel (220000 Einwohner) wurde ausgerechnet, daß bei einer Beschleunigung der Straßenbahn im ganzen Netz um 1 km/h die jährlichen Betriebskosten um fast 1 Mill. Franken sinken.

Die Bauwürdigkeit einer Tiefbahn kann vom rein wirtschaftlichen Standpunkt aus etwa so beurteilt werden, wie es im Gesamtverkehrsplan Basel dargelegt wurde. Mit der Tiefbahn wird bei einem Aufwand von über 25000 Franken je laufenden Meter Tunnelstrecke einschließlich der Bahnhöfe eine vollkommen neue, zusätzliche Verkehrsfläche geschaffen. Wenn die gleiche Verkehrsfläche oberirdisch zur Verfügung gestellt werden sollte, müßten die Straßen um 2 Fahrspuren oder 7 m verbreitert werden. Die eine Bauflucht müßte um 7 m zurückverlegt werden. Damit wäre allerdings an den Kreuzungspunkten noch keine so große Leistungssteigerung erzielt, wie sie sich bei der Tiefbahn sofort einstellen wird. Der Bau der Tiefbahn lohnt sich also dann, wenn eine Verbreiterung der vorhandenen Straßenzüge um 7 m mehr kostet als 25000 Franken je laufenden Meter, d. h. wenn der Quadratmeterpreis entlang den Straßen höher als 3500 Franken liegt. Der Preis umfaßt außer den Grundstücken auch den Wert der Gebäude, die darauf stehen. In der Innenstadt handelt es sich im allgemeinen um vier- und mehrgeschossige Häuser. Von dem Abbruch wird die Straßenfront mit dem wertvollsten Teil der Häuser betroffen. Von einem Haus kann nicht einfach ein Streifen von 7 m Breite weggeschnitten werden. Meist wird es sich um einen vollständigen Abbruch und Neubau des Hauses handeln. Für die Stadt kommt hinzu, daß die zusätzlichen Straßenflächen nur Unterhalt kosten, aber keine Steuern mehr einbringen. Auf 1 Quadratmeter Grundfläche entfallen etwa 14 Kubikmeter umbauter Raum. Wenn der Kubikmeter Raum in einem innerstädtischen Geschäftshaus mit 180 Franken angesetzt wird, so bedeutet das rund 2500 Franken Gebäudewert. Wird noch der Steuerertrag des Hauses, Abriss, Neubau usw. und andererseits die höhere Knotenpunktsleistung berücksichtigt, so ist die Tiefbahn wohl überall dort berechtigt, wo der Grundstückspreis 600 Franken übersteigt.

Eine Tiefbahn kann im wesentlichen auf das Gebiet beschränkt bleiben, in dem die Grundstückspreise höher liegen. In diesem Bereich ist die Verkehrsnot auf den Straßen am größten. Dort wird mit der Tiefbahn neuer Verkehrsraum geschaffen. Ihr Bau ist eine mittelbare Maßnahme des Straßenbaus.

Die Halbmesser der Tiefbahnstrecken können bis auf die bei der oberirdischen Straßenbahn üblichen Maße herabgesetzt werden. Das hat auf die Reisegeschwindigkeit keinen Einfluß, wenn die engen Bogen ausschließlich in unmittelbarer Nähe der Haltestellen angelegt werden. Bei einer Anfahrbeschleunigung von 0,8 m/sec^2 wird eine Geschwindigkeit von

40 km/h nach 80 m
50 km/h nach 120 m
60 km/h nach 173 m
80 km/h nach 307 m
100 km/h nach 481 m

erreicht.

Die Linienführung ähnelt dann einem Vieleck mit scharfen Knicken vor und nach den Haltestellen und graden oder sehr schlanken Abschnitten dazwischen. Die Steigungen müssen sich nach der Motorenleistung richten. Sie sollten gewöhnlich nicht über 55$^0/_{00}$ hinaus gehen.

Die Tiefbahn kann im Gegensatz zu den beiden anderen Bahnen in kurzen Abschnitten gebaut werden, die jeweils nur die überlasteten oder schwierigen Bereiche der Stadt umfassen. Die vorhandenen Fahrzeuge der Straßenbahn können weiter verwendet werden. Infolgedessen sind die Anlagekosten weniger hoch. Die Aufwendungen können auch über einen längeren Zeitraum verteilt werden. Die vorhandenen Netze mit ihrer starken Verästelung in den Vororten und der Feinverteilung im Stadtkern werden nicht zerrissen. S- und U-Bahnnetze dagegen können im allgemeinen nur die Grobverteilung des innerstädtischen Verkehrs übernehmen und bedürfen auch im Stadtkern der Ergänzung durch Buslinien. Eine vollständige Befreiung der Straßen vom öffentlichen Verkehr läßt sich mit ihnen kaum erreichen, auch wenn bei neuen Strecken die Bahnhofsabstände auf unter 500 m verkürzt werden.

d) Andere Bauformen

Die öffentlichen Verkehrsmittel können im Wettbewerb mit den privaten Fahrzeugen nur dann bestehen, wenn sie schnell und bequem sind. Die Überlegenheit des Kraftwagens besteht darin, daß mit ihm jedermann jederzeit jedes Ziel auf kürzestem Weg erreichen kann. Deshalb sind für wichtige Beziehungen des Massenverkehrs unmittelbare Verbindungen ohne Umsteigen zu schaffen.

Die neuen Stadtteile, die in den letzten Jahren entstanden sind, sind wegen ihrer geringen Wohndichte *Busstädte*. Bahnen können für die verhältnismäßig kleine Zahl von Fahrgästen oft nicht mehr wirtschaftlich eingesetzt werden. Die Busse aus den Vororten können in großen Städten nicht alle einzeln in den Stadtkern hineinfahren, weil die Leistungsfähigkeit der Straßen dafür nicht ausreicht. Wenn das lästige Umsteigen vermieden werden soll, so können die Busse gleichfalls durch die Tiefbahntunnel geführt werden, die dann einen entsprechenden, etwas größeren Querschnitt erhalten müssen. Aus den einzeln fahrenden Bussen können auch Buszüge gebildet werden. Andererseits ist zu überlegen, ob die hohen Tunnelbaukosten nicht durch andere Bahnformen vermieden werden können. Weiter werden von verschiedenen Seiten Vorschläge gemacht, die Geschwindigkeit der Schnellbahnen durch besondere, entgleisungssichere Bauarten zu steigern. Dabei ist allerdings zu bedenken, daß die hohen Geschwindigkeiten bei den kurzen Haltestellenabständen städtischer Bahnen nur selten ausgefahren werden können. Die Anfahrbeschleunigung und die Bremsverzögerung von Fahrzeugen mit stehenden Fahrgästen können kaum über 1,2 m/sec^2 gesteigert werden, wenn Unfälle vermieden werden sollen. Werden aber zu Gunsten einer hohen Reisegeschwindigkeit die Bahnhofsabstände vergrößert, so ist der Einsatz eines Zubringerverkehrsmittels für die Feinverteilung kaum zu vermeiden. So sind verschiedene Entwicklungen im Gang, die mal den einen, mal den anderen Gesichtspunkt stärker betonen.

Breite und Höhe der Fahrzeuge können nicht mehr gesteigert werden, wenn die Baukosten in erträglichen Grenzen bleiben sollen. Nur die Länge der Einheiten kann vergrößert werden, entweder durch Einbau von Gelenken oder durch Zugbildung. Das setzt im Tunnel eine einwandfreie Führung voraus. Allen Bauformen von Massenverkehrsmitteln ist deshalb die Schiene gemeinsam. Dabei ist unter Schiene nicht nur die klassische Stahlschiene zu verstehen, sondern jede Form einer durchgehenden Führung, die auch aus Beton oder anderen Baustoffen bestehen kann. Ohne Führungsschiene können die für einen billigen Massenverkehr notwendigen großen Einheiten nicht gebildet werden.

Verschiedene wichtigere Bauformen kennzeichnen die Entwicklungsmöglichkeiten. Die Wuppertaler Schwebebahn (Abb. 255), die schon seit dem Jahre 1904 in Betrieb ist, ist in den seither vergangenen Jahren in keiner anderen Stadt nachgebaut worden. Dabei hat die Beeinträchtigung des Stadtbildes durch das Bahngerüst und insbesondere durch die Hochbahnhöfe sicher eine wesentliche

Rolle gespielt. Der Gedanke der Einschienenbahnen wurde aber weiter entwikkelt. Versuchsstrecken wurden 1957 in Houston in Texas, 1958 in Tokio und 1960 in der Nähe von Paris ausgeführt. Andere Vertreter dieser Gruppe sind die Alwegbahn (Abb. 256) die als Fahrbahn einen Betonbalken besitzt, und die Hängebahn (Abb. 257), die für den Zubringerdienst fur den Flughafen London vorgeschlagen wurde.

Bei den Zweischienenbahnen ist zunächst die Schnellbahn von Professor WIESINGER (Abb. 258) zu nennen, bei der die Schienen und die Räder so weit nach innen

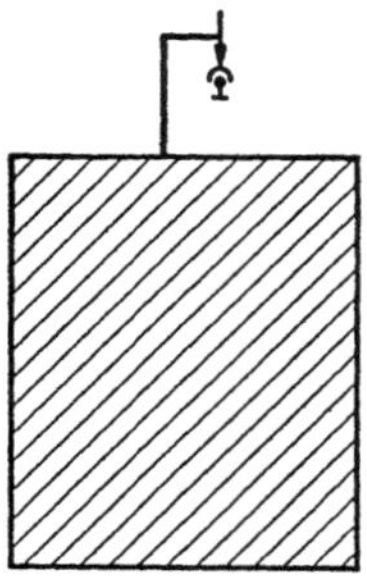

Abb. 255. Schwebebahn in Wuppertal

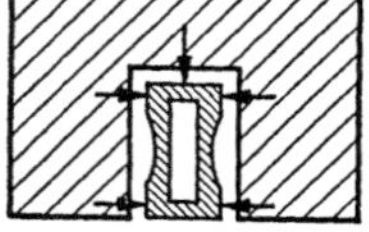

Abb. 256. Einschienenbahn, Bauart ALWEG

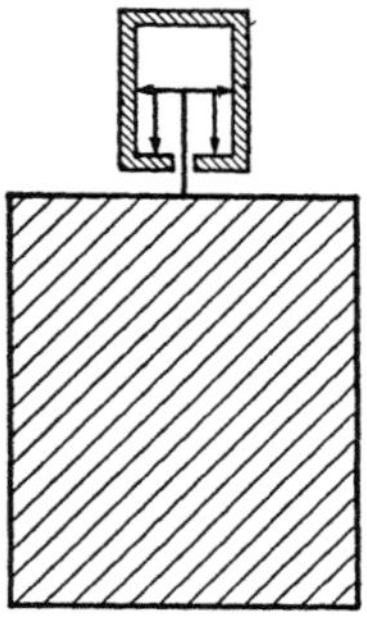

Abb. 257. Einschienen-Hängebahn

geneigt sind, daß die Radsätze sich nicht mehr vom Gleis abheben können. Zahlreiche neue Versuche gehen davon aus, die senkrechte und die waagrechte Führung, die bei einem gewöhnlichen Eisenbahnrad vereinigt sind, zu trennen. An erster Stelle ist die Leitschienenbahn von KUCH zu nennen, bei der die Lenkung eines auf Gummirädern laufenden Wagens durch 2 besondere, schräg gestellte Räder erfolgt, die in einen Schlitz in Gleismitte eingreifen. Eine ähnliche Ausführung mit waagrechten Rollen in einem Schlitz ist versuchsweise in Mailand gebaut worden (Abb. 259). Eine Leitschienenbahn kann auch von gewöhnlichen Bussen befahren werden, die eine zusätzliche Lenkvorrichtung erhalten. Die Busse kön-

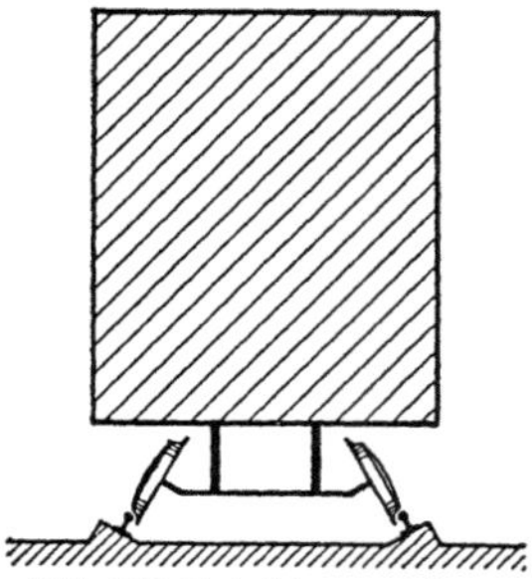

Abb. 258. Entgleisungssichere Schnellbahn, Bauart Wiesinger

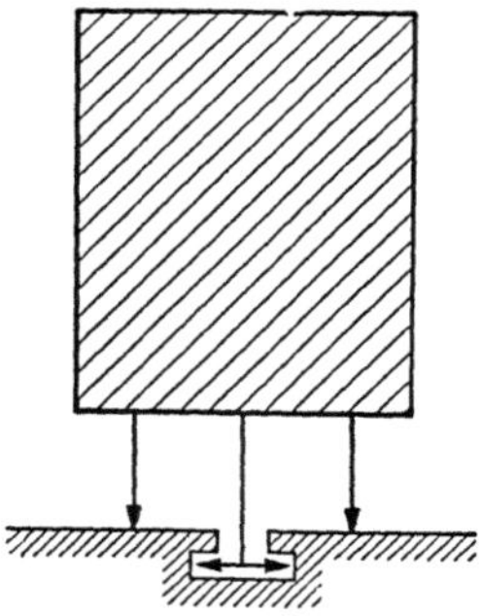

Abb. 259. Leitschienenbahn von Kuch

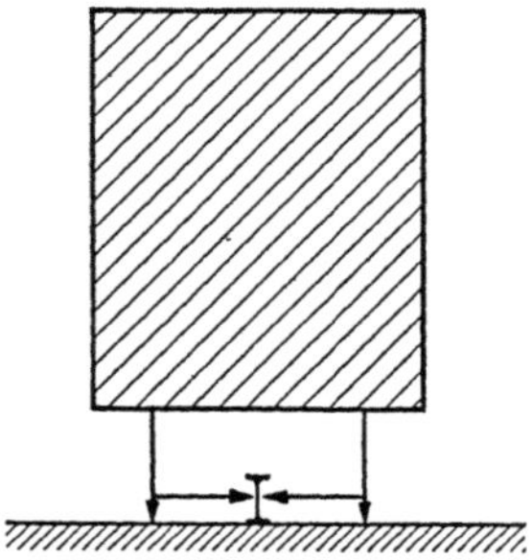

Abb. 260. Bahn mit waagerechter Führung durch I-Träger

nen dann oberirdisch vom Fahrer gelenkt werden und unterirdisch durch die Leitschiene geführt werden. Die einzelnen Busse können im Tunnel zu Buszügen vereinigt werden.

An Stelle des Schlitzes kann auch ein Träger in Fahrbahnmitte angeordnet werden, an dem 2 Führungsräder außen entlang laufen (Abb. 260).

Die Pariser Untergrundbahn hat ihre ersten Wagen auf Gummirädern mit waagrechten Rädern geführt, die sich gegen die Stege der Schienen stützen (Abb. 261). Später hat sie die Räder so angeordnet, daß sie sich gegen die Stromschienen stützen (Abb. 262). Dadurch liegt die waagrechte Führung günstiger zum Schwerpunkt der Wagen. Eine andere Bauart einer Bahn mit zwei Betonschienen, die in Südafrika entwickelt wurde, zeigt Abb. 263. Die waagrechte Führung des Fahrzeuges, das gleichfalls auf Gummirädern läuft, wird durch waagrechte Rollen bewirkt, die von außen her gegen die Betonschienen drücken. Diese Bauart setzt die Straßenbaukosten stark herab. An Stelle der breiten Straßenfahrbahn sind nur die schmalen Betonbalken herzustellen. Eine solche Balkenbahn kann als Gleisanschluß für große Farmen dienen.

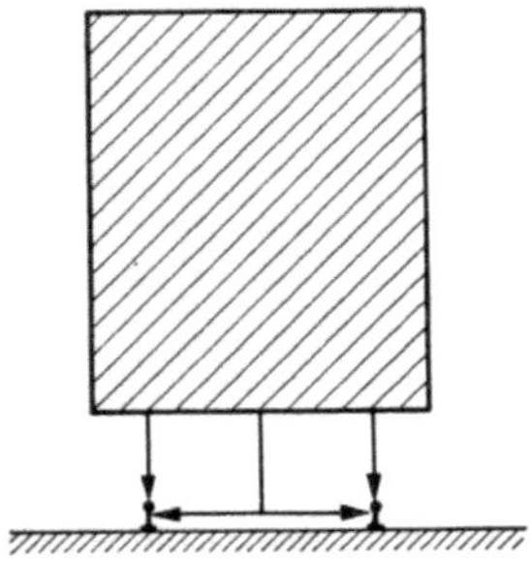

Abb. 261. Erste Ausführung der Pariser Untergrundbahn auf Gummirädern, seitliche Führung durch die Schienenstege

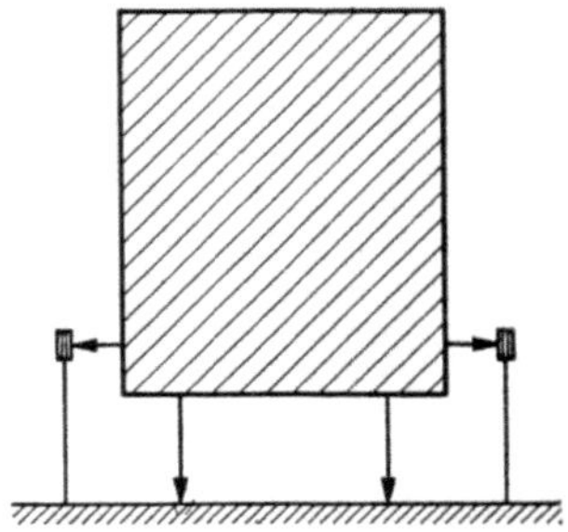

Abb. 262. Neue Ausführung der Pariser Untergrundbahn, seitliche Führung durch die Stromschienen

Eine oben liegende Lenkung wurde im Sommer 1959 in der Nähe von Paris vorgeführt. Ein Autobus wurde durch schräge Bügel auf dem Dach gelenkt (Abb. 264). Auch hier handelt es sich um eine Zusatzeinrichtung für gewöhnliche Autobusse, die auf diese Weise in Tunneln einwandfrei geführt werden sollen. An Stelle der mechanischen Führung sind auch elektrische Lenkeinrichtungen denkbar. In der Mitte der Fahrspur wird ein Hochfrequenzkabel verlegt. Sobald der Bus von der Mitte der Fahrspur abweicht, werden Steuerspulen erregt, die alle

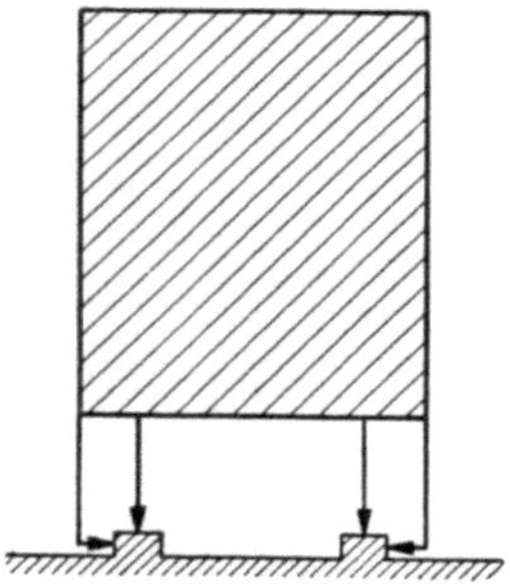

Abb. 263. Betonbalkenbahn, seitliche Führung an der Außenseite der Balken

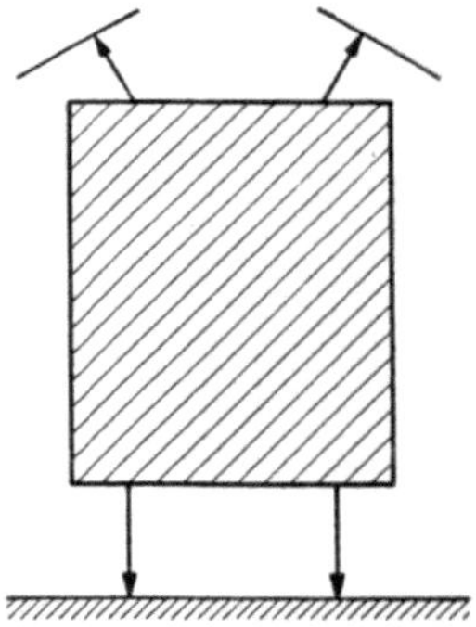

Abb. 264. Versuchsausführung mit seitlicher Führung von oben her

Achsen wieder in die Mitte zurücklenken. Solche Einrichtungen sind für Drahtbusbetrieb in Tunneln durchaus denkbar. Ein geführter Bus braucht in der Graden etwa 40 cm weniger Spielraum als ein vom Fahrer gelenkter Bus. Der Tunnel kann also um 80 cm schmaler gehalten werden. Die Kosten für die mechanische oder elektrische Führung sämtlicher Busachsen müssen niedriger als die Mehrkosten des Tunnelbaus sein, sonst lohnt sich die Ausrüstung der Busse mit solchen Einrichtungen nicht.

Die kommenden Jahre werden sicher weitere Vorschläge und Versuche bringen. Auch wenn einzelne abweichende Bauarten sich durchsetzen sollten, wird sich an den Grundsätzen für die Anlage der Bahnhöfe nichts ändern.

III. Technische Gegebenheiten

a) Bau

S-Bahnen können mit oben liegendem Fahrdraht oder mit Stromschienen betrieben werden. Bei Anwendung der Stromschiene kann die lichte Höhe um ungefähr 1,00 m niedriger gewählt werden als bei dampfbetriebenen Eisenbahn-

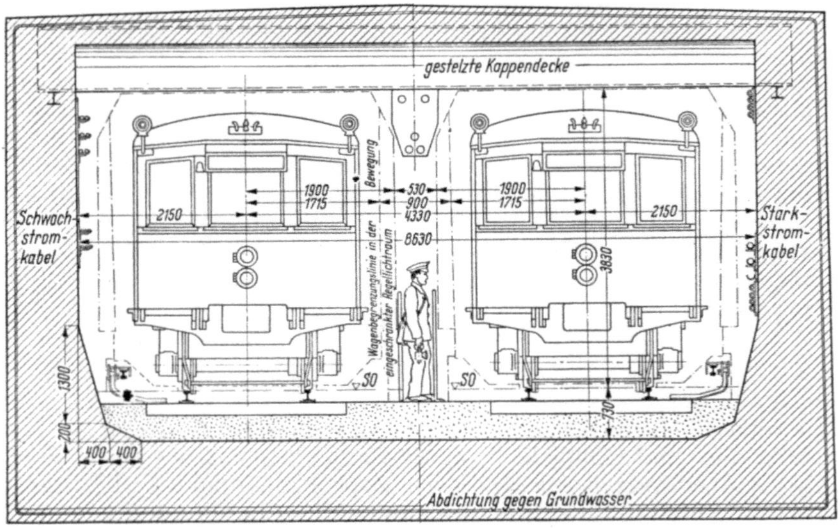

Abb. 265. Querschnitt der Berliner Nord-Süd-S-Bahn in der Graden (nach Reichsbahndirektion Berlin)

strecken. Als Beispiel möge der Querschnitt der Berliner Nord-Süd-S-Bahn dienen. (Abb. 265). Wenn nur kurze unterirdische Abschnitte in ein mit Oberleitung betriebenes Netz eingefügt werden, ist es jedoch zweckmäßig, die Oberleitung durchzuführen.

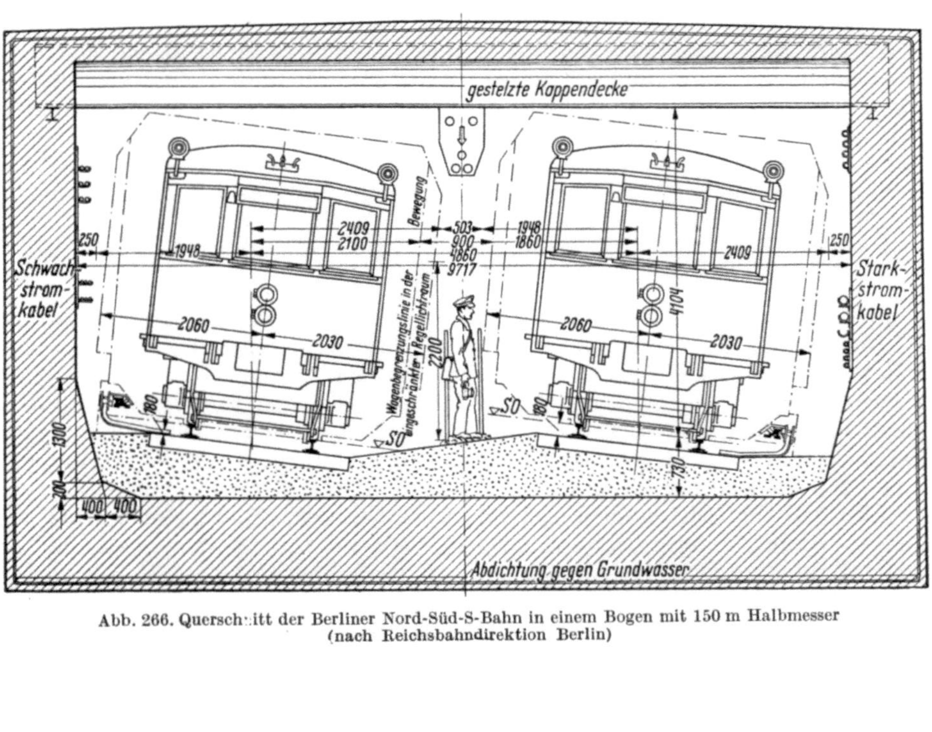

Abb. 266. Querschnitt der Berliner Nord-Süd-S-Bahn in einem Bogen mit 150 m Halbmesser (nach Reichsbahndirektion Berlin)

Städtische U-Bahnen arbeiten in der Regel mit Stromschienen. Bei Tiefbahnen muß der Fahrdraht durchgeführt werden, so daß sie eine größere Tunnelhöhe brauchen. Im Hinblick auf die mögliche Weiterentwicklung der städtischen Verkehrsmittel empfiehlt es sich, den Querschnitt von Tiefbahntunneln so groß zu wählen, daß sie auch mit Bussen oder geführten Bus-Zügen befahren werden können.

In den Krümmungen ist schon wegen der Fahrzeuge eine Verbreiterung und Vergrößerung des lichten Raumes nötig (Abb. 266). Bei Tiefbahntunneln ist eine zusätzliche Verbreiterung erforderlich, falls mit höherer Geschwindigkeit auf Sicht gefahren werden soll, damit der Fahrer bestimmt seinen ganzen Bremsweg übersehen kann. Sonst sind vor engen oder langen Bogen fahrzeugbediente Deckungssignale aufzustellen.

Die Baukosten der verschiedenen Bahnen können nicht auf Grund des Tunnelquerschnittes in der Graden verglichen werden, sondern nur auf Grund vollständiger Entwürfe. Dabei wirken sich die verschiedenen Halbmesser und Neigungen stark aus. S-Bahn und U-Bahn können mit ihrer eisenbahnmäßigen Linienführung dem Gelände und der Bebauung weniger gut angepaßt werden als die Tiefbahn mit ihren straßenbahnmäßigen engen Bogen und steilen Rampen.

b) Fahrzeuge

Die S-Bahn kann vorhandene Eisenbahnwagen oder — wie in Berlin, Hamburg und Kopenhagen — besondere S-Bahnwagen verwenden. Wichtig ist das Verhältnis der Sitz- und Stehplätze zur Zahl der Türen, weil davon die Zeiten für das Ein- und Aussteigen der Reisenden abhängen. S-Bahn und U-Bahn verwenden häufig 8-Wagen-Züge von etwa 160—170 m Länge mit einem Fassungsvermögen von ungefähr 1500 Reisenden. Dem entspricht eine Bahnsteiglänge von 180 m. Der Bahnsteig muß etwas länger sein als der Zug, weil die Züge nicht immer genau an der gleichen Stelle zum Stehen kommen. In den ruhigen Tagesstunden verkehren Halb- oder Viertelzüge.

Die Straßenbahnen gehen in den letzten Jahren zunehmend zu großen Einheiten über. Bei stark belasteten Linien werden Gelenktriebwagen und Gelenkanhänger eingesetzt. In Großstädten ist mit Gelenkzügen von 35—40 m Gesamtlänge mit 300—350 Fahrgästen zu rechnen. Wichtige Haltestellen sollen als Doppelhaltestellen ausgebildet werden, so daß gleichzeitig in 2 Züge eingestiegen werden kann. Bei 35 m Zuglänge ist dann eine Bahnsteiglänge von 75 m erforderlich. Wenn eine Tiefbahnstrecke durchgehend unterirdisch geführt wird oder wenn die anschließenden Straßenbahnstrecken durchweg auf besonderem Bahnkörper liegen, können auch Züge doppelter Länge mit einem Fassungsvermögen bis zu 700 Fahrgästen eingesetzt werden.

c) Betrieb

S-Bahn und U-Bahn werden eisenbahnmäßig betrieben. Die Züge fahren mit Blocksicherung im Raumabstand. Auf wichtigen Strecken kommt nur noch selbsttätiger Streckenblock in Betracht. Die Knotenpunkte sind weitgehend kreuzungsfrei anzulegen. Dabei gelten sinngemäß die oben für Personenbahnhöfe entwickelten Grundsätze. Die Wagen haben auf beiden Seiten Türen, so daß nach beiden Seiten ausgestiegen werden kann. Die Bahnsteige können rechts oder links vom Gleis liegen.

Die Tiefbahn fährt in der Regel auf Sicht. Nur vor Gefahrenstellen wie Kreuzungen, Einmündungen oder engen Bogen verwendet sie Schutzsignale. Die Signale können von Hand bedient werden, von den Fahrzeugen aus gesteuert werden wie Straßenbahnweichen, oder nach einem festen Zeitplan geschaltet werden wie Lichtsignale an Straßenkreuzungen. Die Zugdichte kann ebenso groß sein, wie bei Straßenbahnen an der Oberfläche unter den günstigsten Bedingungen, d. h. bei besonderem Bahnkörper und ohne Störung durch den übrigen Straßenverkehr, soweit nicht durch die Bedienung der Signale und das Freihalten von Schutzstrecken Zeit verloren geht. Die Leistung ist mit Hilfe von Bildfahrplänen unter Berücksichtigung der gewählten Signalbedienung nachzuweisen. Dabei ist zu bedenken, daß die Zugfolge häufig vom Fahrplan abweicht. Deshalb ist eine Leistungsberechnung für die günstigste, für die fahrplanmäßige und für die ungünstigste Zugfolge der verschiedenen Straßenbahnlinien durchzuführen. Bei höhengleichen Verzweigungen kann die Leistungsfähigkeit der Haltestellen höher liegen als diejenige der Kreuzung und der Vereinigungsweiche, so daß letztere die größte Zugdichte bestimmen. Solange keine schienengleichen Kreuzungen zugelassen werden, bleibt die Leistung der Haltestellen maßgebend.

Bei gewöhnlichen Straßenbahnzügen üblicher Länge (ohne Gelenkwagen) können selbst bei starkem Straßenverkehr und Linienverzweigungen an einfachen oberirdischen Haltestellen 120 Züge/h, an Doppelhaltestellen rund 20% mehr durchgebracht werden. Bei den langen Gelenkzügen ist die Leistung geringer. 40 m-Züge können mit einer Zugfolge von 40 sek. verkehren, was 90 Zügen/h entspricht. Doppelhaltestellen bringen wieder einen Gewinn von ungefähr 20%. Bei einer 75%-igen Besetzung in der Spitzenzeit kann folgende Leistung in einer Richtung erzielt werden:

S-Bahn und U-Bahn	40 Züge × 1200 P. × 75% = 36000 P/h
Tiefbahn, 40 m-Züge, Doppelhaltestellen	110 Züge × 345 P. × 75% = 28500 P/h.
desgl., 80 m-Züge, einfache Haltestellen	80 Züge × 690 P. ½75% = 41300 P/h.

Bei diesen Zahlen handelt es sich um tatsächlich erreichbare Leistungen im regelmäßigen Betrieb. Auf der Tiefbahn in Philadelphia verkehren einzeln fahrende Großraumwagen mit einer Dichte von 118 Zügen/h. Die Grenzleistung liegt dort bei 180 Zügen/h. Die Leistung der Tunnelstrecke wird auch auf den Rampen und den oberirdischen Strecken der Straßenbahn erzielt, weil dort nicht die Leistung der freien Strecke, sondern der Aufenthalt an den Haltestellen maßgebend ist. Oft verzweigen sich die Tiefbahnstrecken auch schon vor den Rampen, so daß diese weniger stark belastet sind. Bei der Tiefbahn können die Haltezeiten durch Einrichten von Bahnsteigsperren oder Fahrscheinverkauf auf den Bahnsteigen noch gekürzt werden. Die Zugdichte kann dann um etwa 10% erhöht werden. Allerdings sind dafür zusätzlich Sperrenschaffner nötig.

Die Straßenbahnen verwenden meistens Wagen mit Fahrgastfluß und festem Schaffnersitz auf einer Seite. Der Schaffner kann nur die Türen auf seiner Seite übersehen. Die Wagen haben nur auf der rechten Seite Türen (bei Rechtsbetrieb). Auf der Tiefbahn kann davon nicht abgewichen werden. Sie kann nur Bahnsteige auf der rechten Seite des Gleises erhalten. Durch diese Bedingung wird die Entwicklung von Knotenpunkten erschwert.

IV. Haltestellen und Knotenpunkte

a) Einfache Haltestellen

An gewöhnlichen Haltestellen müssen nie Wagen abgehängt werden. Deshalb können bei Bedarf ohne weiteres stärkere Neigungen als bei Bahnhöfen angewandt werden. Bei U-Bahnen können bis etwa 15‰ gewählt werden, bei Tiefbahnen bis etwa 30‰. An die Haltestellen können sich Gefälle unmittelbar anschließen. Dann kann rasch angefahren und schnell abgebremst werden. Ein Sägeprofil, bei dem die Haltestellen hoch und die dazwischenliegenden Streckenabschnitte tief liegen, ist energiewirtschaftlich und betriebstechnisch vorteilhaft.

Bei der Einfahrt in die hochgelegenen Bahnhöfe wird Kraft gespeichert, die bei der Ausfahrt wieder nutzbar gemacht wird. Starke Steigungen sollten dagegen nicht unmittelbar an den Haltestellen beginnen, weil dadurch das Anfahren und Bremsen erschwert wird. Auch Weichen oder Streckenverzweigungen sollen möglichst nicht am Fuße von Rampen oder in Steilstrecken liegen.

Die Bahnsteige können bei S- und U-Bahnen innen oder außen liegen, bei Tiefbahnen nur außen. Bei der Tiefbahn sind Innenbahnsteige nur dann denkbar, wenn die Strecke in Linksbetrieb gelegt wird. Das bedingt aber Überwerfungen oder getrennte Rampen beim Übergang von der oberirdischen Straßenbahn zur Tiefbahnstrecke (Abb. 267). Der Innenbahnsteig hat den Vorteil, daß bei nicht allzu starkem Verkehr eine Aufsichtsbeamter für beide Fahrrichtungen genügt. Die Tiefbahn braucht aber ebenso wenig Aufsichtsbeamte, wie die oberirdische Straßenbahn, weil die Schaffner das Ein- und Aussteigen überwachen und die Wagentüren schließen.

Meist liegen die Strecken unter Straßen. Bei Außenbahnsteigen lassen sich Zugänge von beiden Gehwegen her schaffen, ohne daß ein Zwischenstockwerk eingeschaltet wird. Ein Mittelbahnsteig kann gewöhnlich nur über ein besonderes Fußgängerstockwerk erreicht werden. Die Strecke muß dann um etwa 3 m tiefer

Abb. 267. Übergang von der Straßenbahn zur Tiefbahn mit getrennten Rampen, Tiefbahn in Linksbetrieb

abgesenkt werden. Das Fußgängerstockwerk kann aber auch dem allgemeinen Fußgängerverkehr nutzbar gemacht werden, der an stark belasteten Straßenknotenpunkten nicht mehr über die Fahrbahn geleitet werden kann.

Die Breite der Bahnsteige ist reichlich zu bemessen, weil spätere Verbreiterungen sehr kostspielig sind. Während in den Fahrzeugen im Spitzenverkehr auf 1 m² bis zu 6 Fahrgäste stehen können, kann auf den Bahnsteigen höchstens mit 3 Reisenden je m² Grundfläche gerechnet werden, weil sonst das Ein- und Aussteigen zu langsam vor sich geht. Auch müssen die Reisenden bei der Einfahrt der Züge von der Bahnsteigkante zurücktreten können. Bei Störungen im Zugbetrieb müssen die Bahnsteige eine große Zahl von wartenden Fahrgästen aufnehmen können. Bei einer Tiefbahn können einzelne Linien 5—10 Minuten verspätet verkehren, so daß sich eine entsprechend große Zahl von Fahrgästen ansammelt. Da die Tiefbahn gewöhnlich keine Bahnsteigsperren besitzt, können die Fahrgäste nicht zurückgehalten werden und drängen auf den Bahnsteig. Bei S-Bahn und U-Bahn sind keine so großen Zuschläge für Verspätungen erforderlich, weil Aufsichtsbeamte anwesend sind, die im Notfall die Sperren vorübergehend schließen können. Die Breitenabmessungen werden am besten auf Grund von Zählungen und Beobachtungen festgelegt. Sonst kann als Anhalt gelten, daß ein einseitig benutzter Bahnsteig mindestens 3,50 m Nutzbreite haben muß (von der Bahnsteigkante bis zur Wand gerechnet), ein zweiseitiger keine größere Nutzbreite als 10,00 m braucht. Dieses Maß gilt von Kante zu Kante und unter der Voraussetzung, daß die Fläche nicht durch größere Einbauten für Diensträume, Warteräume, Verkaufsräume oder Treppenanlagen eingeschränkt wird. Das spricht dafür, daß Treppen zweckmäßig an den Bahnsteigenden angelegt werden.

Aus Sicherheitsgründen muß von der Bahnsteigkante ab ein 1,50 m breiter Streifen von sämtlichen Einbauten freigehalten werden. — Während bei der Eisenbahn die Bahnsteigbreiten von Gleisachse zu Gleisachse gemessen werden, wird hier mit den Nutzbreiten gerechnet, weil die Wagenbreiten bei den Bahnen verschieden groß sind.

Die Länge der Bahnsteige soll bei S- und U-Bahnen mindestens um 10 m, bei Tiefbahnen mindestens um 5 m länger sein als der längste Zug. Die Bahnsteigkanten sollen grade sein oder nach innen gekrümmt, so daß der Führer oder der Aufsichtsbeamte das Ein- und Aussteigen übersehen können. Nach außen gekrümmte Bahnsteigkanten sind gefährlich, weil sie nicht zu überblicken sind.

Bei S- und U-Bahnen werden die Bahnsteige am besten ebenso hoch gelegt wie die Fahrzeugböden. Dann können die Reisenden bequem ohne Stufen ein- und aussteigen. Bei Tiefbahnen muß dagegen mit niedrigen Bahnsteigen gearbeitet werden, weil bei den oberirdischen Straßenbahnstrecken von niedrigen, meist 10—15 cm hohen Haltestelleninseln oder sogar von der in Gleishöhe liegenden Straßenfahrbahn aus eingestiegen wird. Das Ein- und Aussteigen dauert deshalb bei der Tiefbahn etwas länger. Im Spitzenverkehr kann sich auch der Stauraum im Wagen zwischen der Wagentür und dem Schaffnersitz als zu klein erweisen, so daß das Einsteigen auch aus diesem Grunde länger dauert. Gewöhnlich dauert das Einsteigen eines Fahrgastes 1,2—1,5 sek., das Aussteigen 1,0—1,2 sek., wobei die niedrigeren Zahlen für S- und U-Bahn gelten. Die Abfertigung beim Schaffner mit Lösen eines Fahrscheines dauert 3—5 sek., mit Sichtkarten 1,2—1,5 sek. Die Durchschnittszeit hängt von den Tarifbestimmungen und von dem Anteil der Fahrscheine und Zeitkarten ab.

b) Zugänge

Für die Bemessung von Treppen und Tunneln gelten die gleichen Gesichtspunkte und Zahlen wie bei den Bahnhöfen der Eisenbahn. Der Stadtverkehr ist aber besonders zeitempfindlich. Deshalb kommt es darauf an, daß die Fahrgäste möglichst wenig Höhe überwinden müssen. Abb. 268 zeigt 3 Möglichkeiten für die Höhenlage einer Schnellbahn gegenüber dem Bahnhofsvorplatz. Im ersten Fall müssen die Reisenden 7,40 m Treppen überwinden, im zweiten 3,70 m und im dritten 5,15 m. Das Treppensteigen wird von den Fahrgästen als besonders lästig empfunden. Für ältere Leute, Mütter mit Kinderwagen und Gehbehinderte sind Treppen ein großes Hindernis. Deshalb muß mit jeder Stufe gegeizt werden. Auch bei Rolltreppen und Fußgängerrampen ist die Höhe nach Möglichkeit zu beschränken.

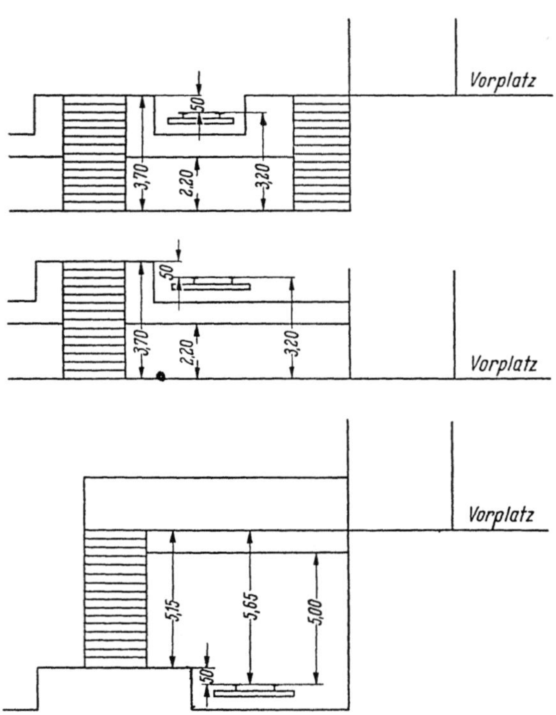

Abb. 268. Treppenanordnungen zwischen Straße und Schnellbahn (nach Bendtsen)

Für den Massenverkehr kommen nur Treppen mit mäßiger Neigung und mit ausreichenden Absätzen, sowie Rampen in Betracht. Bei abwärts gerichtetem Massenverkehr ist sonst mit gefährlichen Stürzen zu rechnen. Auch abwärts befahrene Rolltreppen dürfen nicht zu lang und zu steil sein. Sie müssen im Notfall jederzeit von den Fahrgästen angehalten werden können. An beiden

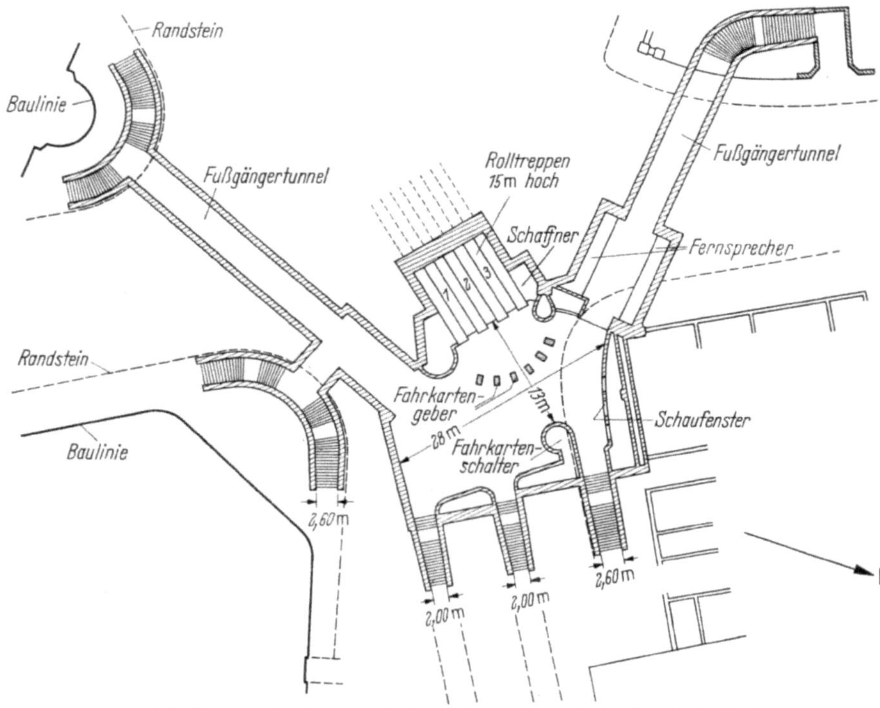

Abb. 269. Zugänge des Untergrundbahnhofs Manor House in London (nach Bendtsen)

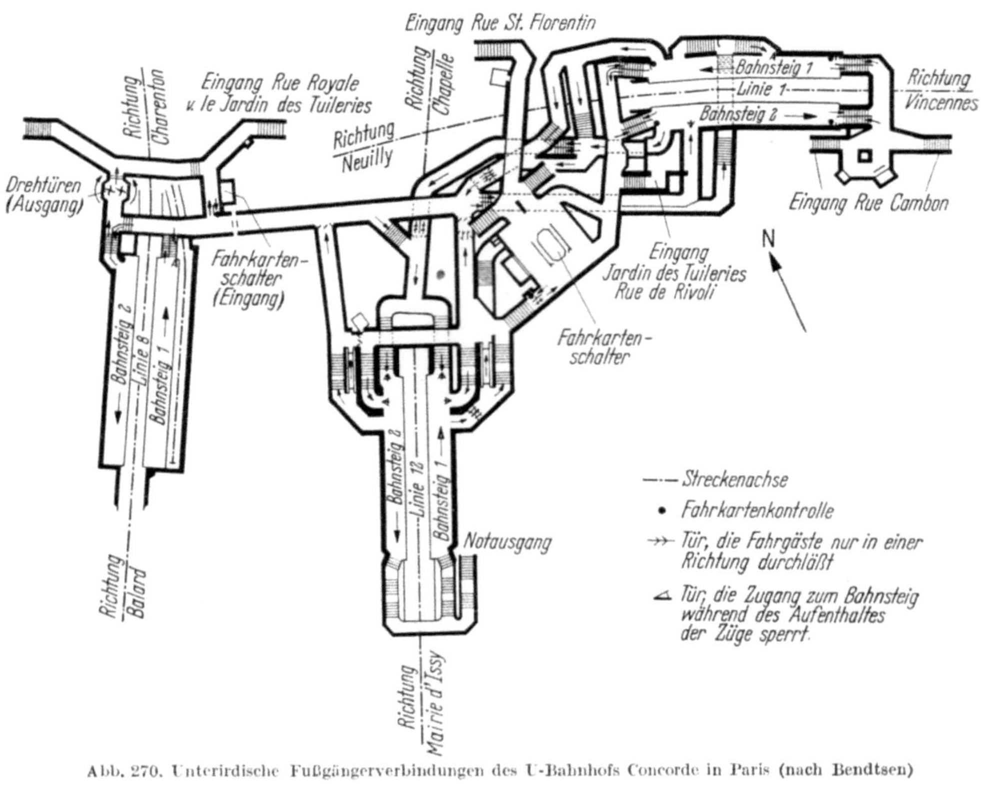

Abb. 270. Unterirdische Fußgängerverbindungen des U-Bahnhofs Concorde in Paris (nach Bendtsen)

Enden der Treppen müssen ausreichende Stauräume geschaffen werden. Eine Bahnsteigsperre muß mindestens 4 m Abstand von einem Treppenende haben.

Auch die oberirdischen Verkehrsverhältnisse spielen eine große Rolle, denn die Treppen können nicht an beliebiger Stelle auftauchen. In manchen Fällen ist es notwendig, die Treppen in bestehende Häuser hineinzuverlegen, also in Arkaden hinter der Baulinie. Das ist sehr teuer, weil dafür Flächen beansprucht werden, die sich besonders gut für Verkaufsräume eignen. Andererseits können die Rolltreppen aber dann bis an die Oberfläche geführt werden. Die Rolltreppen müssen vor Regen geschützt werden. Am unangenehmsten ist Schmutz und schmelzender Schnee. Deshalb sind Dächer vorzusehen. Vor dem Betreten der Rolltreppen sollen die Fußgänger 3—4 Meter über trockenen Boden geführt werden. Infolgedessen beanspruchen Rolltreppen, die im Freien beginnen, zusätzlichen Raum.

Besonders schwierig ist das Zurechtfinden unter der Erde. Die Zu- und Abgänge müssen sehr gut bezeichnet sein. Sie sollen möglichst gradlinig und ohne scharfe Ecken geführt sein. Diese Forderung läßt sich nur bei einfachen Verhältnissen erfüllen. Oft ist die Führung der Fußgänger verwickelt.

Den Zugang eines größeren U-Bahnhofs in London zeigt Abb. 269. Die unterirdischen Verbindungen eines Umsteigebahnhofs in Paris mit 3 verschiedenen Strecken zeigt Abb. 270.

c) Größere Bahnhöfe

Kreuzungsbahnhöfe selbständiger Strecken ohne Übergang von Zügen werden zweckmäßig in 2 Ebenen entwickelt. Bei S- und U-Bahnen wird die Verbindung zwischen den beiden Bahnsteigen am besten durch eine einzige Treppenanlage in der Mitte hergestellt. Die Bahnsteige müssen dafür verbreitert werden. In dieser Form wurden z. B. die S-Bahnhöfe Westkreuz und Schöneberg in Berlin gebaut. Bei Tiefbahnen mit ihren Außenbahnsteigen sind dagegen 4 Treppen notwendig, um die je 2 Bahnsteige in den beiden Ebenen zu verbinden. Wenn es möglich ist, mit einer oder beiden Strekken in Linksbetrieb überzugehen, genügen 2 oder auch 1 Treppe. Das wird aber nur selten möglich sein.

Eine geschickte Lösung für einen Bahnhof der Stockholmer Untergrundbahn in 2 Ebenen mit starkem Eckverkehr von Norden nach Osten zeigt Abb. 271. Einen ähnlichen Vorschlag zur Verknüpfung zweier zweigleisiger Strecken einer Tiefbahn zeigt Abb. 272.

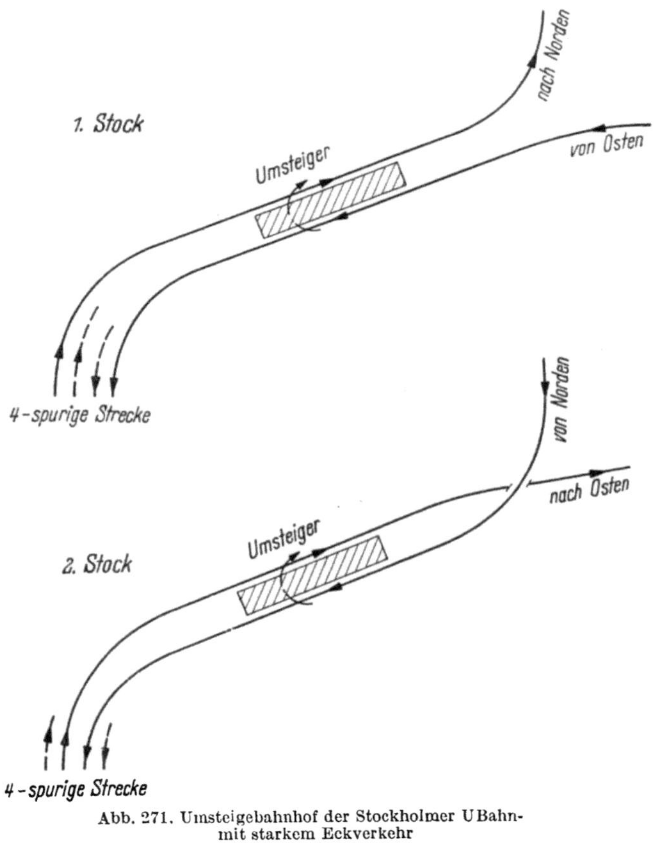

Abb. 271. Umsteigebahnhof der Stockholmer UBahn mit starkem Eckverkehr

Bei Bahnhöfen in einer Ebene ist wohl der häufigste Fall die Streckenverzweigung. Bei einer Streckengabelung der S-Bahn und U-Bahn findet die Vereinigung der beiden zusammenlaufenden Streckengleise erst hinter dem Bahnsteig statt. Damit wird dem betrieblichen Grundsatz entsprochen, daß jedes Streckengleis an eine eigene Bahnsteigkante führt (Abb. 273). Flankenfahrten vor der Einfahrt in den Bahnhof sind ausgeschlossen. Soll dieser betriebliche Grundsatz auch bei

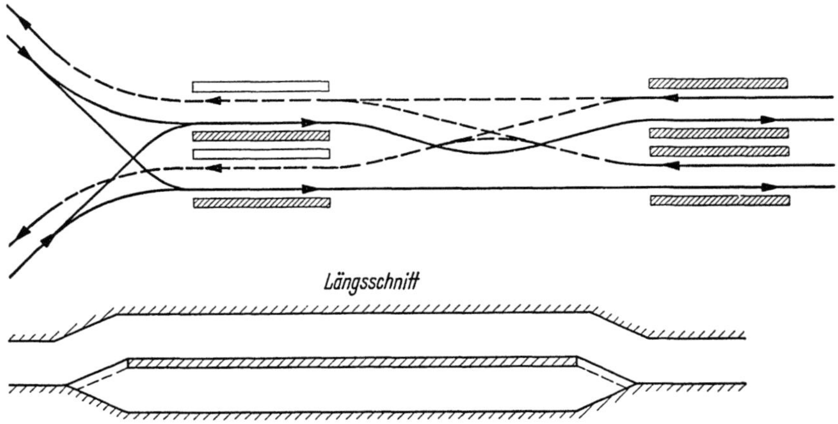

Abb. 272. Verknüpfung zweier zweigleisiger Tiefbahnstrecken mit Übergang von Linien

der Tiefbahn angewendet werden, so muß der Bahnhof einen dritten Bahnsteig erhalten, weil aus den Straßenbahnwagen nur rechts ein- und ausgestiegen werden kann (Abb. 274). Diese Anordnung ist betrieblich richtig, ist aber wegen des zusätzlichen Bahnsteiges und der dritten Treppenanlage recht aufwendig. Vor allem aber hat sie den verkehrlichen Fehler, daß sie nicht zielrein arbeitet. Zielreinheit bedeutet, daß alle Züge mit dem gleichen Ziel vom gleichen Bahnsteig abfahren. Sonst werden die Reisenden gezwungen, zwischen den Bahnsteigen hin und her zu laufen. Es kann ihnen wohl durch Lichtsignale angezeigt werden, auf welchem Bahnsteig der nächste Zug abfahren wird, die Anordnung ist aber doch unbefriedigend.

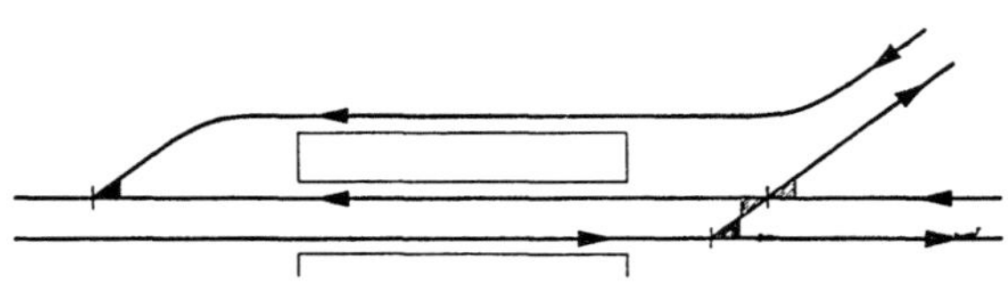

Abb. 273. Trennungsbahnhof einer S- oder U-Bahn

Das Überschreiten der Gleise ist zwar bei der geringen Höhe der Bahnsteige möglich, sollte aber auf Ausnahmefälle und auf Gleise mit schwachem Verkehr beschränkt werden. Bei der Tiefbahnanlage am Südbahnhof Brüssel ist das Über-

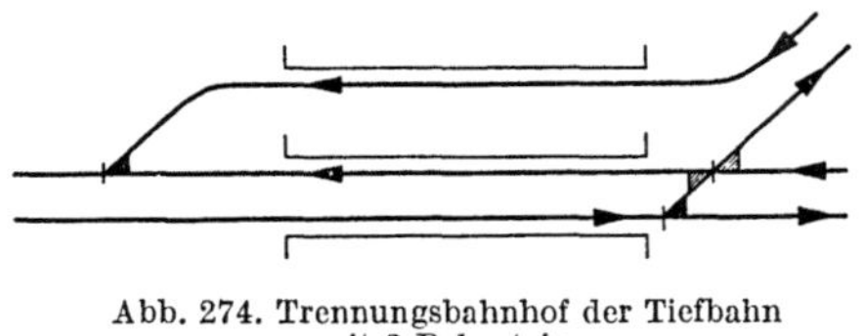

Abb. 274. Trennungsbahnhof der Tiefbahn mit 3 Bahnsteigen

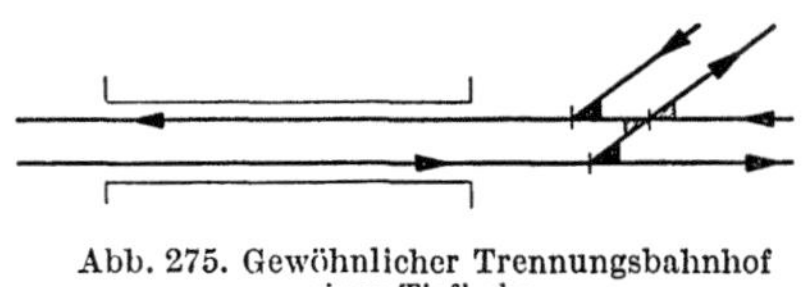

Abb. 275. Gewöhnlicher Trennungsbahnhof einer Tiefbahn

schreiten der Gleise erlaubt, ebenso bei einer amerikanischen Tiefbahn, bei der aber der Fußgängerübergang vor der Einfahrt eines Zuges durch Schranken abgesperrt wird. So wird der Abzweigbahnhof der Tiefbahn in der Regel wie bei einer oberirdischen Anlage gemäß Abb. 275 auszubilden sein, weil den verkehrlichen Überlegungen der Vorrang eingeräumt werden muß.

Obwohl die Tiefbahn wie die Straßenbahn auf Sicht fahren soll, müssen in den Tunneln mit ihren beschränkten Sichtverhältnissen die Gefahrenstellen, nämlich die Vereinigungsweichen und die Kreuzungen durch Schutzsignale gesichert werden, damit eine angemessene Geschwindigkeit zugelassen werden kann. Die Brüsseler Lösung, bei der für alle Züge vor der Vereinigungsweiche ein Zwangshalt vorgeschrieben ist und dafür auf Signale verzichtet wird, vermag nicht zu befriedigen. Sobald die Lösung gemäß Abb. 275 durch fahrzeugbediente Signale gesichert wird, ist — im Gegensatz zur oberirdischen Lösung — nicht mehr die Haltestelle allein, sondern die Belegung der Kreuzung und der Schutzstrecken vor der Vereinigungsweiche für die Leistungsfähigkeit maßgebend.

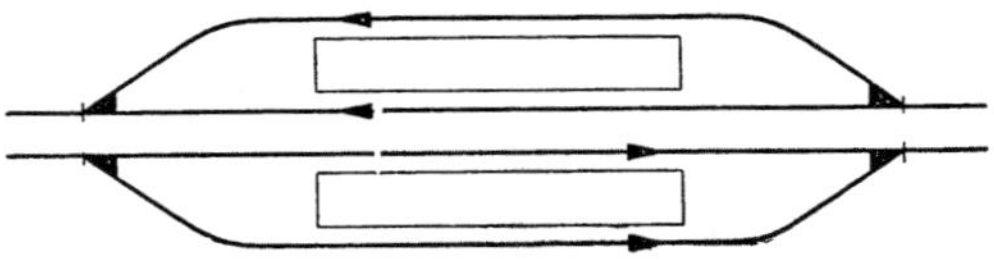

Abb. 276. 4-gleisige Haltestelle zur Steigerung der Leistung einer 2-gleisigen Schnellbahnstrecke

Wenn die zweigleisigen Haltestellen nicht mehr ausreichen, kommen auf einer einfachen Strecke 4-gleisige Haltestellen gemäß Abb. 276 in Betracht, wobei wechselweise in das eine oder andere Gleis eingefahren wird. Solche Anlagen, die nur bei Wagen mit Türen auf beiden Seiten in Betracht kommen, sind trotz der damit erzielbaren Leistungssteigerung bisher nirgends gebaut worden. Der Aufwand für die 4-gleisigen Bahnhöfe ist so groß, daß sich die Einschnürung der Zwischenstrecken auf 2 Gleise nicht mehr lohnt. Für mehrgleisige Strecken der S- und U-Bahn gelten die oben entwickelten Grundsätze. Meist werden die Bahnhöfe im Richtungsbetrieb angelegt. Ein gutes Beispiel ist der U-Bahnhof Berlin-Wittenbergplatz.

Bei der Tiefbahn könnte daran gedacht werden, die Gleisanlagen der oberirdischen Knotenpunkte unterirdisch unverändert zu wiederholen. Es ist richtig,

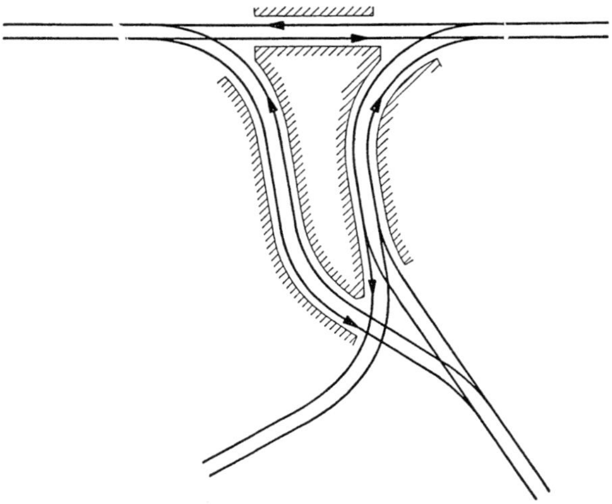

Abb. 277. Oberirdisches Gleisdreieck (Paradeplatz Zürich)

daß bei der Tieflegung einer Straßenbahn von der bisherigen Linienführung möglichst wenig abgewichen werden sollte. Die Bevölkerung und das Geschäftsleben haben sich an das Liniennetz gewöhnt. Die Verlegung einer Haltestelle um 100 m kann sich bereits nachteilig auswirken. Es ist aber zu bedenken, daß die Sichtverhältnisse im Tunnel schlechter sind. Ein Zusammenstoß zweier Züge im Tunnel wird schwerere Folgen haben als an der Oberfläche, weil die Wagen in der engen Röhre nicht ausweichen können, so daß sich die ganze Wucht des Zusammenpralls in Zerstörungsarbeit umsetzt. Deshalb sollten die betrieblichen Grundsätze der Eisenbahn doch so weit auf die Tiefbahn übertragen werden, als es die verkehrlichen Notwendigkeiten und die Baukosten zulassen.

Ein oberirdisches Gleisdreieck gemäß Abb. 277 kann durch eine Lösung in 2 verschiedenen unterirdischen Ebenen (Abb. 278) wesentlich verbessert werden. Die Abbildung zeigt, daß wichtige Vereinigungen von Gleisen erst in der Ausfahrt erfolgen und daß alle Weichen und Kreuzungen in unmittelbarer Nähe der Haltestellen liegen, also bestimmt langsam befahren werden. Verwickelte Gleisführungen, die oberirdisch schon schwer zu übersehen und zu regeln sind, dürfen unterirdisch nicht zugelassen werden. Auf Einfachheit und Übersichtlichkeit ist größter Wert zu legen. Eine Lösung ist dann gut, wenn sie selbstverständlich und ungezwungen wirkt. Als Ersatz für den Straßenbahnknoten (Abb. 279) wurde gleichfalls eine Lösung in 2 Ebenen gemäß Abb. 280 vorgezogen, bei der nur einfache Streckenverzweigungen vorkommen.

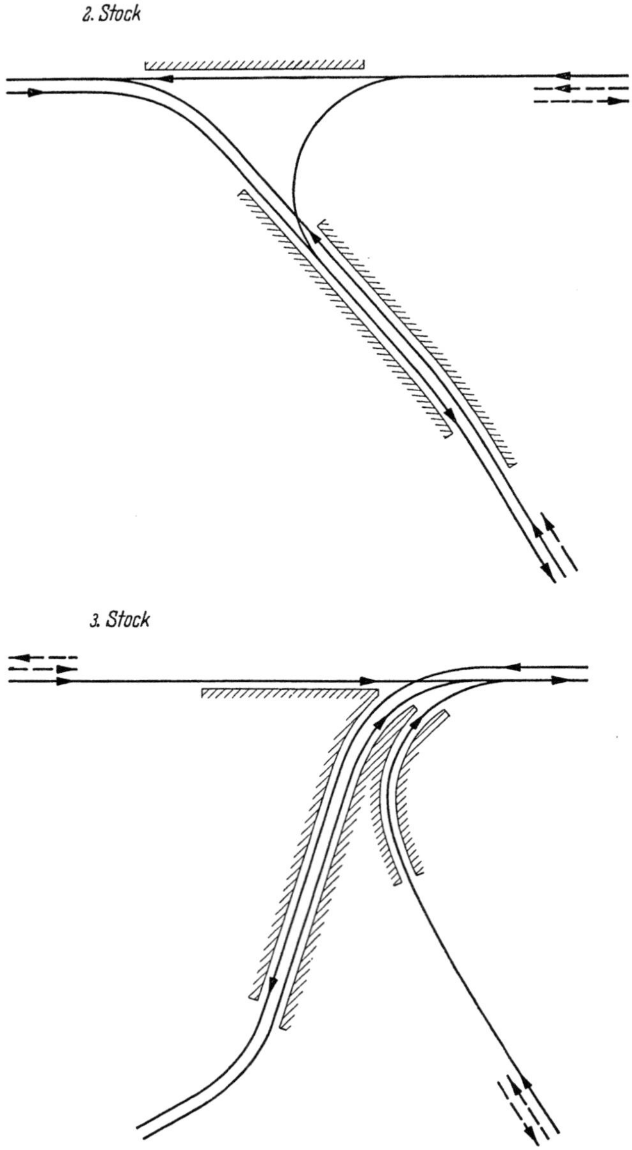

Abb. 278. Tiefbahnentwurf für das Gleisdreieck Paradeplatz in 2 Ebenen

d) Endbahnhöfe

Bei Triebwagenzügen und Zweirichtungswagen genügt als Endbahnhof ein einziges Stumpfgleis. Auf dem einzigen Gleis läßt sich eine Zugfolge von 5 Minuten

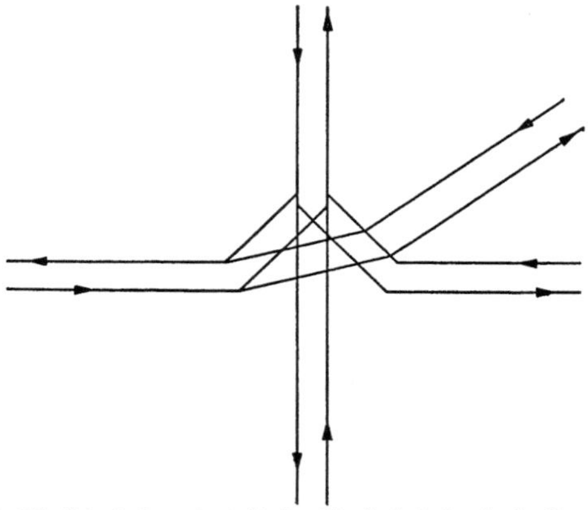

Abb. 279. Schwieriger oberirdischer Straßenbahnknotenin Basel

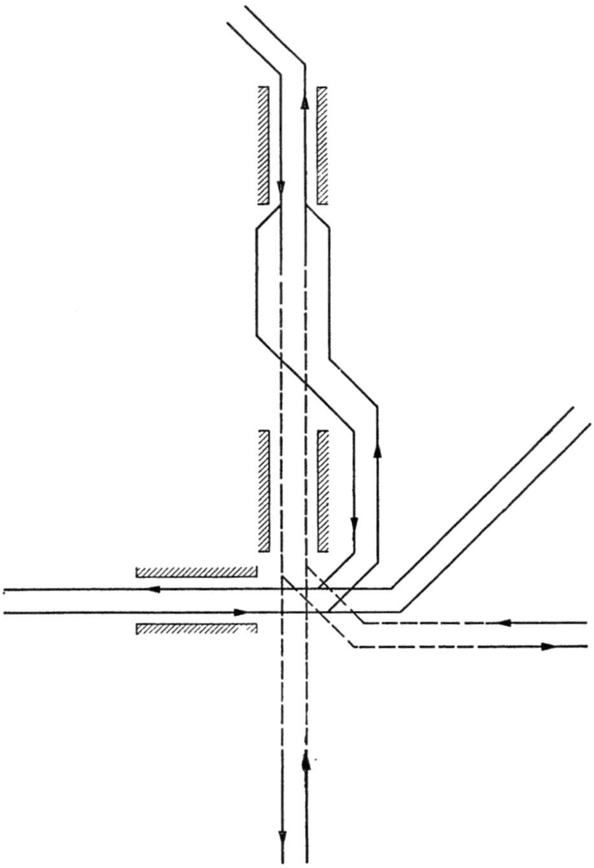

Abb. 280. Tiefbahnlösung für den gleichen Knoten mit 2 Ebenen

abwickeln. Für Einrichtungswagen, wie sie sich bei vielen Straßenbahnen eingebürgert haben, müssen Endschleifen angelegt werden. Je nach den örtlichen Verhältnissen können diese nach Abb. 281, 282 oder 283 angeordnet werden. Liegen sie im Straßenkörper, so ist auf den übrigen Straßenverkehr Rücksicht zu nehmen. Eine rechts liegende Kurve gemäß Abb. 284 schneidet den Fahrweg des parallellaufenden Straßenverkehrs ab und ist betriebsgefährlich. Eine links liegende Schleife (Abb. 285) vermeidet diesen Nachteil.

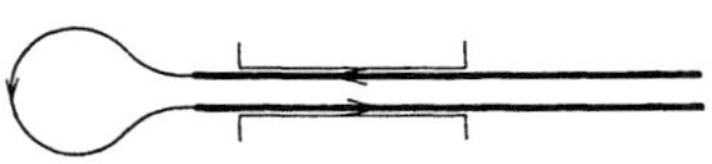

Abb. 281. Einfache Endschleife

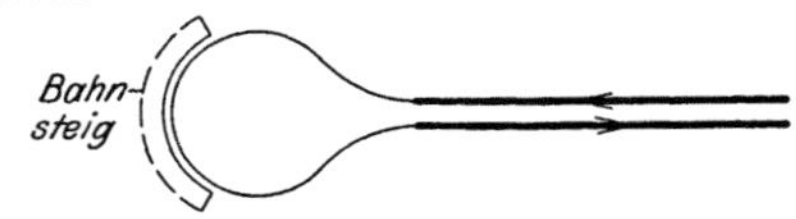

Abb. 282. Haltestelle an der Endschleife

Für Zwischenbahnhöfe von Tiefbahnen kommen die Lösungen nach Abb. 286 bis 290 in Betracht. Bei Abb. 286 liegt die Wendeschleife rechts. Bei Abb. 287 liegt sie links. Hier ist der rechts liegenden Kurve der Vorzug zu geben, damit die Haltestelle rasch für weiterlaufende Züge geräumt werden kann. In beiden Fällen kommt es darauf an, das Kreuzungen und Weichen so nah wie möglich an die Haltestelle herangezogen werden. Bei stärkerer Belastung sowie für S- und U-

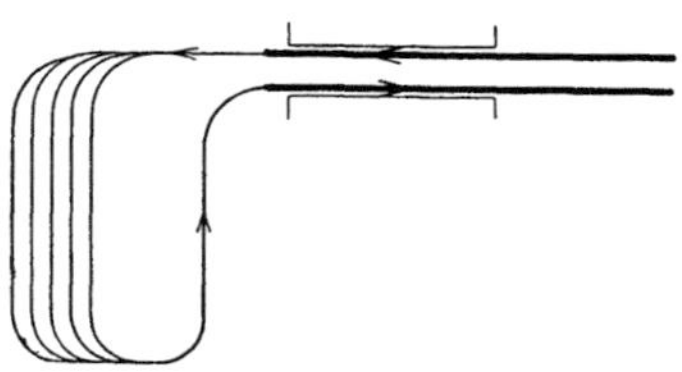

Abb. 283. Endschleife mit Abstellgleisen

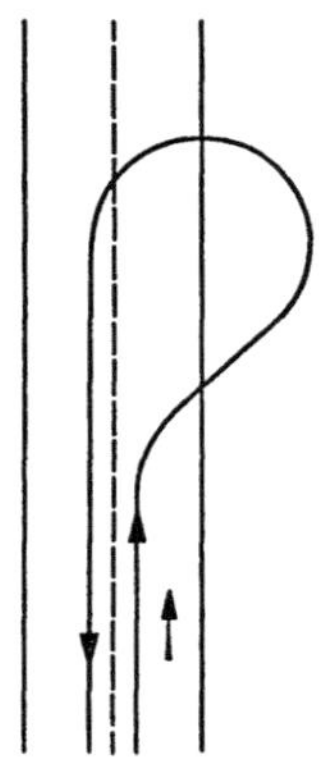

Abb. 284. Rechtsliegende Endschleife einer Straßenbahn, schlecht

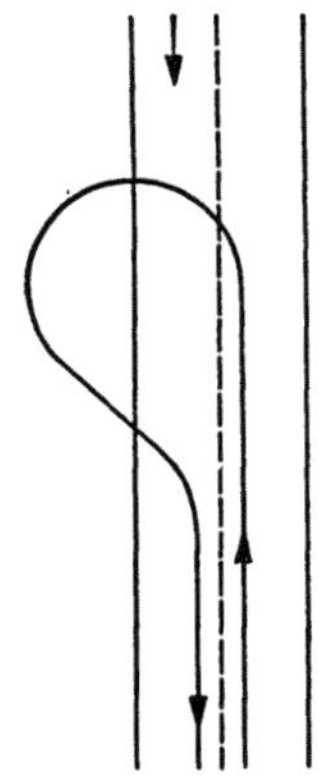

Abb. 285. Linksliegende Endschleife einer Straßenbahn, gut

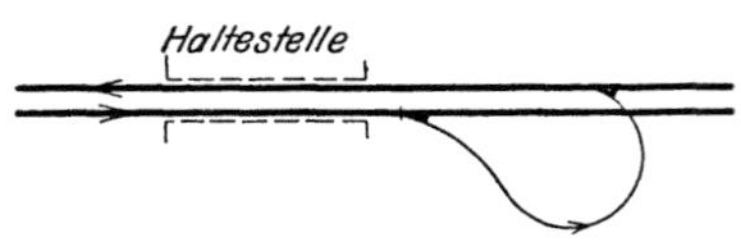

Abb. 286. Wendeschleife an dem Zwischenbahnhof einer unterirdischen Bahn

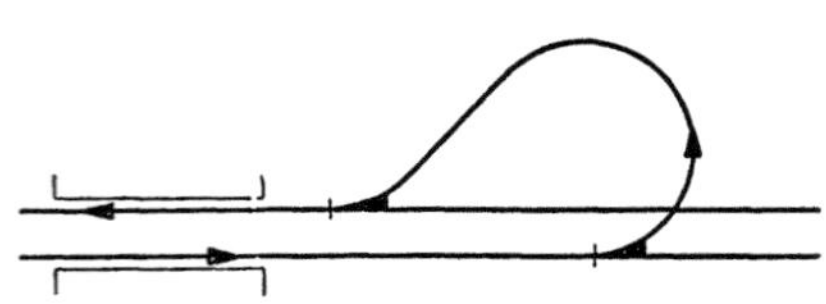

Abb. 287. Gleicher Bahnhof mit Wendeschleife auf der linken Seite, schlecht

Bahnen kommt wohl nur die Anordnung gemäß Abb. 288 in Betracht. Bei Abb. 289 fällt das Bauwerk und die Höhenentwicklung weg, für die Wendeschleife wird aber sehr viel Fläche beansprucht.

Ein Wendegleis gemäß Abb. 290 kann Verbindungen in allen Richtungen in einfacher Form herstellen. Zwischen den Weichen bleibt aber kein Platz für die Anordnung von Bahnsteigen. Die Fahrten in den verschiedenen Richtungen beeinflussen sich stark, so daß Verspätungen übertragen werden und die Leistung nur gering ist.

Bei verschiedenen Bahnen wurden große Endschleifen vorgeschlagen oder angelegt, an denen mehrere Haltestellen liegen (Abb. 291). Solche Anlagen sind im Bau aufwendig, weil 2 eingleisige Tunnel teurer sind als ein zweigleisiger und weil die Bogen eine erhebliche verlorene Länge mit sich bringen. Vor allem aber sind sie verkehrlich falsch. Die Verkehrsbeziehung A—C ist gut bedient, Fahrgäste von A nach D oder von B nach A werden aber zu unnötigen Umwegen gezwungen. Die Bahnhöfe B und D liegen kaum gleich verkehrsgünstig. Den Fahrgästen dieser beiden Bahnhöfe werden in jedem Fall bei der Ankunft oder bei der Abfahrt län-

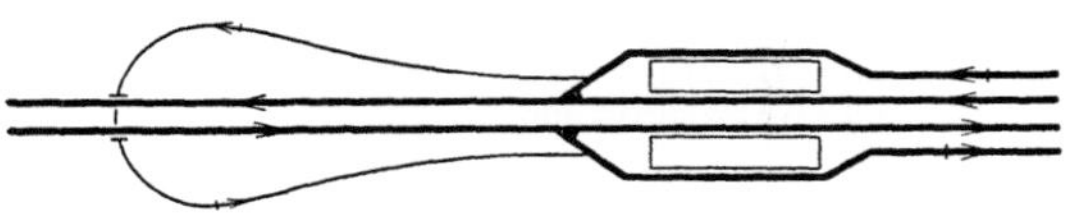

Abb. 288. Zwischenbahnhof mit kreuzungsfreier Wendeschleife

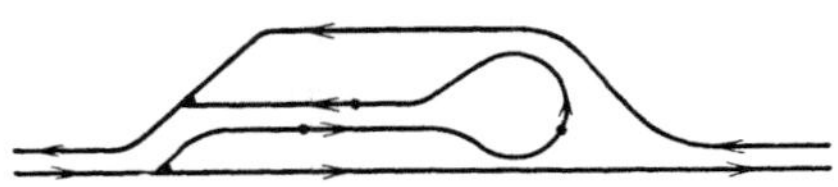

Abb. 289. Innenliegende Wendeschleife

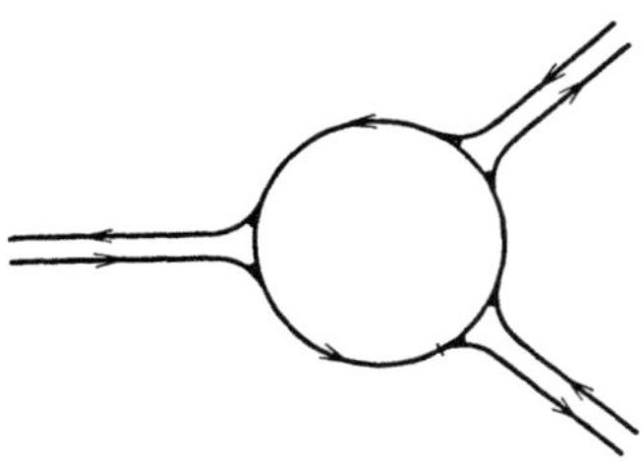

Abb. 290. Kreis, der gleichzeitig zum Wenden und Durchfahren benützt wird

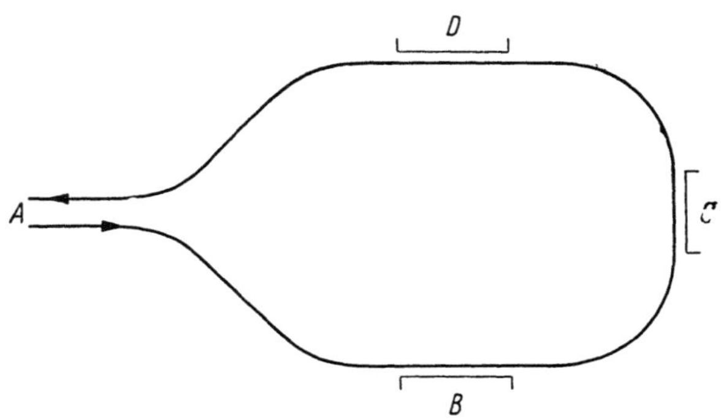

Abb. 291. Große Schnellbahnwendeschleife in einem Stadtkern

gere Fußwege zugemutet. Die größte derartige Anlage ist der Hochbahnring um das Herz von Chicago, der sogenannte Loop. Verkehrlich sind solche Schleifen grundsätzlich abzulehnen.

Die zunehmende Überlastung der städtischen Straßen wird zu Neubauten oder zum Ausbau städtischer Bahnen zwingen. Die nächsten Jahre werden weitere Erfahrungen auf diesem Gebiet bringen.

Literaturverzeichnis

Aus den folgenden Büchern wurden auch verschiedene Abbildungen entnommen.

BERGER, R.: Untergrundbahnen und ihre Einsatzgrenzen. Berlin: Wilhelm & Sohn, 1951
BENDTSEN, P. H.: Moderne Jernbanestationer. Kopenhagen: Polyteknisk Forening, 1950
CAUER, W.: Personenbahnhöfe. Berlin: Springer, 1926
CZITARY, E.: Moderne Stadtschnellbahnsysteme. Wien: Österr. Ing.-Zeitschrift, 1959
Deutsche Bundesbahn: Rangiertechnik. Minden (Westf.) 1952
Deutsche Reichsbahn: Richtlinien für die Ausbildung von Verschiebebahnhöfen. Breslau: Wilh. Gottl. Korn, 1939
DILLI, G.: Der Einfluß der Güterzugbildung auf den Güterwagenumlauf. Essen 1949
DILLI, G.: Güterwagen oder Lokomotiven, das ist hier die Frage. Die Bundesbahn, Carl Röhrig 1951
DILLI, G.: Ihre Majestät, die Toleranz. Darmstadt: C. Röhrig 1951
DILLI, G.: Der wandernde Engpaß und sein Gefolge. Darmstadt: C. Röhrig 1954
DILLI, G.: Die Grenzen der Zentralisation in der Güterzugbildung. C. Röhrig 1956
HARTMANN, FR.: Reichsbahnweichen und Reichsbahnbogenweichen. Frankfurt: Tetzlaff 1956
HECHLER, L.: Die Umgrenzung des lichten Raumes bei Regel- und Schmalspurbahnen. Darmstadt: Elsner
HEINRICH: Eisenbahnbetriebslehre. Berlin: Verlag der Verkehrswissenschaftlichen Lehrmittelges. 1933
LEHNER, F.: Der öffentliche Nahverkehr in den Innenräumen unserer Städte. Verkehr und Technik
LEHNER, F.: Probleme des öffentlichen Massenverkehrs und Wege zu ihrer Lösung in den deutschen Großstädten. Frankfurt: Int. Archiv für Verkehrswesen. 1959.
LEIBBRAND, M.: Fortschritte und Probleme in der Rationalisierung des Reichsbahnbetriebes Berlin: Verlag Verkehrswissenschaftliche Lehrmittelgesellschaft, 1930
LEIBBRAND, M.: Geschwindigkeitssteigerung auf der Schiene. Verkehrstechnische Woche 1933
LEIBBRAND, K.: Die eingleisige Strecke. Karlsruhe: Eisenbahntechnik 1950
LEIBBRAND, K.: Verkehrsingenieurwesen. Basel: Birkhäuser 1957
LOGEMANN, W.: Über die Vorteile der Mehrgruppenzugbildung für den Güterwagenumlauf. Essen 1956
LOGEMANN. W.: Der Einfluß der Zugauslastung auf den Güterwagenumlauf bei Eingruppenzugbildung und bei Zweigruppenzugbildung mit Gruppenaustausch in Unterwegsknoten. Darmstadt: Röhrig, 1953
MÜLLER, W.: Eisenbahnanlagen und Fahrdynamik. Berlin/Göttingen/Heidelberg: Springer, 1950.
POTTHOFF: Gleisentwicklung. Berlin: VEB Technik, 1955
RAPP, H. J.: Die Leistungsfähigkeit von ungesteuerten Verkehrsknotenpunkten. Basel: Birkhäuser 1952
RISCH, C. und Lademann, F.: Der öffentliche Personennahverkehr. Berlin/Göttingen/Heidelberg: Springer 1957
RÖTTCHER, H.: Empfangsgebäude der Personenbahnhöfe. Berlin: Verlag der Verkehrswissenschaftlichen Lehrmittel-Gesellschaft 1933
SCHNEIDER, H.: Vergleich der betrieblichen Leistungsfähigkeit von Kopf- und Durchgangsbahnhöfen unter Berücksichtigung der künftigen Betriebsart und die sich daraus ergebenden Verbesserungsvorschläge zur Leistungssteigerung der Kopfbahnhöfe, I. und II. Teil. Dissertation T. H. Aachen 1953
SPRÖGGEL, R.: Hochbauten der Eisenbahn. Göttingen/Berlin/Heidelberg: Springer 1954
TRIBELHORN, W.: Unsere Bahnhöfe und ihr Personal. Zürich: Orell Füssli 1946
VAN DER VEEN, K. H. C. W.: Spoorwegbouw. N. V. Uitgeversmaatschappij, Kosmos 1957

Namen- und Sachverzeichnis

721/31/60 — V/12/6

MIX
Papier aus verantwortungsvollen Quellen
Paper from responsible sources
FSC® C105338

If you have any concerns about our products,
you can contact us on
ProductSafety@springernature.com

In case Publisher is established outside the EU,
the EU authorized representative is:
Springer Nature Customer Service Center GmbH
Europaplatz 3, 69115 Heidelberg, Germany

Printed by Libri Plureos GmbH
in Hamburg, Germany